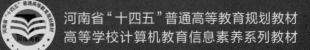

河南省"十四五"普通高等教育规划教材

高等学校计算机教育信息素养系列教材

# 大学计算机

## ——应用、计算与思维

何宗耀 李蓓 ◎ 主编

赵军民 张俊峰 ◎ 副主编

人民邮电出版社

北 京

**图书在版编目（CIP）数据**

大学计算机：应用、计算与思维 / 何宗耀，李蓓主编. -- 北京：人民邮电出版社，2022.8（2023.8重印）
高等学校计算机教育信息素养系列教材
ISBN 978-7-115-59652-9

Ⅰ. ①大… Ⅱ. ①何… ②李… Ⅲ. ①电子计算机－高等学校－教材 Ⅳ. ①TP3

中国版本图书馆CIP数据核字(2022)第137887号

## 内 容 提 要

本书共 7 章，以计算思维训练为导向，以经典问题解决为驱动，以数字资源建设为基础，以综合项目实践为提升，讲述计算机基础知识、计算机系统、算法与程序设计、数据与数据分析、计算机网络、数字媒体技术以及 Microsoft Office 办公软件。

本书还提供了"拓展阅读"，介绍区块链技术、人工智能、BIM 及 CIM、GIS 技术以及智慧城市和智慧交通等内容。本书将计算机新技术与城建特色专业应用结合，使读者能够体会应如何用计算思维解决相关专业领域的问题。

本书可作为普通高等院校计算机相关课程的教材，也可作为学习计算机知识的参考书，对计算机教育工作者、计算机爱好者也有较高参考价值。

- ◆ 主　编　何宗耀　李　蓓
　　副 主 编　赵军民　张俊峰
　　责任编辑　张　斌
　　责任印制　王　郁　陈　犇
- ◆ 人民邮电出版社出版发行　　北京市丰台区成寿寺路 11 号
　　邮编 100164　电子邮件 315@ptpress.com.cn
　　网址 https://www.ptpress.com.cn
　　三河市中晟雅豪印务有限公司印刷
- ◆ 开本：787×1092　1/16
　　印张：13.75　　　　　　　　　　2022 年 8 月第 1 版
　　字数：396 千字　　　　　　　　2023 年 8 月河北第 2 次印刷

定价：49.80 元

读者服务热线：**(010)81055256**　印装质量热线：**(010)81055316**
反盗版热线：**(010)81055315**
广告经营许可证：京东市监广登字 20170147 号

计算思维是计算机基础教育工作者一直在思考和研究的课题。相关的教材建设从 20 世纪 90 年代开始的计算机文化基础，经历了计算机应用基础到大学计算机基础，直到 2018 年前后的计算思维。教材名称的变化实质是计算思维的 3 个根本问题的演进："计算思维是什么？""计算思维讲什么？""计算思维如何讲？"

党的二十大报告中提到："推动战略性新兴产业融合集群发展，构建新一代信息技术、人工智能、生物技术、新能源、新材料、高端装备、绿色环保等一批新的增长引擎。"当前我们正处在信息技术发展的新时代，云计算、大数据、物联网、区块链、虚拟现实、数字孪生等技术迅猛发展，经济发展、产业升级带来"计算+""智能+"等新需求；"新工科""工程教育"等教育理念的推进更需要在学科交叉融合创新、系统思维、工程思维等方面强化落实；"百年未有之大变局"与"Z 时代"青年学生成长成才更需要加强对学生的信息素养的培养。

计算思维，即"运用计算机科学的基础概念进行问题求解、系统设计以及人类行为理解等涵盖计算机科学广度的一系列思维活动"（周以真）。其本质来源于逻辑思维、实证思维和工程思维，包含算法思维、网络思维、系统思维、数据思维和安全思维等。

本书的作者团队力求能够处理好OBE理念的4个重点：一是完备的学科属性的知识体系；二是工具属性的能力要求；三是科学思维的素质养成；四是创新思维的现实要求。为此本书主要具有以下 3 个方面的特点。

第一，内容组织上的完整性。充分考虑相关专业建设国家质量标准的要求，尽量体现城建类专业的"计算+""智能+"发展需求和计算思维的知识体系完整性：第 1 章简述计算机基础知识；第 2 章讲解计算机系统，重点介绍计算机系统的系统思维；第 3 章讲解算法与程序设计，重点介绍计算思维的核心，即"抽象、递归与迭代"等程序思维；第 4 章讲解数据与数据分析，重点介绍数据思维；第 5 章讲解计算机网络，重点介绍网络思维；第 6 章讲解数字媒体技术，重点介绍创新思维；第 7 章讲解 Microsoft Office 办公软件。

第二，体现新工科要求。新工科的核心特征，即"计算机+学科"的融合，本书立足于工科专业尤其是城建类专业的技术发展、创新应用和前沿热点，通过案例讲解和拓展学习，激发学生的学习热情，培养学生的创新思维、创造精神甚至创业能力，为培养城建类专业学生的"解决复杂工程问题能力"奠定基础。

第三，教材的新形态。围绕应用型人才培养目标，突出适用、实用和应用原则，以纸质教材为载体，并提供视频、在线测试、拓展资源等数字资源，既可满足学生全方位和个性化移动学习需要，又为师生开展线上线下混合教学、翻转课堂等课堂教学奠定了基础。

本书编写人员有何宗耀、李蓓、赵军民、张俊峰、魏新红、郭猛、郝伟、李忠、苏靖枫和杨斌。同时，河南城建学院数字媒体技术专业景奇、赵连朋、张梓健和崔娅等同学协助完成了数字资源的建设。此外，编者还参阅了许多同行的工作成果，在此表示衷心感谢。

面对信息技术飞速发展、信创产业加速推进、教学改革加速演进的压力，行业融合创新需求强烈，我们深感压力与责任并重，故欢迎广大专家、读者批评指正，希望得到读者，尤其是广大学生和教师的支持与帮助，以共同为我国高校的计算思维课程建设贡献力量。

何宗耀

2023 年 8 月

# 目录 CONTENTS

# 第 1 章　计算机基础知识

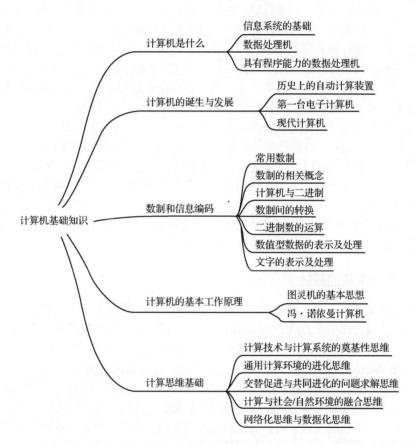

本章主要通过阐述计算机是什么，将读者带入计算机的世界，从而介绍计算机的诞生以及计算机的 4 个发展阶段，重点讲解计算机的数制和信息编码、计算机的基本工作原理，最后阐述计算思维基础，给读者学习计算机指明方向。

## 1.1　计算机是什么

人们把 21 世纪称为"信息化时代"，其标志就是计算机的广泛应用。在人类科学发展的历史上，还没有哪个学科像计算机科学这样发展得如此迅速，并对人类的生活、学习和工作产生如此巨大的影响。计算机是一门科学，但计算机本身也是一种科学工具，掌握计算机知识以及必要的计算机技能，将使我们能更有信心地迎接未来。

今天的"计算机"(Computer)以及"计算机科学"(Computer Science,CS)、"计算机技术"(Computer Technology)等术语涉及的概念非常广泛,本章从计算机的基本概念和计算机的特点开始,介绍计算机的发展史及其特点和计算机科学研究的内容。

现代计算机的出现已经有近80年历史了。与早期的计算机相比,今天的计算机无论是形式还是内容都发生了巨大的改变。从技术上讲,使用大规模集成电路的计算机的体积越来越小,功能却越来越强。从用途上看,过去昂贵的计算机已从专用机房走进办公室、走进家庭。在用户方面,过去的计算机只能被专家操作,今天的计算机甚至可以被儿童所用。从来没有接触过计算机的人,并不需要很长时间的学习就可以面对计算机的显示器,敲着键盘、点着鼠标上网了。

举一个常见的例子,如银行储户的存折或储蓄卡。存折和储蓄卡上的磁条或芯片里存放的并不是储蓄金额,而是通向银行计算机网络的钥匙(当然还需要另一把钥匙:密码),当银行终端机接收到信息后进入银行的计算机网络,即可进行储户需要的服务处理。这个过程对储户的直接好处是,可以在任何一家银行的服务网点存钱或取钱。这种业务操作还可以跨行、跨地区,甚至跨国家进行。计算机应用已经深入社会生活的许多方面,从家用电器到宇宙飞船,从学校到工厂。计算机所带来的不仅是一种行为方式的变化,而且促使人类思考方式产生革命。

计算机和计算(Computation)是密切相关的,至少开始是这样的。实际上我们一直把"计算"和数学联系在一起——计算是数学的基础。但计算机不是一个单纯作为计算工具使用的"计算机器",而是可以进行数据(这里的数据是一个广义的概念)处理的工具。它可以帮助科学家进行科学研究,帮助工程师进行工程设计,帮助导演拍摄电影和电视节目等。它在许多方面帮助我们工作、学习,帮助我们交流。

"计算机是什么"这个问题,可能的答案有很多。我们首先从信息系统的构成进行归纳,进而从分析处理机模型的角度进一步解释什么是计算机。

## 1.1.1 信息系统的基础

信息系统(Information System)的一个基本功能是能够为需要者提供特定的信息,例如图书信息系统可以包含许多读者需要的图书信息。计算机是现代信息系统必要的组成部分。

从计算机的角度看,一个信息系统的信息处理只是一个"计算过程",构成该过程有6个要素:硬件(Hardware)、软件(Software)、数据/信息(Data/Information)、用户(User)、过程或称为处理(Processing)、通信(Communication)。如果说最初计算机的发明是为了"计算",那么今天计算机承担的"计算"任务只占整个计算机应用的一小部分,大部分任务是处理信息、处理事务、控制等。

从使用计算机的角度来看,计算机本身也是信息系统,任何一个用户使用计算机都有一定的任务需要计算机帮助完成,完成这个任务同样可以用这6个要素来归纳。

(1)硬件是指计算机装置,它是信息系统的物理部分。

(2)软件是计算机领域中常用的一个术语,是指使用特定计算机语言编写的程序,包括如何使用这个程序的有关文档。

一般认为,硬件是物理支撑,软件指示硬件完成特定的工作任务。

(3)数据被表示为以一定的形式被计算机接收并处理为信息。如果把数据比作原材料,那么信息就是成品。因此,也可以说数据是系统的输入,信息是系统的输出。

(4)人或者称为用户是信息系统中极为重要的因素。计算机有两类用户,一类是以计算机为职业的专业用户,这类用户从事与计算机相关的技术工作,如软件的设计、系统的管理;另一类是以计算机为工具的非专业用户。大多数用户属于后者。

(5)过程作为信息系统的一个要素,反映了整个系统部件和用户在执行任务中的协调关系。也许并不能把"过程"独立出来加以描述,但它贯穿于系统的工作中,指导用户完成任务。简单地说,

"过程"就是操作整个系统、实现或完成系统功能的一系列步骤。

（6）通信作为信息系统的组成要素，不但反映在硬件和软件之间、用户和计算机之间，也反映在不同的计算机之间，如网络就是把多台计算机互连的一种信息系统，网络中信息的交换就是通信。

## 1.1.2　数据处理机

计算机所进行的工作都和数据相关，这里我们所指的数据是广义的，它可以是数字、数值，也可以是一组代码，如储户的账号、身份证号码等；也可以是一种标识，如一个图形的形状；还可以是字母、符号等。这样，我们可以把计算机简单地定义为能够处理数据的机器或装置。

如果不考虑计算机内部的具体结构，可以把计算机看作一个特殊的黑盒子。有一种观点认为，计算机是可以接收数据，进行处理并输出处理结果数据的黑盒子（也叫数据处理机），如图 1-1 所示。

输入数据　　　计算机（处理数据）　　　输出数据

图 1-1　计算机作为数据处理机的模型

数据处理机模型是计算机原理的经典模型，如果以此回答"什么是计算机"这个问题是容易被理解的，它基本上是按照计算机的功能定义计算机的。

这个模型指出，计算机在数据处理过程中，如果输入的数据相同，那么输出结果将能够重现；如果输入的数据不同，输出结果也随之改变。

显然，构成计算机的硬件和软件组成了一个系统，这个系统必须需要数据，硬件和软件都是为了处理数据的。因此，这个模型把计算机当作数据处理机反映了系统的基本属性。

但是，图 1-1 所示的模型并没有反映出计算机的全部性质，如模型没有给出所处理的数据的类型和基于这个模型能够完成的操作类型和数量。同时这个模型也没有明确定义计算机是专用的还是通用的。实际上，对许多将计算机嵌入其他设备中完成数据处理和控制功能的情况，该模型是可以表述的。

## 1.1.3　具有程序能力的数据处理机

如果考虑图 1-1 所定义的计算机模型所存在的问题，一个改进的计算机模型（见图 1-2）在图 1-1基础上增加了一个部分——程序（Program）。程序可以简单地理解为按照一定的步骤进行工作。作为专业术语，程序是指完成特定功能的计算机指令的集合。

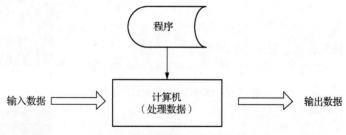

程序

输入数据　　　计算机（处理数据）　　　输出数据

图 1-2　具有程序能力的计算机模型

在这个改进的模型中，输出数据除了需要输入数据，还取决于程序。如果程序不同，即使输入的数据相同，输出的数据也可能不同。同样，对不同的输入数据，即使采用不同的程序也可能产生相同的输出。如对一组输入数据进行累加计算，得到的结果是累加和。但如果程序改变了，需要对同一组数据进行排序，那么输出结果就和累加计算结果完全不同了。

进一步分析这个模型，就会发现：由于增加了"程序"功能，计算机处理数据的能力大大增强。

程序能力作为衡量计算机处理能力的重要因素，我们期望它能够对同样的数据、同样程序的重复处理得到同样的结果，即使计算机处理能力的一致性和可靠性得到体现。

正因为程序功能的加入，计算机具有了另外一个重要的特性——灵活，如既能够为物理学家探索浩瀚的宇宙和细微的粒子提供服务，也能够给儿童学习语言提供帮助。计算机之所以如此灵活，是因为它能够按照"程序"进行工作，而程序是事先编制好并存放在计算机内部的。因此，理解计算机，就要了解计算机是如何实现这种灵活性的，即学习程序原理。

无论计算机是进行简单的计算还是进行复杂的视频处理，"程序"始终在控制整个过程。我们可以通过不同的"程序"使计算机完成不同的任务。因此，现代计算机是一种能够应用在许多领域的重要工具。

至此，我们试图给计算机下一个定义：计算机是一种能按照事先存储的程序，自动、高速地进行大量数值计算和各种信息处理的现代化智能电子装置。

一般中文文献中使用"计算机"作为正式名称，但更为形象的一个词是"电脑"，其在日常生活中较为常用。

# 1.2 计算机的诞生与发展

计算的概念和人类文明历史是同步的。自人类活动有记载以来，对计算的研究就一直没有停止过。这里，我们简要回顾计算机的发展历程，就可以了解计算机是建立在人类千百年来不懈追求和探索之上的。

## 1.2.1 历史上的自动计算装置

人类最原始的记数工具是石块、手指、木棍、贝壳、绳结等，大约到了春秋战国时期，我国出现了"算筹"，就是用人工制成的小棒来进行记数，从而进行加、减、乘、除等运算。我们都知道我国著名的数学家祖冲之将圆周率计算到了小数点后 7 位，他就是借助"算筹"来实现的。

在"算筹"的基础上，到宋代出现了"算盘"的定型，人们利用算盘上的珠子表示数值，按照一套口诀进行拨动珠子的操作，从而完成数学运算。但是整个计算过程要靠人脑和手操作完成，所以算盘只能算作计算工具，还不是自动计算工具。结绳记数、算筹记数、算盘如图 1-3 所示。

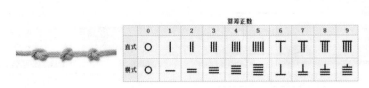

图 1-3　结绳记数、算筹记数、算盘

1642 年，法国青年布莱斯·帕斯卡（Blaise Pascal）发明的 Pascaline 被公认为是人类历史上的第一台自动计算机器，如图 1-4 所示。为了纪念这位自动计算的先驱，著名的程序设计语言 Pascal 就是以他的名字命名的。后来德国著名数学家莱布尼茨（Leibniz）改进了 Pascaline 计算机的轮子和齿轮，造出了可以准确进行四则运算的机器。莱布尼茨还是二进制的提出者。

19 世纪初，英国数学家查尔斯·巴贝奇（Charles Babbage）设想

图 1-4　Pascaline

要设计一台机器完成大量的公式计算，该机器后来被称为"差分机"。与巴贝奇一起进行研究的还有著名诗人拜伦（Byron）的女儿奥古斯塔·拜伦（Augusta Byron）。这台机器的原理为 IPOS（Input，Processing，Output and Storage），即输入、处理、输出和存储。现代计算机的基本原理就来自巴贝奇的发明，因此，巴贝奇被公认为"计算机之父"。

19 世纪末，美国人口调查局的赫尔曼·霍利里思（Herman Hollerith）研制了一种穿孔卡片机用于人口统计。他和老托马斯·沃森（Thomas Watson）联合成立了一家公司。20 世纪 40 年代初，这家公司更名为国际商业机器公司，即 IBM（International Business Machines）公司。由于 IBM 公司在计算机发展史上的重要作用，它被称为"蓝色巨人"（IBM 公司的徽标为蓝色）。今天，在大型机、巨型机等领域，IBM 仍旧实力雄厚。

在计算机的发展历史中，有过许多引人入胜的故事。计算机发展的历史与从事计算机研究的科学家、工程师们的非凡想象力和创造力密不可分！追寻他们研发更好、更快、更高效的计算机的历史足迹，也许会带给我们许多启迪。

## 1.2.2 第一台电子计算机

1930 年之前的计算机主要是通过机械原理实现的。研究计算机历史的学者把第二次世界大战作为"现代计算机时代"的开始，部分原因是第一台电子数字计算机就是为了满足战争的需要开始研制的。

1939 年，美国的阿塔纳索夫（Atanasoff）和他的助手贝里（Berry）建造了能求解方程的电子计算机。这台计算机后来被称为 ABC（Atanasoff-Berry Computer）。ABC 没有投入实际使用，但它的一些设计思想却为今天的计算机所采用，如二进制的使用等。此后，美国哈佛大学的霍华德·艾肯（Howard Aiken）在 IBM 公司的资助下，制造了马克 1 号（Mark Ⅰ）计算机，如图 1-5 所示。马克 1 号的运行速度很慢，一个乘法运算需要 3～5s。

ENIAC（Electronic Numerical Integrator and Computer，电子数字积分计算机），如图 1-6 所示，诞生于 1946 年 2 月美国宾夕法尼亚大学，研制者为宾夕法尼亚大学的莫奇利（Mauchly）和他的研究生埃克特（Eckert）。ENIAC 参考了 ABC 的许多设计方法。

图 1-5　马克 1 号计算机

图 1-6　ENIAC

ENIAC 长 30.48m，宽 0.91m，高 2.4m，占地面积约 170m$^2$，使用了 18000 多个电子管，质量超过 30t，占地几乎有半个篮球场大小。它的运算速度比马克 1 号快了许多，达到每秒完成约 5000 次加法运算。

有人把 ABC 看作第一台"电子数字计算机"，也有人认为真正的第一台计算机是 ENIAC，部分教科书特别是国内的书籍中还是以后者为准。ENIAC 之所以具有里程碑的意义，是因为它是第一台可以真正运行的并全部采用电子装置的计算机，而马克 1 号有部分装置是机械的。

### 1.2.3　现代计算机

我们现在所称的计算机全名为通用数字电子计算机。因为现在几乎没有别的计算机了，包括 20 世纪六七十年代还在使用的模拟计算机也被数字计算机所取代，所以今天的计算机一词也就成了数字计算机的同义词。

#### 1.　第一代计算机（1946—1958 年）

第一代计算机为电子管计算机。电子管的外形像圆柱形灯泡，与灯泡一样会发出大量的热量，因此故障率高。虽然这种计算机并没有被广泛使用，但它给人们带来的期望远远超过了实际效果。

一台名叫 UNIVAC（Universal Automatic Computer，通用自动计算机）的机器在 1952 年美国大选中预测艾森豪威尔获胜，预测结果和实际统计结果几乎完全相同，它在当时所产生的轰动效应使计算机披上"万能"的外衣，达到神话的地步。图 1-7 所示为工作人员正在操作 UNIVAC。

IBM 公司于 1957 年生产了第一台商用计算机 IBM 701。IBM 一共生产了 19 台这种计算机，由于它使用二进制表示数据和程序，使用它的人必须经过专门的培训，即只有专家才能使用。当时使用的存储器是外形像轮胎的磁芯（当然体积没有那么大）。这一年，磁带开始被用作计算机的辅助存储器。

图 1-7　工作人员正在操作 UNIVAC

#### 2.　第二代计算机（1959—1963 年）

第二代计算机为晶体管计算机。1947 年，美国贝尔实验室宣布世界上第一只晶体管研制成功。经过 10 年多的时间，晶体管（见图 1-8）替代电子管成了计算机的主要元件。与电子管相比，晶体管体积小、功耗低，更重要的是它的可靠性比电子管要高很多。

第一台晶体管计算机是 1959 年由控制数据公司（Control Data Corporation，CDC）制造的 1604 机器。第二代计算机很快就开始通过电话线进行数据交流了，虽然运行速度很慢，但网络的萌芽就此开始。

图 1-8　晶体管

#### 3.　第三代计算机（1964—1974 年）

第三代计算机叫作集成电路（Integrated Circuit，IC）计算机。它的应用虽然起自 1964 年，但作为第三代计算机重要标志的集成电路在 1958 年就被发明了。1955 年，有"晶体管之父"之称的贝尔实验室的肖克利（W.Shockley）博士创建了"肖克利半导体实验室"，次年诺依斯（R.Noyce）、摩尔（G.Moore）等年轻科学家也陆续到达圣克拉拉（就是后来闻名天下的硅谷地区），进入肖克利半导体实验室。一年后，诺依斯等人离开肖克利半导体实验室创办了仙童（Fairchild，也译为"费尔柴尔德"）半导体公司。1959 年，德州仪器公司的基尔比（J.Kilby）首次提出在一个硅平面上排列多个三极管、二极管及电阻，组成"集成电路"；其后仙童半导体公司的诺依斯进一步提出了实现集成电路的制造方法。经过一场延续多年的争执，集成电路的发明专利被授予基尔比和诺依斯两个人。集成电路对于电子计算机的制造是一场变革，如图 1-9 所示。它从根本上改变了计算机的制造过程：在小小的硅片上集成成千上万个电子元件，这使计算机能够有容量更大的内存储器（简称内存）和运行更快的处理器，而成本却大大降低。计算机不再昂贵，小公司也可以使用了——这个意义是非同寻常的！

1964 年，摩尔发表了 3 页纸的短文，预言集成电路上能被集成的晶体管数目将会以每 18 个月翻一番的速度稳定增长，并在数十年内保持这种趋势。摩尔的预言被实际发展所证实，被誉为"摩尔定律",成为新兴电子产业的"第一定律"。

其间,IBM 公司推出了著名的 360 系列计算机,如图 1-10 所示,并逐步确立了大型机市场的控制地位。第三代计算机运用分时技术,使在一座建筑物内的用户都可以通过终端访问计算机,从而使网络技术又向前迈了一大步。

这个时代的另一个重大事件是第一颗通信卫星的发射——地面和卫星实现了数据通信。

图 1-9 集成电路

图 1-10 IBM 360 计算机

## 4. 第四代计算机(1975 年至今)

仙童半导体公司对计算机的贡献不仅在于它发明并普及了集成电路,更大的贡献是培育了一大批杰出的科学家和工程师。美国国家半导体公司(National Semiconductor Corporation,NSC)和超威半导体(Advanced Micro Devices,AMD)公司等一批著名电子企业的创始人都出自仙童半导体公司。1968 年,诺依斯和摩尔创建了以生产计算机处理器芯片而闻名于世的英特尔(Intel)公司。

计算机处理和控制需要多片集成电路芯片。1970 年,Intel 公司的工程师运用层叠的集成电路技术,把这些芯片的功能做到一块集成电路上,命名为"处理器"(Processor),后来又依据它在计算机中的作用将其定义为"中央处理器"(Central Processing Unit,CPU)。次年,世界上第一个单片大规模集成电路的处理器 Intel 4004 面市,它一次可以处理 4 位二进制数据。最初用于台式计算机,另外它还应用在监测血压的仪器上。

整个 20 世纪 70 年代,Intel 公司先后推出了 8 位的 8080 以及 16 位的 8086 和 8088,但并没有产生多大影响。大型计算机公司把微处理器及用它生产的"微型计算机"当作业余爱好者的"宠物",并未认真对待。1975 年,开始有商业化微型计算机(Microcomputer,简称微机)使用 Intel 公司的芯片,但当时的微机没有键盘、显示器,也没有存储数据或程序的功能。

在这个时期,尽管许多公司都发布了自己的微机组件,但组装一台微机还是太复杂。1977 年,22 岁的史蒂夫·乔布斯(Steve Jobs)和他的朋友史蒂夫·沃兹尼亚克(Steve Wozniak)在一个车库里办起了微机生产车间。他们用市场上的各种微机组件组装了第一台真正意义上的微机 Apple I,苹果计算机和它的商标(被咬过一口的苹果)一样引人入胜。紧接着的 Apple II(见图 1-11)计算机获得巨大成功,它带有今天微机所有的显示器、键盘、软盘驱动器和操作系统软件等。1979 年,在 Apple 机上运行的报表软件 VisiCalc,证明了微机并不是过去人们认为的玩具。

1981 年,IBM 公司正式推出了全球第一台个人计算机——IBM PC(见图 1-12),该机采用主频 4.77MHz 的 Intel 8088 微处理器,运行微软(Microsoft)公司专门为 IBM PC(Personal Computer,个人计算机)开发的操作系统 MS-DOS。

直至今天,作为第四代计算机标志的处理器使用的大规模集成电路技术还在发展之中。

第四代计算机的另一个重要的发展方向是高速计算机网络。因特网(Internet)的全开放结构使世界上数以亿计的各种计算机被连接到一起,形成了一个覆盖全球的巨大信息网络,因而诞生了被称为继报刊、广播及电视之后的"第四媒体",而且是影响最大的新型媒体。

图 1-11　Apple Ⅱ 计算机

图 1-12　IBM PC

# 1.3　数制和信息编码

在计算机中，任何信息（包括数字、文字、图形、图像、声音、动画、视频等）都是采用二进制形式进行表示和处理的。数据进入计算机都必须进行 0 和 1 的二进制编码转换，用二进制形式对各种类型数据进行编码，使图、声、文、数字合为一体，使"数字化社会"成为可能。本节主要介绍常用数制、数制间的转换、二进制数的运算、数值型数据和文字的表示及处理。

## 1.3.1　常用数制

按进位的原则进行记数的方法叫作进位记数制，简称数制。在日常生活中，我们最熟悉、最常用的是十进制数，也就是说采用的是十进位记数制。但是，有时也会用到其他记数制。例如，时间是 60 秒为 1 分、60 分为 1 小时，这采用的是六十进制；星期是 7 天为 1 星期，这采用的是七进制；等等。计算机内部采用的是二进制，但使用二进制在表示数据时书写烦琐、不易阅读，所以为了书写和表示方便，在计算机中经常会用到十进制、八进制和十六进制。

### 1.　十进制

十进制是我们常用的数制，由 0～9 共 10 个数字符号表示。采用"逢十进一，借一当十"规则进行进、退位。每一位的权值是 $10^i$（关于权值我们会在 1.3.2 小节中讲到）。

### 2.　二进制

二进制是计算机中常用的数制，由 0、1 共 2 个数字符号表示。采用"逢二进一，借一当二"规则进行进、退位。每一位的权值是 $2^i$。

### 3.　八进制

八进制是计算机中常用的数制，由 0～7 共 8 个数字符号表示。采用"逢八进一，借一当八"规则进行进、退位。每一位的权值是 $8^i$。

### 4.　十六进制

十六进制是计算机中常用的数制，由 0～9 和 A～F 共 16 个符号表示，其中 0～9 用数字符号表示，A～F 共 6 个字符符号分别表示 10～15。采用"逢十六进一，借一当十六"规则进行进、退位。每一位的权值是 $16^i$。

## 1.3.2　数制的相关概念

### 1.　基数

数制中所包含的用来表示数值的符号的个数称为该数制的基数。如十进制由 0～9 共 10 个数字符号表示，所以十进制的基数为 10；二进制由 0、1 两个数字符号表示，所以二进制的基数为 2。

**2．权**

权就是数字中当前符号所在位置代表的权，也称为位权。如十进制数个位的权是 1，表示有几个 1；十位的权是 10，表示有几个 10；百位的权是 100，表示有几个 100。可以看出权实际上是基数的整数次幂，如十进制数个位的权是 1，也就是 $10^0$；十位的权是 10，也就是 $10^1$；百位的权是 100，也就是 $10^2$；以此类推。小数点右边从第一位开始，权分别是 0.1（$10^{-1}$）、0.01（$10^{-2}$），以此类推。同理，对于二进制数据，从小数点开始往左的每一位权分别是 $2^0$、$2^1$、$2^2$…；从小数点开始往右的每一位权分别是 $2^{-1}$、$2^{-2}$、$2^{-3}$…。对于八进制和十六进制也是相似的，只不过分别是 $8^0$、$8^1$、$8^2$…和 $16^0$、$16^1$、$16^2$…而已。

**3．按权展开**

了解了基数和权的概念后，我们来看看数值的按权展开。首先从我们熟悉的十进制来看，十进制的 123，按权展开如下：

$$123=1\times10^2+2\times10^1+3\times10^0=100+20+3=123$$

对于二进制的 10110，按权展开如下：

$$(10110)_2=1\times2^4+0\times2^3+1\times2^2+1\times2^1+0\times2^0=16+0+4+2+0=(22)_{10}$$

由此可见，按权展开的方法就是用当前数位上的值乘该位的位权，展开后各进制数就转换成了十进制对应的数值。

## 1.3.3　计算机与二进制

既然人们已经习惯使用十进制数，其书写也很方便，而二进制数书写起来位数长，看起来也不能一目了然，那么在计算机中为什么要使用二进制数呢？

在计算机内采用二进制编码相比采用其他进制数具有如下优点。

**1．易于物理实现**

二进制只需要使用两个不同的数字符号，任何可以表示两种不同状态的物理器件都可以用来表示二进制的一位。具有两种稳定状态的物理器件容易实现，如电压的高和低、电灯的亮和灭、开关的通和断，这样的两种状态恰好可以表示二进制数中的"0"和"1"，如图 1-13 所示。计算机中若采用十进制，则需要具有 10 种稳定状态的物理器件，制造出这样的器件是比较困难的。

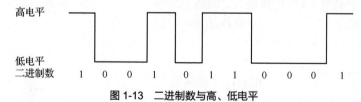

图 1-13　二进制数与高、低电平

**2．运算规则简单**

从运算操作的简便性上考虑，十进制的加法和乘法运算规则各有 55 条，而二进制的加法和乘法运算规则只有 3 条，在进行算术运算时非常简便，可简化运算器等物理器件的设计。

**3．工作可靠性高**

由于电压的高低、电流的有无两种状态分明，因此采用二进制的数字信号可以增强信号的抗干扰能力，可靠性高。

**4．适合逻辑运算**

二进制的"0"和"1"两种状态，可以表示逻辑值的"真"（True）和"假"（False），因此采用二进制进行逻辑运算非常方便。

### 1.3.4　数制间的转换

**1. 二进制数转换成十进制数**

在 1.3.2 小节的按权展开中，我们已经介绍过，将二进制数按权展开即可转换为十进制数，这里不再介绍。

**2. 十进制数转换成二进制数**

因为十进制整数部分和十进制小数部分与二进制数之间转换的规则不同，所以应该分别对整数部分和小数部分进行转换。下面我们分别介绍十进制整数部分和十进制小数部分与二进制数之间的转换。

（1）十进制整数部分与二进制数之间的转换

十进制整数部分转换为二进制数的方法概括起来就是"除 2 取余，取倒序"。也就是将一个十进制数不断地除以 2，如果除尽余数为 0，如果除不尽余数为 1，直至商为 0 为止，然后将每次得到的余数倒序取出，就是对应的二进制数。

【例 1-1】将十进制整数 27 转换为二进制数。

用 27 重复除以 2，直至商为 0 为止。

按照"除 2 取余，取倒序"的方法得到$(27)_{10}=(11011)_2$。

（2）十进制小数部分与二进制数之间的转换

十进制小数部分转换为二进制数的方法概括起来就是"乘 2 取整，取正序"。也就是将一个十进制小数乘 2，记录得到的整数部分，再对得到的积的小数部分乘 2，然后记录得到的整数部分，以此类推，直到小数部分为 0 或者达到所要求的精度为止。然后将得到的整数部分按正序取出，即转换后的二进制数。

【例 1-2】将十进制数 0.375 转换成二进制数。

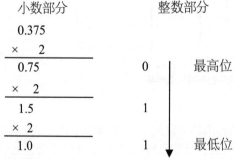

$(0.375)_{10}=(0.011)_2$。

**3. 简便的"8421 法"转换**

对于二进制数和十进制数之间的转换，按照位权的理解，可以不必使用上面所讲的"除 2 取余，取倒序"和"乘 2 取整，取正序"的方法，而是用位权填充的"8421 法"快速得出转换结果。转换时首先从小数点开始将左右各位的位权依次标出，然后按照转换的数值依次填充即可。

【例1-3】使用"8421法"将十进制数145.625转换为二进制数，将二进制数1011.011转换为十进制数。

第一步：将各位的位权标出，各位的位权为$2^i$。

第二步：按照需转换的数值依次填充对应的数位，需要加入的填1，不需要加入的填0。

位权值：128 64 32 16 8 4 2 1 . 0.5 0.25 0.125

填充数位：1 0 0 1 0 0 0 1 . 1 0 1

即128+16+1=145，0.5+0.125=0.625。

二进制数转换为十进制数的方法也类似。

第一步：将各位的位权标出，各位的位权为$2^i$。

第二步：将值为1的位权值相加，即得到对应的十进制数。

位权值：8 4 2 1 . 0.5 0.25 0.125

二进制数：1 0 1 1 . 0 1 1

8+2+1=11，0.25+0.125=0.375。

即$(1011.011)_2=(11.375)_{10}$。

此方法之所以叫"8421法"，是因为该方法针对二进制的位权来说，小数点左边4位的位权是8、4、2、1，这样比较方便记忆。该方法可以同样扩展到八进制数、十六进制数之间的转换，只是位权不再是8、4、2、1，而是八进制数与十六进制数对应的各位位权值。

通过以上的内容，如果遇到$(124.6875)_{10}$、$(1462)_8$这样的十进制数和八进制数，读者是否能够将它们转换成二进制数呢？请读者自行练习。

**4. 二进制数与八进制数、十六进制数的转换**

（1）二进制数转换为八进制数、十六进制数

将二进制数转换为八进制数、十六进制数的方法类似，由于八进制数用0～7表示，需要3位二进制数，十六进制数用0～F表示需要4位二进制数，因此二进制数转换为八进制数和十六进制数时，只需要3位一组或4位一组进行转换即可，划分时从小数点开始分别往左往右进行划分，如果遇到不足3位或者4位时，可用0补齐。

【例1-4】将$(100101101)_2$转换为八进制数。

$(100101101)_2=\underline{100}\quad\underline{101}\quad\underline{101}$

$=\ 4\quad\ \ 5\quad\ \ 5$

$=(455)_8$

【例1-5】将$(100101101)_2$转换为十六进制数。

$(100101101)_2=\underline{(000)1}\quad\underline{0010}\quad\underline{1101}$

$=\quad\ 1\qquad\quad 2\qquad\quad D$

$=(12D)_{16}$

（2）八进制数、十六进制数转换为二进制数

八进制数、十六进制数转换为二进制数是二进制数转换为八进制数、十六进制数的逆运算。将八进制数、十六进制数的每一位数展开成3位、4位的二进制数即可。

【例1-6】将$(341)_8$转换成对应的二进制数。

$(341)_8=(\underline{011}\ \underline{100}\ \underline{001})_2$

$=\ 3\quad\ 4\quad\ 1$

【例1-7】将$(1A4)_{16}$转换成对应的二进制数。

$(1A4)_{16}=(\underline{0001}\ \underline{1010}\ \underline{0100})_2$

$=\ 1\quad\ A\quad\ 4$

**5. 十进制数与八进制数、十六进制数的转换**

和十进制数与二进制数间转换类似，可用八进制数与十六进制数的定义规则来完成将之向十进制数的转换。同样可采用"除 8 取余"和"乘 8 取整"的方法将十进制数转化为八进制数，而用"除 16 取余"和"乘 16 取整"的方法可将十进制数转化为十六进制数。

【例 1-8】将十进制整数 396 转换为八进制数。

用 396 重复除以 8，直至商为 0 为止。

按照"除 8 取余，取倒序"的方法得到$(396)_{10}=(614)_8$。

【例 1-9】将十进制数 0.71875 转换成八进制数。

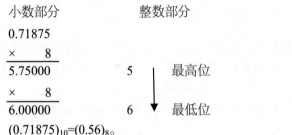

$(0.71875)_{10}=(0.56)_8$。

十进制数转换成十六进制数的方法与例 1-8 和例 1-9 的类似，将"除 8"与"乘 8"改为"除 16"与"乘 16"即可，请读者自行练习。

## 1.3.5 二进制数的运算

计算机具有强大的运算能力，它可以进行算术运算和逻辑运算，下面分别予以介绍。

**1. 算术运算**

二进制数的算术运算与十进制数的算术运算一样，也包括加、减、乘和除四则运算，但运算更简单。其实，在计算机内部，二进制数的加法是基本运算，乘、除可以通过加、减和移位来实现，而减去一个正数实质是加上一个负数，这主要是应用了补码运算，这样就可使计算机的运算器结构更加简单，稳定性更好。

（1）二进制数的加法运算

二进制数的加法运算规则如下。

0=0+0

0+1=1

1+0=1

1+1=10（被加数和加数为 1 时，结果本位为 0，按"逢二进一"向高位进 1）

【例 1-10】二进制数 1011+1110 的算式如下。

$$\begin{array}{r} 1\ 0\ 1\ 1 \quad\text{被加数}\\ +\ 1\ 1\ 1\ 0 \quad\text{加数}\\ \hline 1\ 1\ 0\ 0\ 1 \quad\text{和} \end{array}$$

从上述加法计算的过程可知，两个二进制数相加，按从低位到高位逐位相加，每一位由被加数、加数和来自低位的进位（进位为 1 或 0）相加。

（2）二进制数的减法运算

二进制数的减法运算规则如下。

0-0=0

1-1=0

1-0=1

10-1=1（被减数个位为 0，减数为 1 时，结果本位为 1，向高位借 1）

【例 1-11】 二进制数 11011-1110 的算式如下。

$$
\begin{array}{r}
1\ 1\ 0\ 1\ 1 \quad 被减数\\
-\ \ \ 1\ 1\ 1\ 0 \quad 减数\\
\hline
1\ 1\ 0\ 1 \quad 差
\end{array}
$$

同样，执行减法运算时，两个二进制数相减，按从低位到高位逐位相减，每一位由本位的被减数减去减数，不够减则向高位借 1。

**2. 逻辑运算**

计算机不仅可以进行算术运算，而且能够进行逻辑运算，这是因为计算机中使用了实现各种逻辑功能的电路，并利用逻辑代数的规则进行各种逻辑判断。

（1）逻辑数据的表示

二进制数的 1 和 0，在逻辑上可代表真与假、是与非、对与错、有与无等。这种具有逻辑性的量称为逻辑量，逻辑量之间的运算称为逻辑运算，计算机中的逻辑运算是以二进制数为基础的。

（2）逻辑运算

在计算机中，逻辑数据的值用于判断某个事件成立与否，成立为真，反之为假。例如，"今天是晴天"这个事件用 A 表示，则事件 A 成立为 1，不成立为 0。

逻辑运算主要包括 3 种基本运算：逻辑或（逻辑加）、逻辑与（逻辑乘）、逻辑非。

在逻辑运算中，把逻辑变量的各种可能组合与对应的运算结果列成表格，这种表格称为真值表，一般在真值表中用 1 表示真，用 0 表示假。

① 逻辑非运算。

逻辑非表示同原事件 A 含义相反，可用 $\overline{A}$ 表示，逻辑非运算的运算规则如下。

$$\overline{0}=1 \quad \overline{1}=0$$

逻辑非运算的真值表如表 1-1 所示。

② 逻辑与运算。

逻辑与也称为逻辑乘，通常用"AND"或"，""∧"表示，逻辑与表示当 A、B 两个事件同时为真时结果才为真，A、B 两个事件只要有一个为假则结果为假。

**表 1-1 逻辑非运算的真值表**

| A | F=$\overline{A}$ |
|---|---|
| 0 | 1 |
| 1 | 0 |

逻辑与运算的运算规则如下。

$$0\wedge 1=0 \quad 1\wedge 0=0$$
$$0\wedge 0=0 \quad 1\wedge 1=1$$

逻辑与运算的真值表如表 1-2 所示。

**表 1-2 逻辑与运算的真值表**

| A | B | F=A∧B |
|---|---|---|
| 0 | 0 | 0 |
| 0 | 1 | 0 |
| 1 | 0 | 0 |
| 1 | 1 | 1 |

例如，二进制数 11001 和 11100 进行按位与运算的算式如下。

$$
\begin{array}{r}
1\ 1\ 0\ 0\ 1 \\
\wedge\ 1\ 1\ 1\ 0\ 0 \\
\hline
1\ 1\ 0\ 0\ 0
\end{array}
$$

③ 逻辑或运算。

逻辑或也称为逻辑加，通常用"OR"或"∨"表示。逻辑或表示 A、B 两个事件只要有一个为真结果就为真，只有当 A、B 两个事件都为假时结果才为假。

逻辑或的运算规则如下。

$$0\vee 1=1\quad 1\vee 0=1$$
$$1\vee 1=1\quad 0\vee 0=0$$

逻辑或运算的真值表如表 1-3 所示。

**表 1-3　逻辑或运算的真值表**

| A | B | F=A∨B |
|---|---|---|
| 0 | 0 | 0 |
| 0 | 1 | 1 |
| 1 | 0 | 1 |
| 1 | 1 | 1 |

例如，二进制数 11001 和 11100 进行按位或运算的算式如下。

$$
\begin{array}{r}
1\ 1\ 0\ 0\ 1 \\
\vee\ 1\ 1\ 1\ 0\ 0 \\
\hline
1\ 1\ 1\ 0\ 1
\end{array}
$$

### 1.3.6　数值型数据的表示及处理

数值型数据分成整数（定点数）和实数（浮点数）两种，下面分别介绍它们的二进制表示方法。

1. 定点数表示

定点数的含义是约定小数点在某一固定位置上。定点数的表示法有两种约定：定点整数和定点小数。整数用定点数表示时，约定小数点的位置在数值的最右边。整数分两类：无符号整数和有符号整数。

（1）无符号整数

无符号整数常用于表示地址等正整数，可以是 8 位、16 位、32 位或更多位数。8 位的正整数的表示范围是 $0\sim255$（$2^8-1$），16 位的正整数的表示范围是 $0\sim65535$（$2^{16}-1$），32 位的正整数的表示范围是 $0\sim4294967295$（$2^{32}-1$）。

（2）有符号整数

有符号整数使用一个二进制位作为符号位，一般最高位为符号位，"0"代表正号"+"（正数）、"1"代表负号"-"（负数），其余各位用来表示数值的大小。可以采用不同的方法表示有符号整数，如原码、反码和补码，为方便起见，以下假设只用 1 个字节（8 位）来表示一个整数。

① 原码表示。

原码表示是将最高位作为符号位，其余各位用数值本身的绝对值（二进制形式）表示，假设用[X]原表示 X 的原码，则：

$$[+1]_原=00000001\qquad [+127]_原=01111111$$
$$[-1]_原=10000001\qquad [-127]_原=11111111$$

对于 0 的原码表示，+0 和-0 的表示形式不同，也就是说，0 的原码表示不唯一。

$$[+0]_原=00000000 \qquad [-0]_原=10000000$$

由此可以看出，8 位原码表示的最大值是 127，最小值是-127，表示数的范围为-127～127。
例如：

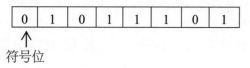

符号位

表示二进制数+1011101，即十进制数 93；

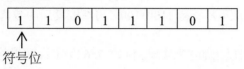

符号位

表示二进制数-1011101，即十进制数-93。

② 反码表示。

数值型数据的反码表示规则是：如果一个数值为正，则它的反码与原码相同；如果一个数值为负，则符号位为 1，其余各位是对数值位取反。

假设用[X]$_反$表示 X 的反码，则：

$$[+1]_反=00000001 \qquad\qquad [+127]_反=01111111$$
$$[-1]_反=11111110 \qquad\qquad [-127]_反=10000000$$

对于 0 的反码表示，+0 和-0 的表示形式不同，也就是说，0 的反码表示不唯一。

$$[+0]_反=00000000 \qquad\qquad [-0]_反=11111111$$

用 8 位反码表示的最大值为 127，其反码为 01111111；最小值为-127，其反码为 10000000。用反码表示数值型数据的方法现已不多用。

③ 补码表示。

原码和反码都不便于计算机内的运算，因为在运算中要单独处理其符号。例如，对以原码表示的+7 和-9 相加，必须先判断各自的符号位，然后对后 7 位进行相应的处理，很不方便。因此，最好能做到将符号位和其他位统一处理，对减法也按加法来处理，这就需要用"补码"。补码的原理可以用时钟来说明。例如，要将时钟从 9 点拨到 4 点，可以向前（顺时针）拨，也可以向后（逆时针）拨，其表示如下：

9-5=4（向后拨 5 个格）；

9+7=16（向前拨 7 个格）。

可见，向后拨 5 个格能指向 4，向前拨 7 个格也能指向 4，即前进 7 格和后退 5 格是等价的。时钟是十二进制的，可以把 12 点看成 0 点，12 点的下一个时针指向是 1 点，13 点就是 1 点，其实是进位后得到了十二进制数 11，其中第一个 1 是进位（即高位），第二个 1 是低位。高位不保留，只保留低位，因此 16 点用十二进制表示为 14。高位不保留，在时钟上就是 4 点，用十进制数可表示为 16-12=4。

上例中，用减法和加法都能得到 4，其中 12 被称为模，5 和 7 被称为模 12 下互补，即 5 的补数是 7，7 的补数是 5。

这个例子可以推广到其他进制，如十进制、二进制等。在计算机中，以一个有限长度的二进制位作为数的模，如果用 1 个字节表示 1 个数，1 个字节为 8 位，因为逢 $2^8$ 就进 1，所以模为 $2^8$。

补码表示是这样规定的：正数的原码、反码、补码都是相同的；负数的最高位为 1，其余各位为数值位的绝对值取反，然后对整个数加 1。假设用[X]$_补$表示 X 的补码，则：

$$[+1]_补=00000001 \qquad [+127]_补=01111111$$
$$[-1]_补=11111111 \qquad [-127]_补=10000001$$

在补码表示中，0 的补码表示是唯一的。

$$[+0]_{补}=[-0]=00000000$$

因此在补码表示中，多出来一个编码 10000000。把 10000000 的最高位 1 既看作符号位，又看作数值位，其值为-128，这样补码表示的数值范围可扩展一个，负数最小值为-128，而不是-127。用 8 位补码表示的数值范围为-128～127。

例如：求-51 的补码。-51 为负数，因此符号位为 1，绝对值部分是原码的每一位取反后再在末位加 1。

$$[-51]_{原}=10110011$$

其绝对值部分的每一位取反后，得 11001100。再在取反后的数值末位加 1，得 11001101。即 $[-51]_{补}=11001101$。

用补码进行运算，减法可以用加法来实现。例如+7-6 应得 1，可以将+7 的补码和-6 的补码相加，就得到结果值的补码。

```
+7 的补码：      0 0 0 0 0 1 1 1
-6 的补码：    + 1 1 1 1 1 0 1 0
             1 0 0 0 0 0 0 0 1
             ↑
             进位
```

进位被舍去，余下的 8 位为 00000001，就是 1 的补码。

由此可见，在计算机中采用补码，加减法运算都可以统一化成补码的加法运算，其符号位也参与运算，十分方便。因此，目前计算机一般是用补码表示数值型数据的。

（3）各种整数表示法的比较和表示范围

假设用 8 位二进制代码表示无符号整数和有符号整数，则 8 位二进制代码所能表示的 256 个不同的值在各种整数表示法中表示的数值如表 1-4 所示。

表 1-4    3 种整数的比较

| 8 位二进制代码 | 无符号整数 | 原码 | 补码 |
| --- | --- | --- | --- |
| 0000 0000 | 0 | 0 | 0 |
| 0000 0001 | 1 | 1 | 1 |
| 0000 0010 | 2 | 2 | 2 |
| 0000 0011 | 3 | 3 | 3 |
| … | … | … | … |
| 0111 1110 | 126 | 126 | 126 |
| 0111 1111 | 127 | 127 | 127 |
| 1000 0000 | 128 | -0 | -128 |
| 1000 0001 | 129 | -1 | -127 |
| 1000 0010 | 130 | -2 | -126 |
| 1000 0011 | 131 | -3 | -125 |
| … | … | … | … |
| 1111 1110 | 254 | -126 | -2 |
| 1111 1111 | 255 | -127 | -1 |

整数表示的数其范围是有限的，根据计算机的字长，整数可以用 8 位、16 位、32 位等表示。当整数分别用无符号整数、原码、反码、补码表示时，表示数的范围如表 1-5 所示。

表 1-5    不同位数和不同表示法表示数的范围

| 二进制位数 | 无符号数的表示范围 | 补码的表示范围 | 原码、反码的表示范围 |
| --- | --- | --- | --- |
| 8 | $0\sim(2^8-1)$ | $-2^7\sim(2^7-1)$ | $-(2^7-1)\sim(2^7-1)$ |
| 16 | $0\sim(2^{16}-1)$ | $-2^{15}\sim(2^{15}-1)$ | $-(2^{15}-1)\sim(2^{15}-1)$ |
| 32 | $0\sim(2^{32}-1)$ | $-2^{31}\sim(2^{31}-1)$ | $-(2^{31}-1)\sim(2^{31}-1)$ |

（4）定点小数

在实际生活中数值除了整数之外还有小数。在计算机中不采用某个二进制位来表示小数点，而是用隐含规定小数点的位置来表示。

前面介绍了定点整数的表示，而定点小数是将小数点固定在数值的某一个位置上，通常将小数点固定在最高数据位的左边。如果最左位定义为符号位，则小数点位于符号位之后。

### 2. 浮点数表示

在一定的字长下，整数表示的数值范围是有限的，这在许多应用特别是科学计算中是不够用的。因此，为了能在计算机中表示既有整数部分又有小数部分的数以及一些特别大的数或特别小的数，通常引入浮点表示方法来表示实数。

在浮点表示方法中，任何一个数都可表示成：

$$N = M \cdot R^E$$

其中，$M$ 被称为该数的尾数，$E$ 被称为该数的阶码，而 $R$ 则是阶码的基数。

在许多计算机高级语言中，数值型常量都可以写成浮点数的形式。

例如：4.32E-2 表示 $4.32 \times 10^{-2} = 0.0432$。

这里 4.32 是尾数，-2 是阶码，而基数为 10。

又如：0.432E-1 表示 $0.432 \times 10^{-1} = 0.0432$；

4.32E+1 表示 $4.32 \times 10^{+1} = 43.2$。

从上面例子可以看出浮点数表示方法的特点：一是同一数值可以有不同的浮点表示形式，如 0.0432 可表示成 4.32E-2 或者 0.432E-1；二是在相同尾数情况下，阶码的大小可用来调节所代表数值中小数点的实际位置，如 4.32E-2 和 4.32E+1。

这里还要说明一点，基数是隐含约定的，如上例中 $R=10$ 并未在其浮点表示形式中明显地出现。

在计算机内部表示的浮点形式的实数，不论其尾数部分还是阶码部分都是二进制数，且尾数部分是二进制定点纯小数，而阶码部分则为二进制定点整数；基数通常默认为 2，即 $R=2$。在浮点数表示中，数符和阶符各占一位，阶码的位数表示数的大小范围，尾数的位数表示数的精度。

例如，若某机器字长为 16 位，规定前 6 位表示阶码（包括阶符），而后 10 位表示尾数（包括尾符，也就是整个数的符号），则 16 位的分布如下。

| 阶符 | 阶码 | 数符 | 尾数 |
|------|------|------|------|
| 1 | 2～6 | 7 | 8～16 |

例如：16 位浮点数

| 0 | 00101 | 1 | 110101000 |
|---|-------|---|-----------|
| ↑ | ↑ | ↑ | ↑ |
| 阶符 | 阶码 | 数符 | 尾数 |

表示的数是

$$-(0.110101)_2 \times 2^{(101)_2} = (-11010.1)_2 = (-26.5)_{10}$$

## 1.3.7　文字的表示及处理

通过前面的学习，我们知道任何形式的信息最终都将转换成二进制信息存储在计算机中。数字信息的转换已经介绍完毕，那么字符信息、文字信息、声音信息、图像信息等如何转换为二进制进行存储呢？下面重点介绍字符信息、文字信息如何转化为二进制信息，声音信息、图像信息等多媒体信息的存储将在后面的章节讲解。

### 1. 西文字符编码

目前，计算机中使用较广泛的西文字符编码是 ASCII，另外还有 EBCDIC。

（1）ASCII

我们常用的字符编码是 ASCII（American Standard Code for Information Interchange，美国标准信息交换代码）。它规定了常用的字符对应的编号，目前该标准已经被认定为国际标准，适用于所有拉丁文字母。

在 ASCII 中，共有 128 个（0～127），包括 26 个英文字母的大小写以及一些常用的符号、控制符和专用符号。7 位的二进制编码，刚好可以对应 128 种字符编码。在计算机中 1 个字节正好 8 位，所以 1 个字符可以用 1 个字节来表示，低 7 位是 ASCII 值，最高位为 0。具体的 ASCII 对照如表 1-6 所示。

表 1-6　ASCII 对照表

| 十进制 | 字符 | 十进制 | 字符 | 十进制 | 字符 | 十进制 | 字符 |
|---|---|---|---|---|---|---|---|
| 0 | 空 | 32 | 空格 | 64 | @ | 96 | ' |
| 1 | 标题开始 | 33 | ! | 65 | A | 97 | a |
| 2 | 正文开始 | 34 | " | 66 | B | 98 | b |
| 3 | 正文结束 | 35 | # | 67 | C | 99 | c |
| 4 | 传输结束 | 36 | $ | 68 | D | 100 | d |
| 5 | 询问 | 37 | % | 69 | E | 101 | e |
| 6 | 承认 | 38 | & | 70 | F | 102 | f |
| 7 | 响铃报警 | 39 | ' | 71 | G | 103 | g |
| 8 | 退一格 | 40 | ( | 72 | H | 104 | h |
| 9 | 横向列表 | 41 | ) | 73 | I | 105 | i |
| 10 | 换行 | 42 | * | 74 | J | 106 | j |
| 11 | 垂直列表 | 43 | + | 75 | K | 107 | k |
| 12 | 走纸控制 | 44 | , | 76 | L | 108 | l |
| 13 | 回车 | 45 | – | 77 | M | 109 | m |
| 14 | 移位输出 | 46 | . | 78 | N | 110 | n |
| 15 | 移位输入 | 47 | / | 79 | O | 111 | o |
| 16 | 数据链换码 | 48 | 0 | 80 | P | 112 | p |
| 17 | 设备控制 1 | 49 | 1 | 81 | Q | 113 | q |
| 18 | 设备控制 2 | 50 | 2 | 82 | R | 114 | r |
| 19 | 设备控制 3 | 51 | 3 | 83 | S | 115 | s |
| 20 | 设备控制 4 | 52 | 4 | 84 | T | 116 | t |
| 21 | 否定 | 53 | 5 | 85 | U | 117 | u |
| 22 | 空转同步 | 54 | 6 | 86 | V | 118 | v |
| 23 | 信息组传送结束 | 55 | 7 | 87 | W | 119 | w |
| 24 | 作废 | 56 | 8 | 88 | X | 120 | x |
| 25 | 纸尽 | 57 | 9 | 89 | Y | 121 | y |
| 26 | 减 | 58 | : | 90 | Z | 122 | z |
| 27 | 换码 | 59 | ; | 91 | [ | 123 | { |
| 28 | 文字分隔符 | 60 | < | 92 | \ | 124 | | |
| 29 | 组分隔符 | 61 | = | 93 | ] | 125 | } |
| 30 | 记录分隔符 | 62 | > | 94 | ^ | 126 | ~ |
| 31 | 单元分隔符 | 63 | ? | 95 | _ | 127 | 删除 |

若要存储 "hello word"，按照 ASCII 对照表可知每个字符对应的 ASCII 值及其对应的二进制表示形式，如表 1-7 所示。

表 1–7　"hello word" 每个字符对应的 ASCII 值及其对应的二进制表示

| 字符 | 十进制表示 | 二进制表示 | 字符 | 十进制表示 | 二进制表示 |
|---|---|---|---|---|---|
| h | 104 | 1101000 | 空格 | 32 | 100000 |
| e | 101 | 1100101 | w | 119 | 1110111 |
| l | 108 | 1101100 | o | 111 | 1101111 |
| l | 108 | 1101100 | r | 114 | 1110010 |
| o | 111 | 1101111 | d | 100 | 1100100 |

从以上表示形式可以看出，字符都会被转换成对应的二进制编码，然后存储在计算机中。这里要注意的是空格也是字符，它所对应的 ASCII 值是 32。

（2）EBCDIC

符号数据的表示方法除了最常用的 ASCII，还有一种用 8 位二进制数位表示 1 个字符的扩充二-十进制转换码（Extended Binary Coded Decimal Interchange Code，EBCDIC）。每个字符正好用 1 个字节来表示。8 位共有 $2^8$（256）种不同的编码，但其中有许多编码在 EBCDIC 中并没有定义明确的字符，保留作为扩充用。

2. 汉字编码

汉字信息较为复杂，不像英文信息可由 26 个字符组合而成。计算机的键盘上只有对应的字符、字母按键，那么汉字信息如何编码、如何存储呢？读者会说我们现在不都用键盘输入吗？键盘上的字母对应汉字的拼音不就可以了？可是大家有没有想过，如果计算机就是按拼音对应的 ASCII 来进行存储，那么同音字不都是一个编码了吗？如果不是，每一个汉字是如何编码的？下面进行介绍。

（1）GB 2312—1980 汉字编码

为了满足计算机处理汉字的需要，1981 年我国颁布了《信息交换用汉字编码字符集　基本集》（GB 2312—1980），它是汉字交换码的国家标准，因此又称 "国标码"（也称交换码）。

GB 2312—1980 将代码表分为 94 个区，对应第一字节；每个区 94 个位，对应第二字节，2 个字节的值分别为区号值和位号值加 32（20H），因此也称为区位码。01～09 区为符号、数字区，16～87 区为汉字区，10～15 区、88～94 区是有待进一步标准化的空白区。GB 2312—1980 将收录的汉字分成两级：第一级是常用汉字，共 3755 个，置于 16～55 区，按汉语拼音字母/笔顺排列；第二级汉字是次常用汉字，共 3008 个，置于 56～87 区，按部首/笔画顺序排列。故 GB 2312—1980 最多能表示 6763 个汉字。

国标码与 ASCII 属同一制式，可以认为它是扩展的 ASCII。为了把汉字和西文字符加以区分，采用的方法是把一个汉字看成两个扩展 ASCII，把 2 个字节国标码的最高位置 "1"，这种高位为 1 的双字节编码即汉字的 "机内码"。例如，"国" 字的双 7 位二进制编码为 0111001B 1111010B，2 个字节的最高位置 "1" 后，机内码的二进制表示形式为 10111001B 11111010B，用十六进制表示为 B9H FAH。

（2）GBK 汉字内码扩展规范

GB 2312—1980 仅收汉字 6763 个，这大大少于现有汉字。随着时间的推移及语言的不断延伸、推广，有些原来很少用的字现在变成了常用字，这些字的表示、存储、输入、处理都非常不方便。

为了解决这些问题以及配合 Unicode 的实施，全国信息技术标准化技术委员会于 1995 年颁布了《汉字内码扩展规范》（GBK）。GBK 向下与 GB 2312—1980 完全兼容，除了 GB 2312—1980 中的全部汉字和符号，还收录了包括繁体字在内的大量汉字和符号。GBK 中的每一个字符都采用双字节表示，第一个字节最高位为 1，第二个字节最高位不一定为 1，总计 23940 个码位。

GBK 共收录 21886 个汉字和图形符号，其中有 21003 个汉字和 883 个图形符号，未使用的区域作为用户自定义区。

GBK 汉字规范得到了较好的应用。微软公司自 Windows 95 简体中文版开始，各种版本的中文操作系统均采用 GBK，提供了多种支持 GBK 汉字的输入法，并配置了宋体、黑体等多种字体的 GBK 字库，使系统能输入、显示和打印 GBK 中的所有汉字和符号。

（3）UCS/Unicode 汉字编码

随着经济全球化趋势的加快，使用计算机同时处理、存储和传输多种语言文字的需求日益迫切，因而必须为计算机建立一个多文种处理环境。

为了在不同计算机系统之间建立一个统一的多文种处理环境，根本的办法是对多文种字符集进行统一编码。为了实现这一目的，国际标准化组织（International Organization for Standardization，ISO）制定了 ISO/IEC 10646 标准，即"通用字符集"（Universal Character Set，UCS），微软、IBM 等公司联合制定了与 UCS 完全等同的工业标准 Unicode（称为统一码或联合码）。它们实现了所有字符在同一字符集中的统一编码。

UCS/Unicode 编码标准规定，全世界现代书面文字所使用的所有字符、符号都使用 4 个字节进行编码，其优点是编码空间极大（可以安排 13 亿个字符），能容纳足够多的各种字符集，充分满足了世界上各种民族语言文字信息处理的要求。

但是，4 字节的字符编码太浪费存储空间了。比较实际的做法是，在 UCS/Unicode 编码空间中，把第一和第二字节均为"0"的子空间作为 UCS/Unicode 的子集来使用，记作 UCS-2。目前许多系统所使用的 Unicode（3.0 版）就是 UCS-2 的具体实现。UCS-2 是双字节编码，其字符集中包含世界各国和地区当前主要使用的拉丁字母文字、音节文字、中日韩（CJK）统一编码的汉字，以及各种符号和数字共 49194 个。

（4）GB 18030 编码

UCS/Unicode 编码中的汉字及其编码与我国已使用多年的 GB 2312—1980 和 GBK 汉字编码标准并不兼容，为了既能尽快地向 UCS/Unicode 编码标准过渡，又能向下兼容 GB 2312—1980 和 GBK 汉字编码标准，我国在 2000 年发布了 GB 18030—2000 汉字编码国家标准，并在 2001 年开始实施。2022 年该标准做了最新的修订，将于 2023 年 8 月 1 日开始实施。目前现行的标准为 GB 18030—2005。

GB 18030—2005 汉字编码标准规定了信息交换用的基本图形字符及其二进制编码的十六进制表示，适用于图形字符信息的处理、交换、存储、传输、显现、输入和输出。该标准同时收录了藏文、蒙文、维吾尔文等主要的少数民族文字，为推进少数民族的信息化奠定了坚实的基础。

GB 18030—2005 编码标准在 GB 2312—1980 和 GBK 编码标准的基础上进行了扩充，采用单字节、双字节和 4 字节 3 种方式对字符编码，使码位总数达到 160 多万个，能完全映射 UCS/Unicode 的基本平面和辅助平面中的字符集。在此基础上，该标准包含的汉字数目增加到 27000 多个，包括全部中日韩统一汉字字符集和 CJK 汉字扩充 A 及扩充 B 中的所有字符，能适应出版、邮政、户政、金融、地理信息系统等迫切需要解决的人名、地名用字问题。

（5）BIG5 编码

BIG5 码是目前我国台湾、香港地区普遍使用的一种繁体汉字的编码标准。它是双字节编码方案，其中第一个字节的值在 A0H～FEH 之间，第二个字节的值在 40H～7EH 和 A1H～FEH 之间。

BIG5 码收录了 13461 个汉字和符号，其中包括符号 408 个、常用字 5401 个、次常用字 7652 个。

3. 汉字的输入输出

（1）汉字输入

① 键盘输入。

汉字与西文不同，为了能直接使用西文标准键盘把汉字输入计算机，就必须为汉字设计相应的输入编码方法，当前采用的方法主要有以下两类。

• 拼音码。拼音码是以汉语拼音为基础的输入方法，凡掌握了汉语拼音的人，几乎不需要训练和记忆即可使用。但汉字同音字太多，输入重码率很高，因此按拼音输入后还必须进行同音字选择，影响了输入速度的提高。

• 字形编码。字形编码是根据汉字的形状进行的编码。汉字总数虽多，但都由笔画组成，全部汉字的部件和笔画是有限的。因此，把汉字的笔画部件用字母或数字进行编码，按笔画的顺序依次输入，就能表示一个汉字。例如，五笔字型编码是十分有影响的一种字形编码方法。

除了上述两种编码方法外，为了加快输入速度，在上述方法基础上发展了词组输入、联想输入等多种快速输入方法，但都是利用键盘进行的"手动"输入方法。

② 联机手写文字识别。

联机手写字符识别的历史可以追溯到 20 世纪 50 年代，而联机手写汉字识别技术起步较晚，1981年才推出第一套较为成熟的联机手写汉字识别系统。

文字识别系统的构成包括输入、预处理、特征提取、分类、后处理、输出。文字识别的性能指标有识别精度和识别速度。

联机手写文字识别是在写文字的同时进行识别。一般是通过专用的书写板和笔将文字书写时笔尖的运动轨迹实时地记录下来，以此为根据进行识别。因此，联机手写文字识别系统也被称为笔输入系统。笔输入系统不仅具有以自然的方式输入文字的功能，还兼有使计算机小型化的功能，因为它可以取代计算机小型化最大的障碍——键盘。这使笔输入系统得到了广泛的应用，如掌上电脑、电子记事本和袖珍翻译器等。

③ 汉字语音识别。

汉字语音识别的目的就是要让机器"具有人的听觉"功能，在人机语音通信中"听懂"人类口述的语言。汉字语音识别是向计算机输入汉字的一种重要手段。

它可以按照可识别的词汇量，按照语音的输入方式，以及按照发音人不同等进行分类。语音识别研究的最终目标是要实现大词汇量、非特定人连续语音的识别，这样的系统才有可能完全"听懂并理解"人类的自然语言。

④ 脱机文字识别。

脱机文字识别是对已经印刷或书写完成的文字进行识别，由于构成系统通常采用光学输入设备（如扫描仪），因此被称为 OCR（Optical Character Recognition，光学字符识别）。OCR 根据识别对象的不同又分为印刷体 OCR 和手写体 OCR 两种。

（2）汉字输出

汉字字形码又称汉字字模，用于汉字在显示器上显示或在打印机上输出。汉字字形码通常有两种表示方法：点阵表示和矢量表示。

① 点阵表示。

用点阵表示字形时，汉字字形码指的就是这个汉字字形点阵的代码。点阵表示是指用一组排列成矩形阵列的点来表示一个字符，黑点处用"1"表示，白点处用"0"表示。根据汉字输出的要求不同，一个汉字所用点阵的多少也不同，简易型汉字为 16×16 点阵，提高型汉字为 24×24 点阵、32×32点阵、48×48 点阵，甚至更高。因此，字形点阵的信息量是很大的，所占存储空间也很大。图 1-14显示了字符"A"的 16×16 字形点阵。

点阵规模愈大，字形愈清晰美观，所占存储空间也愈大。以 16×16 字形点阵为例，每个汉字要占用 32 个字节，所以字形点阵只能用来构成汉字库，而不能用于机内存储。字库中存储了每个汉字的点阵代码，在显示输出或打印输出时才检索字库输出字形点阵，得到字形。

② 矢量表示。

汉字的矢量表示方式存储的是描述汉字轮廓特征的信息，如图 1-15 所示。矢量表示比较复杂，它把字符的轮廓用一组直线和曲线来勾画，记录的是每一直线和曲线的端点及控制点的坐标。当要输出汉字时，通过计算机的计算，由汉字字形描述生成所需大小和形状的汉字点阵。矢量化字形描述与最终文字显示的大小、分辨率无关，因此可产生高质量的汉字输出。Windows 中使用的 TrueType技术就是汉字的矢量表示技术。

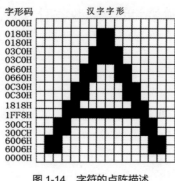

图 1-14　字符的点阵描述

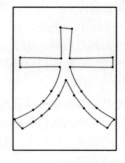

图 1-15　字符的轮廓描述

汉字的点阵表示形式编码和存储方式简单，无须转换就可直接输出，但字形放大后的效果差，且同一字体不同的点阵要用不同的字库；汉字的矢量表示形式精度高，字的大小在变化时能保持字形不变，但输出时需要进行许多计算。

**4. 文本处理**

在计算机中，用文本表示一串有意义的文字及符号信息，是最常用也最基本的一种数字媒体形式。使用计算机作为文本制作的工具，比传统的手写、打字或铅字排版等具有更多优点，它可提高文本制作的质量与效率，可以方便地进行编辑、排版和各种分析处理（如统计、排序、分类、索引、检索等）。

（1）文本的编辑

在许多应用场合，文本必须满足正确、便于使用等要求。为此，对文本进行必要的编制处理是必不可少的。

文本编辑的主要功能包括以下几点。

① 对字、词、句、段落进行添加、删除、修改等操作。

② 字的处理：设置字体、字号、字的排列方向、间距、颜色、效果等。

③ 段落的处理：设置行距、段间距、段缩进、对齐方式等。

④ 页面布局的处理：设置页边距、每页行列数、分栏、页眉、页脚等。

此外，为了提高操作效率，文本编辑软件还有许多专门设计的功能，如查找与替换、预定义模板等。随着计算机性能的提高、图形显示功能的不断增强，现在文本编辑软件的用户界面都已经做到"所见即所得"（What You See Is What You Get，WYSIWYG），即一方面所有的编辑操作的效果立即可在屏幕上看到，另一方面在屏幕上看到的效果与打印机的输出结果保持相同。

（2）文本的处理

如果说文本编辑主要是解决文本的外观问题，那么文本处理强调的是用计算机对文本中包含的文字信息进行深层次的分析、加工和处理。例如，对字、词、短语、句子、篇章的检查、统计、识别、转换、压缩、存储、检索、分析、理解和生成等，其目的是提高文本的写作质量，自动生成与文本相关的许多辅助信息。

常用的文字处理软件的文本编辑功能（特别是排版功能）都非常丰富，在文本处理方面，也具有一些越来越复杂的功能。

（3）常用文本处理软件

大量应用场合需要使用计算机制作与处理文本，不同的应用会使用不同的文本处理软件来完成任务。下面介绍几种常用的文本处理软件。

① 面向通信的文本处理软件。

使用电子邮件进行通信，已经是计算机网络上非常普及的一项应用。大多数情况下电子邮件正文的内容都是简单文本，因此电子邮件内嵌的文本编辑器功能一般比较简单，操作使用方便。常用的如微软公司的 Outlook Express 等都可称为面向通信的文本处理软件。

② 面向办公的文本处理软件。

这里所说的办公是广义的，包括工作、学习等在内，面向办公的文本处理包括拟制一个文稿、撰写一篇论文、编著一部书稿等。为了保证文本制作的高效率、高质量，同时又要面向广大的非专业用户、使软件易学易用，对这一类文本处理软件的要求比较高，既要功能丰富多样，又要操作简单方便。常用的具有代表性的是微软公司 Office 套件中的 Word 和我国自主开发的 WPS 中的文本处理软件。

③ 面向出版的文本处理软件。

面向出版的文本处理软件除了具有常规的文字编辑处理功能外，更重要的是它的排版功能，所以这一类型软件也称为"排版软件"。排版软件的主要功能是将文字、图形和图像等合理地安排在页面内，使版面符合专业排版的要求。专业排版软件应用于各种出版领域，包括报社、杂志社和出版社等，常用的有我国方正集团公司的"飞腾"排版软件、美国 Adobe 公司的 PageMaker 和 PDF Writer 等。

④ 面向网络信息发布和电子出版的文本处理软件。

将文本放在 Internet 上进行发布的常用的方法是将之制作成网页，然后放在 Web 服务器上，连接到 Internet 上的计算机通过浏览器就可以访问到这个文件，进行浏览或下载。常用的有微软公司的 FrontPage、Adobe 公司的 Dreamweaver 等。

面向电子出版的十分流行的软件是美国 Adobe 公司开发的 Acrobat，它使用的 PDF 已经是电子出版领域的一种事实上的标准，被许多文本处理和电子出版软件所采用。PDF 文件可将文字、字形、格式、颜色、图形、图像、超链接、声音和视频等信息都封装在一个文件中。PDF 文件在交付印刷的同时，可以直接进行网络发行。

（4）常见文本类型

根据使用计算机制作的文本用途，大致可以将它们分为纯文本和丰富格式文本。

① 纯文本。

它是由一连串的字符组成的，除了用于表达正文内容的字符（包括汉字）及"回车""换行""制表"等有限的几个打印（显示）控制字符外，几乎不包含任何其他格式信息和结构信息。这种文本在 PC 中的文件扩展名是.txt。纯文本是最通用的文本文件格式，文件体积小，阅读不受限制，绝大多数的文字处理软件都能识别和处理，但是在纯文本中不能插入图片、表格等。

② 丰富格式文本。

为了使文本能以整齐、醒目、美观、大方的形式展现给用户阅读，人们还需要对纯文本进行必要的加工，例如对文字所使用的字体、字号、颜色等进行设定，确定文本在页面上的位置及布局等。经过上述处理后，纯文本中就增加了许多格式控制和结构说明信息，这样的文本称为"丰富格式文本"。例如，使用微软公司 Word 软件生成的 DOC 文件、使用 Adobe 公司 Acrobat 软件生成的 PDF 文件等，都是常用的丰富格式文本文件。

# 1.4  计算机的基本工作原理

自动计算系统如何工作呢？20 世纪 30 年代，阿兰·图灵（Alan Turing）提出了"图灵机模型"，直观且形象地说明了通用计算机自动计算系统的工作机理，建立了指令、程序及通用机器执行程序的理论模型，奠定了计算理论的基础，这是图灵一生中最大的贡献。正是因为有了图灵机理论模型，才得以发明人类有史以来最伟大的科学工具——计算机。因此，图灵被称为"计算机科学之父"。为了纪念这位伟大的科学家，由美国计算机协会（Association for Computing Machinery，ACM）评选的计算机界最高荣誉奖被定名为"图灵奖"。

### 1.4.1 图灵机的基本思想

图灵认为，计算是计算者（人或机器）对一条两端可无限延长的纸带上的一串 0 或 1，执行指令一步一步地改变纸带上的 0 或 1，经过有限步骤最后得到一个满足预先规定的符号串变换过程。图灵机原理示意如图 1-16 所示。

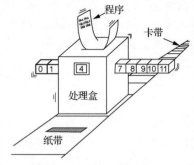

**图 1-16　图灵机原理示意**

数据被制成一串 0 和 1 的纸带，送入机器中，作为输入，例如：

$$00010000100011\cdots$$

机器可对输入纸带执行一些基本动作，如"翻转 0 为 1""翻转 1 为 0""前移一位""停止"。

机器对基本动作的执行是由指令来控制的，机器按照指令的控制选择执行哪一个动作。指令也可以用 0 和 1 来表示，如：01 表示"翻转 0 为 1"（当输入为 1 时不变），10 表示"翻转 1 为 0"（当输入为 0 时不变），11 表示"前移一位"，00 表示"停止"。

输入如何变为输出的控制，可以用指令编写一个程序来完成，如：

$$01,11,10,11,01,11,01,11, 00, \cdots$$

请注意为便于阅读，程序的指令中间增加了逗号以示区分。上述程序的内容为"01-翻转 0 为 1；11-前移一位；10-翻转 1 为 0；11-前移一位；01-翻转 0 为 1；11-前移一位；01-翻转 0 为 1；11-前移一位；00-停止；…"，不管纸带上是什么其都将输出 1011。机器能够读取程序，按程序中的指令顺序读取指令，读一条指令执行一条指令。由此实现自动计算。

因此可以说，图灵机就是一个最简单的计算机模型。图灵机将控制处理的规则用 0 和 1 表达，将待处理的数据及处理结果也用 0 和 1 表达，处理即对 0 和 1 的变换（可以用机械或子系统实现）。

图灵又把程序看作将输入数据转换为输出数据的一种变换函数，这种变换函数可以一步步来实现。进一步，数据、指令和程序都可以用 0 和 1 表达，因此也就都能被计算。

### 1.4.2 冯·诺依曼计算机

图灵机奠定了现代数字计算机的理论基础，而数学家冯·诺依曼（von Neumann）根据图灵的设想设计并制造出了历史上的第一台电子计算机。其设计计算机的思想对现代计算机的发展产生了重要影响，以至于人们称其为"现代计算机之父"。现在的普通计算机因都遵循了他的设计思想而被称为冯·诺依曼计算机。

冯·诺依曼计算机的基本思想是存储程序的思想，即"将指令和数据以同等地位事先存于存储器中，可按地址寻访，机器可从存储器中读取指令和数据，实现连续和自动地执行"。它将存储和执行分别进行实现，解决了计算速度（快）与输入输出速度（慢）的匹配问题。为实现存储程序的思想，冯·诺依曼将计算机分解为五大部件：存储器（Memory）、运算器（Arithmetic Unit）、控制器（Control Unit）、输入设备（Input）和输出设备（Output）。五大部件各司其职，并有效连接以实现整体功能。

（1）运算器是负责执行逻辑运算和算术运算的部件。

（2）控制器是能读取指令、分析指令并执行指令，以调度运算器进行计算、调度存储器进行读写的部件，它能够控制程序（一组有序的操作命令）对数据进行输入、计算或者变换以及输出。它依据事先编制好的程序，来控制计算机各个部件有条不紊地工作，实现所期望的功能。

（3）存储器是负责数据和指令存储与读写的部件。

（4）输入设备负责将程序和指令输入计算机。

（5）输出设备负责将计算机处理的结果显示或打印出来。

图 1-17 所示为冯·诺依曼计算机的基本结构，其中图 1-17（a）所示为早期以运算器为中心的结构，输入输出数据或程序要通过运算器，进行运算也要通过运算器，二者要争夺运算器资源，即输入输出时不能计算、计算时不能输入输出。而目前的计算机，基本采用了图 1-17（b）所示的以存储器为中心的结构，输入输出数据或程序不通过运算器，运算器只负责进行运算，存储器可支持运算器和输入输出设备并行工作，即存储器的一部分在进行输入输出时，另一部分可为运算器提供存取服务。通过这个例子可以看到：同样是五大部件，以不同的结构来连接，便体现了不同的性能——这就是"系统"，强调"结构"，强调部件连接后的整体性与协同性。

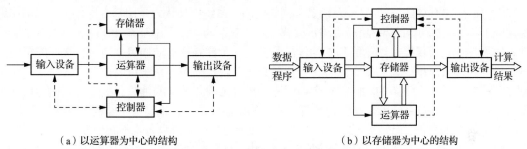

（a）以运算器为中心的结构　　　　　　　（b）以存储器为中心的结构

**图 1-17　冯·诺依曼计算机的基本结构**

具有上述结构的计算机被称为冯·诺依曼计算机。

通常将一个运算器和一个控制器集成在一片集成电路芯片中，这样所形成的基本部件被称为中央处理器（CPU），也被称为微处理器，它是计算系统的核心。目前可将多个 CPU 集成在一起以实现并行处理，即所谓的多核心微处理器。

# 1.5　计算思维基础

计算机学科存在哪些核心的计算思维，哪些计算思维对同学们的未来会产生影响呢？自 20 世纪 40 年代出现电子计算机以来，计算技术与计算系统的发展好比一棵枝繁叶茂的大树，不断地成长与发展。本书引用战德臣教授总结的计算之树的图（见图 1-18），展示计算技术与计算系统的发展，并概括大学计算思维的教育空间。

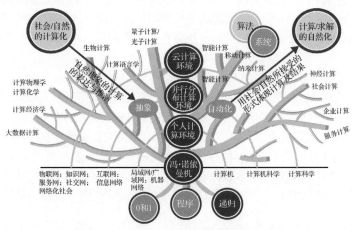

**图 1-18　计算之树——大学计算思维教育空间**

### 1.5.1 计算技术与计算系统的奠基性思维

计算之树的树根体现的是计算技术与计算系统最基础、最核心的或者说奠基性技术或思想，这些思想对于今天乃至未来研究各种计算手段仍有重要的影响。仔细分析这些思想，我们认为"0 和 1""程序""递归"三大思维最重要。

（1）"0 和 1"的思维：计算机在本质上是以 0 和 1 为基础来实现的。"0 和 1"的思维体现了"语义符号化→符号计算化→计算 0（和）1 化→0（和）1 自动化→分层构造化→构造集成化"的思维，体现了软件与硬件之间最基本的连接纽带，体现了如何将"社会/自然"问题转变为"计算问题"，进一步将"计算问题"转变成"自动计算问题"的基本思维模式，是最基本的抽象与自动化机制，是最重要的一种计算思维。

（2）"程序"的思维：一个复杂系统是怎样实现的？系统可被认为是由基本动作（基本动作是容易实现的）以及基本动作的各种组合所构成（多变的、复杂的动作可由基本动作的各种组合来实现）。因此，实现一个系统仅需实现这些基本动作以及实现一个控制基本动作组合与执行次序的机构。对基本动作的控制就是指令，而指令的各种组合及其次序就是程序。系统可以按照"程序"控制"基本动作"的执行以实现复杂的功能。指令与程序的思维体现了基本的抽象、构造性表达与自动执行思维，计算机或者计算系统就是能够执行各种程序的机器或系统，也是最重要的一种计算思维。

（3）"递归"的思维：递归是可以用自相似方式或者自身调用自身方式不断重复的一种处理机制，是以有限的表达方式来表达无限对象实例的一种方法，是最典型的构造性表达手段与重复执行手段，被广泛地用于构造语言、构造过程、构造算法、构造程序。递归体现了计算技术的典型特征，是实现问题求解的一种重要的计算思维。计算理论认为，递归函数是可计算函数的精确的数学描述，图灵机在本质上也是递归：图灵将可计算函数与递归函数等价，他认为凡可计算的函数都是一般递归函数，即丘奇-图灵论题，说明计算系统是一种可递归计算的系统，由此也可看出递归对计算技术与计算系统的奠基性思维作用。

### 1.5.2 通用计算环境的进化思维

计算之树的树干体现的是通用计算环境即计算系统的发展与进化。深入理解通用计算系统所体现出的计算思维对于理解和应用计算手段进行各学科对象的研究，尤其是专业化计算手段的研究有重要的意义。这种发展，本书认为可从 4 个方面来看。

（1）冯·诺依曼计算机：冯·诺依曼计算机体现了存储程序与程序自动执行的基本思维。程序和数据事先存储于存储器中，由控制器从存储器中一条接一条地读取指令、分析指令并依据指令按时钟节拍产生各种电信号予以执行。它体现的是程序如何被存储、如何被 CPU（控制器和运算器）执行的基本思维，理解冯·诺依曼计算机如何执行程序对于利用算法和程序手段解决社会/自然问题有重要的意义。

（2）个人计算环境：个人计算环境本质上仍旧是冯·诺依曼计算机，但其扩展了存储资源，由内存（RAM、ROM）、外存储器（简称外存，如硬盘、光盘、软盘）等构成存储体系。随着存储体系的建立，程序被存储在永久存储器（外存）中，运行时被装入内存再被 CPU 执行。引入操作系统以管理计算资源，体现的是在存储体系环境下程序如何在操作系统协助下被硬件执行的基本思维。

（3）并行分布计算环境：并行分布计算环境通常是由多 CPU（多核处理器）、多磁盘阵列等构成的具有较强并行分布处理能力的复杂的服务器环境，这种环境通常应用于局域网、广域网的计算系统的构建，体现了在复杂环境下（多核、多存储器）程序如何在操作系统协助下被硬件并行、分布执行的基本思维。

（4）云计算环境：云计算环境通常由高性能计算节点（多计算机系统、多核微处理器）和大容量磁盘存储节点所构成，为充分利用计算节点和存储节点，其能够按使用者需求动态配置形成所谓的"虚拟机""虚拟磁盘"，而每一个虚拟机、每一个虚拟磁盘则像一台计算机、一个磁盘一样来执行程序或存储数据。它体现的是按需索取、按需提供、按需使用的一种计算资源虚拟化、服务化的基本思维。

图灵奖获得者艾兹格·迪科斯彻（Edsger Dijkstra）说过："我们所使用的工具对我们的思维习惯会产生重要影响，进而它将影响我们的思维能力。"

这从一个方面说明，通用计算环境的进化思维是很重要的计算思维。理解了计算环境，不仅对新计算环境的创新有重要影响，而且对基于先进计算环境的跨学科创新也会产生重要的影响。

### 1.5.3　交替促进与共同进化的问题求解思维

利用计算手段进行面向社会/自然的问题求解思维，主要包含交替促进与共同进化的两个方面：算法和系统。

（1）算法：算法被誉为计算系统之"灵魂"。算法是有穷规则之集合，它用规则规定了解决某一特定类型问题的运算序列，或者规定了任务执行或问题求解的一系列步骤。问题求解的关键是设计算法：设计可实现的算法，设计可在有限时间与空间内执行的算法，设计尽可能快速的算法。算法具有输入输出（I/O），具有终止性、确定性、平台独立性等特性。构造与设计算法是问题求解的关键，通常强调数学建模，并考虑可计算性与计算复杂性（时空复杂性），算法研究通常被认为是计算学科的理论研究。

（2）系统：尽管系统的灵魂是算法，但仅有算法是不够的。系统是由相互联系、相互作用的若干元素构成且具有特定结构和功能/性能的计算与社会/自然环境融合的统一体，它对社会/自然问题提供了普适的、透明的、优化的综合解决方案。系统具有理论上可无限多次的输入输出，具有非终止性、非确定性、非平台独立性等特性，设计和开发计算系统（如硬件系统、软件系统、网络系统、信息系统、应用系统等）是一项综合的、复杂的工作。如何对系统的复杂性进行控制，化复杂为简单？如何使系统相关人员理解一致，采用各种模型（更多的是非数学模型，即用数学化的思维建立起来的非数学的模型）来刻画和理解一个系统？如何优化系统的结构（尤其是整体优化和动态优化），保证可靠性、安全性、实时性等各种特性？这些都需要"系统"或系统科学思维。

算法和系统就好比：系统是"龙"，而算法是"睛"，既要"画龙"，又要"点睛"。

### 1.5.4　计算与社会/自然环境的融合思维

计算之树的树枝体现的是计算学科的各个分支研究方向，如智能计算、社会计算、企业计算、服务计算等，也体现了计算学科与其他学科相互融合产生的新的研究方向，如计算物理学、计算化学、计算生物学、计算语言学、计算经济学等。

（1）社会/自然的计算化：由树枝到树干，体现了社会/自然的计算化，即社会/自然现象的计算的表达与推演，着重强调利用计算手段来推演、发现社会/自然规律。换句话说，将社会/自然现象进行抽象，表达成可以计算的对象，构造对这种对象进行计算的算法和系统，来实现社会/自然的计算，进而通过这种计算发现社会/自然的演化规律。

（2）计算/求解的自然化：由树干到树枝，体现了计算/求解的自然化，着重强调用社会/自然所接受的形式或者说与社会/自然相一致的形式来展现计算及求解的过程与结果。例如，求解的结果以听觉视觉化的形式展现（多媒体），将求解的结果以触觉的形式展现（虚拟现实），将求解的结果以现实世界可感知的形式展现（自动控制）等。

社会/自然的计算化和计算/求解的自然化，本质上体现了不同抽象层面的计算系统的基本思维，其根本还是"抽象"与"自动化"。抽象与自动化可在多个层面予以体现，简单而言，可划分为3个层面。

（1）机器层面——协议（抽象）与编码器、解码器、转换器等（自动化），解决机器与机器之间的交互问题，"协议"是机器之间交互约定的表达，而编解码器等则是这种表达即协议的自动实现、自动执行。

（2）人-机层面——语言（抽象）与编译器、执行器（自动化），解决人与机器之间的交互问题，"语言"是人与机器之间交互约定的表达，而编译器、执行器则是该种语言的自动解释和自动执行。

（3）业务层面——模型（抽象）与执行引擎、执行系统（自动化），解决业务系统与计算系统之间的交互问题。

### 1.5.5　网络化思维与数据化思维

由树干到树枝绘制 3 个同心半圆可将计算之树划分为 3 个层次来表征计算之树的另外两个维度：网络化思维维度与数据化思维维度。

（1）网络化思维维度：计算与社会/自然环境的融合促进了网络化社会的形成，由计算机构成的机器网络——局域网/广域网，到由网页/文档构成的信息网络——具有无限广义资源的互联网络，再到物联网、知识网、服务网、社会网等，促进了以物物互联、物人互联、人人互联为特征的网络化环境与网络化社会的形成，极大地改变了人们的思维，不断地改变人们的生活与工作习惯。

（2）数据化思维维度：计算能力的提高促进了人们对数据的重视，用数据说话、用数据决策、用数据创新已成为社会的一种常态和共识。数据被视为知识的来源，被认为是一种财富。计算系统由早期关注数据的处理，发展为面向事务数据的管理（数据库）——聚集数据，面向分析的数据仓库与数据挖掘——数据利用，再到当前的"大数据"，极大地改变了人们对数据的认识。一些原来看起来不可能实现的事情，在"大数据"环境下成为可能。

# 本章小结

通过本章学习，读者应理解计算机是什么，熟悉计算机的诞生与发展，掌握计算机的数制及转换，了解计算机的信息编码，掌握计算机的基本工作原理，从而对计算机有初步的认识，为后续的学习奠定基础。

# 习题

### 一、选择题

1. 由具有程序功能的处理机构成的计算机，处理得到的输出主要取决于_____。
   - A. 输入的数据
   - B. 输入的信息
   - C. 输入的数据和处理数据的程序
   - D. 输入的数据和处理数据的硬件
2. 第一代计算机的主要标志是_____。
   - A. 机械式
   - B. 机械电子式
   - C. 集成电路
   - D. 电子管
3. 第二代计算机的主要标志是_____。
   - A. 晶体管
   - B. 机械电子式
   - C. 集成电路
   - D. 电子管
4. 第三代计算机的主要标志是_____。
   - A. 晶体管
   - B. 电子管
   - C. 集成电路
   - D. 大规模集成电路
5. 第四代计算机的主要标志是_____。
   - A. 晶体管
   - B. 电子管
   - C. 集成电路
   - D. 大规模集成电路

6. 与十六进制数 CD 等值的十进制数是_____。

    A. 204　　　　　　B. 205　　　　　　C. 206　　　　　　D. 203

7. 执行二进制逻辑与运算 $01011001 \wedge 10100111$，运算结果是_____。

    A. 00000000　　　B. 11111111　　　C. 00000001　　　D. 11111110

## 二、综合题

1. 什么是计算机?

2. 计算机是构成信息系统的基础，构成信息系统的要素有哪些?

3. 把下列二进制数分别转化成十进制数、八进制数、十六进制数:

                1100101　　　11011.01　　　0.11001

4. 把下列十进制数分别转换成二进制数、十六进制数:

                  128　50.08　20　326　0.625

5. 冯·诺依曼体系结构把计算机分为五大组成部分，请简述各部分的功能。

# 02 第2章 计算机系统

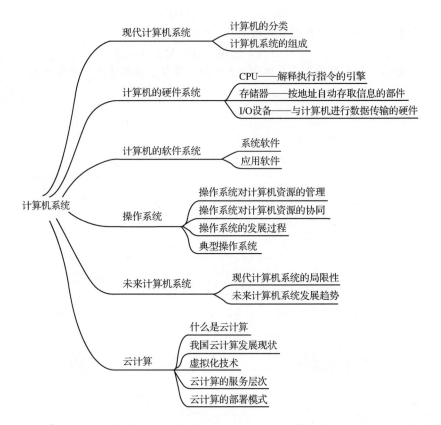

　　本章主要从硬件系统和软件系统两方面阐述计算机系统的组成，重点讲解计算机的分类、硬件系统的组成、软件系统的分类、操作系统的主要功能、软硬件如何协同运行程序，以及计算机系统的发展趋势等。

## 2.1　现代计算机系统

　　对计算机系统的研究主要涵盖：如何制造性能更高的计算机；如何使用计算机这个工具来进行各种具体的应用研究。

　　制造高性能计算机有两种方式：一是集中式系统，突出单台计算机的性能，计算问题主要由这个单一、集中的系统来解决；二是分布式计算机系统，是指由多台分散的计算机，经网络的连接而形成的系统，系统的处理和控制功能分布在各台计算机上，计算的问题由各台分散的计算机协同来解决。其中巨型机、微机就是集中式系统的代表,近些年发展起来的云计算则属于分布式计算机系统。

使用计算机作为工具则要具体到应用领域当中,针对需求进行软件研发,如手机 App 开发等。

### 2.1.1　计算机的分类

在传统上,根据计算机性能差异可以把计算机分为巨型机、大型机、中型机、小型机、微型机。但是,随着技术的进步,各种型号的计算机性能指标都在不断地改进和提高,过去一台大型机的性能可能还比不上今天一台微型机。以往按照巨、大、中、小、微的标准来划分计算机类型的做法有其时间的局限性。目前可以根据计算机的综合性能指标,结合计算机应用领域的不同,将其分为如下 5 个大类。

#### 1. 高性能计算机

高性能计算机也就是俗称的超级计算机,或者以前所说的巨型机,此类计算机往往有突出的计算能力、存储能力、数据处理(吞吐量)能力。目前国际上对高性能计算机较为权威的评测是全球超级计算机 500 强(即 TOP500),通过测评的计算机是目前世界上运算速度和处理能力均堪称一流的计算机。

2021 年 11 月 TOP500 榜单中,我国的"神威·太湖之光"和"天河二号"分列第四和第七。图2-1 所示为"神威·太湖之光"超级计算机,2016 年由我国国家并行计算机工程技术研究中心在无锡研制成功,是世界上首台运算速度超过 10 亿亿次的超级计算机。"神威·太湖之光"全部使用我国自主知识产权的处理器芯片,系统的峰值运算速度达到每秒 12.54 亿亿次,其持续运算速度达到了每秒 9.3 亿亿次。2013 年投入使用的"天河二号"是由国防科学技术大学研制的,曾经 6 次蝉联冠军,采用麒麟操作系统,峰值运算速度达到每秒 5.49 亿亿次,持续运算速度每秒可达 3.39 亿亿次。电影《阿凡达》渲染制作耗时一年多完成,如果使用"天河二号",仅用 1 个月就可完成。

图 2-1　"神威·太湖之光"超级计算机

超级计算机不仅应用于助力探月工程、载人航天等项目,还在石油勘探、汽车飞机的设计制造、基因测序等方面大展身手。整体来看,2021 年 TOP 500 榜单中我国共计有 173 台超级计算机上榜,标志着我国超级计算机研制能力已位居世界领先水平。

#### 2. 微型计算机

微型计算机简称微机,又叫作个人计算机。通过集成电路技术将计算机的核心部件——运算器和控制器,集成在一块大规模或超大规模集成电路芯片上,将之统称为中央处理器。中央处理器是微机的核心部件,是微机的"心脏"。目前微机已广泛应用于办公、学习、娱乐等社会生活的方方面面,在我国经过近 30 年的发展,现在已普及。我们日常使用的台式计算机、笔记本电脑等都是微机,如图 2-2 所示。

（a）台式计算机

（b）笔记本电脑

图 2-2　微机

### 3. 工作站

工作站是一种高档的微机，通常配有高分辨率的大屏幕显示器以及容量很大的内存储器和外存储器，主要面向专业应用领域，如具备强大的数据运算与图形图像处理能力等。工作站主要是为满足工程设计、动画制作、科学研究、软件开发、金融管理、信息服务、模拟仿真等专业领域而设计开发的高性能微机。图 2-3 所示为一个正在进行无人机图像处理的便携式工作站。

### 4. 服务器

服务器是指在网络环境下为网上多个用户提供共享信息资源和各种服务的一种高性能计算机，在服务器上需要安装网络操作系统、网络协议、各种网络服务软件以及数据库管理系统软件等。服务器主要为网络用户提供文件、数据库、Web 应用及通信方面的服务。图 2-4 所示为一个内部打开的网络服务器。

图 2-3　便携式工作站

图 2-4　网络服务器

### 5. 嵌入式计算机

嵌入式计算机是以应用为中心，以计算机技术为基础，并且软硬件可裁剪，适用于对功能、可靠性、成本、体积、功耗有严格要求的专用计算机。它一般包括嵌入式微处理器、外围硬件设备、嵌入式操作系统以及用户应用程序 4 个部分，往往硬件实体嵌入应用对象内部中，用于实现对其他设备的控制、监视或管理等功能。例如，我们日常生活中使用的电冰箱、全自动洗衣机、空调、电饭煲、数码产品、手机、网络路由器等都采用了嵌入式计算机技术。图 2-5（a）和图 2-5（b）是典型的采用嵌入式计算机技术的例子。

（a）四轮平衡小车

（b）嵌入式平板电脑

图 2-5　采用嵌入式计算机技术的例子

通常将一个计算机系统的计算能力、存储容量、数据处理能力（数据吞吐量）和输入输出外部设备（简称外设）看作该计算机的硬件资源，很明显，上面介绍的 5 种计算机系统中，硬件资源最丰富、性能最强的当属高性能计算机，而硬件资源和性能最弱的是嵌入式计算机。

### 2.1.2　计算机系统的组成

计算机系统包含硬件系统和软件系统两个部分。硬件系统是计算机的物理实体，相当于人的躯体；软件系统是计算机上的程序、数据和文档的集合，相当于人的思想和灵魂。图 2-6 所示为常见的计算机系统的组成。

计算机系统运行应用程序时须硬件和软件共同工作。无论学习哪一种编程语言，HelloWorld 程序都是程序人员接触的最基础、最简单的程序，要使 HelloWorld 程序能够运行需要经过几个步骤，以运行 C 语言的 hello.c 源程序为例介绍如下。

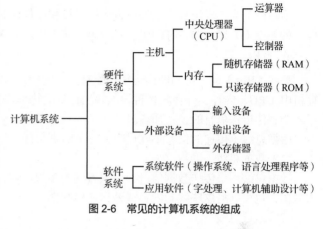

图 2-6　常见的计算机系统的组成

* 步骤 1：系统给 I/O 设备发出信号，启动输入设备——键盘，编写 hello.c 源程序，或将外存储器中保存的 hello.c 源程序调入内存。
* 步骤 2：通过系统软件中的编译程序将其翻译为低级语言指令，在这个过程中编译程序会检查代码的规范性、是否有语法错误等，以确定代码实际要做的工作。
* 步骤 3：汇编程序将上一步编译好的文件翻译成机器语言指令，然后把这些指令打包成一个包含程序指令编码的二进制文件。
* 步骤 4：将上一步生成的二进制文件进行符号解析和重定位，将之合并成可执行目标文件并加载到内存，文件在内存中的存放地址由操作系统进行分配。
* 步骤 5：CPU 通过这个地址来访问内存中的可执行文件，并执行文件的内容。
* 步骤 6：由输出设备将程序运行结果显示给用户，这一交互过程也需要操作系统的帮助。

可以看到，在应用程序运行的整个过程中，始终离不开硬件系统和软件系统的配合，二者缺一不可。

## 2.2　计算机的硬件系统

冯·诺依曼体系结构以 CPU 为中心，CPU 的负担很重，成为计算机速度提高的"瓶颈"；CPU 要频繁访问存储器，而实际 CPU 的速度要高出存储器几个数量级，存在 CPU 与存储器之间的"瓶颈"；CPU 执行命令时是串行的，并且由控制器集中控制，因此造成指令的执行效率低下。

对于上述问题，计算机系统的设计者提出计算机的总线结构（见图 2-7），即主机的各功能部件（CPU、内存、I/O 控制器）之间通过总线相连接，系统中各部件之间的相互关系转变为各部件面向总线的单一关系，从而使系统功能扩充更加容易，上述缺点得以弥补。同时，人们也在试图突破冯·诺依曼体系结构，重新设计

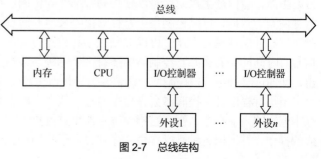

图 2-7　总线结构

更为完善的、合理的系统。

### 1. 主机和外设

在上述计算机硬件系统的各部件中，CPU 和内存合称为主机，主机、I/O 控制器和总线一起被称为计算机的主机系统，它是一个能独立工作的系统。外设包括外存储器和输入输出设备等。

### 2. I/O 控制器

不同设备为实现与其他系统或设备的连接和通信而具有的对接部分称为接口。I/O 控制器就是实现各种外设（如显示器、打印机、磁盘等）与主机之间连接的接口，是计算机的重要组成部分。

### 3. 总线

总线（Bus）是一组物理信号线，配有适当的接口电路，与各部件和外设相连接。总线是连接计算机中 CPU、内存、外存和各种输入输出设备的物理信号线及其相关的控制电路，它是计算机中用于各个部件传送信息的公共通道。

根据总线上传递的信号不同可将之分为数据总线、地址总线和控制总线。

（1）数据总线

数据总线用来传送数据信息，由双方向的多根信号线组成，CPU 可以沿这些线从内存或外设读入数据，也可以沿这些线向内存或外设送出数据。

（2）地址总线

地址总线用于传送 CPU 发出的地址信息，由单方向的多根信号线组成，用于 CPU 向内存、外设传输地址信息。

（3）控制总线

控制总线用于传送控制信号和时序信号，包括 CPU 发出的控制命令和主存（或外设）返回 CPU 的反馈信号。

## 2.2.1 CPU——解释执行指令的引擎

计算机如何理解和执行程序呢？这需要理解 CPU 的工作机制。

CPU 包括运算器和控制器两大部件。运算器有算术逻辑部件和若干临时存储数据的数据寄存器，算术逻辑部件的输入端和输出端均与这些寄存器相连接，表示两个操作数和运算结果都可以由这些寄存器来存储。运算器的实现机理在第 1 章中已有介绍，其在本质上由基本门电路实现多位加法器（可实现加减法），以及由加法器进一步实现各种复杂一些的算术逻辑运算，它们可被指令区分是做哪种运算。

控制器中也有一些寄存器：用于存放当前正在执行指令的指令寄存器（Instruction Register，IR）；用于存放下一条指令地址的程序计数器（Program Counter，PC）。存储器中的内容寄存器分别与运算器中的数据寄存器、控制器中的指令寄存器相连接，说明存储器中的内容既可送给（或来自）运算器，也可送给（或来自）控制器。那么究竟送给（或来自）谁呢？这需要控制。控制器中有一个信号发生器，专门产生控制信号以便控制各部件的正确运行：可以控制运算器中的数据寄存器接收来自存储器的数据，可以控制指令寄存器接收来自存储器的数据，可以控制运算器开始运算，可以控制存储器开始读或写工作，可以控制程序计数器自动加一以指向下一条指令的地址等。产生的控制信号有时间冲突怎么办？控制器中还有一个时钟与节拍发生器，不同的信号在不同的时钟节拍下发出，即通过时钟与节拍控制使控制信号有序地产生与发挥作用。

当执行程序时，控制器会先命令内存，从中读取出来一条指令，通过程序计数器的指示，从内存中取出的当前指令，暂存在指令寄存器中进行指令的分析；接着，控制器用来分析指令所需要完成的操作，并发出各种微操作命令序列，用于控制计算机内的各个部件有条不紊地工作；最后通过控制器按照分析的结果来发送相应的控制信号或者微操作命令，以实现该指令的执行结果。计算机就是按照程序计数器的指示，不停地从内存中取出指令放置在指令寄存器中进行分析，并根据分析结果通过运算器的运算完成指定的操作，如此循环往复，直到最后的指令全部执行完毕为止。

CPU 作为一台计算机的运算核心和控制核心，其性能参数主要有 CPU 位数（机器字长）、主频、Cache 容量等，这些指标直接决定了计算机的档次和主要性能。通常位数越长、主频越高、Cache 容量越大，计算机的性能越强。

近些年来，通过提升 CPU 主频以提高计算机性能的方法基本上走到了尽头，人们转向了采用多核处理器的技术，也就是单芯片多处理器（Chip Multiprocessors，CMP）。CMP 是由美国斯坦福大学提出的，其思想是将大规模并行处理器中的对称多处理器集成到同一芯片内，各个处理器并行执行不同的进程。多核处理器可以在处理器内部共享 Cache，提高缓存利用率，同时简化多处理器系统设计的复杂度。采用多核处理器技术的 CPU 往往在提升性能的同时也降低了功耗。

微机的 CPU 常见品牌有 Intel 和 AMD 两种。

- Intel：赛扬、奔腾、安腾、凌动、酷睿、至强等。
- AMD：锐龙、皓龙、闪龙、速龙、炫龙、羿龙等。

CPU 除了常见的两大品牌，我国自主研发的龙芯性能也非常优越，在工业控制、军事、航天等很多领域已经得到了广泛应用。部分 CPU 如图 2-8 所示。

（a）Intel 的酷睿 11 代 i7 处理器　　　（b）AMD 的锐龙 R7 处理器　　　（c）龙芯处理器

图 2-8　部分 CPU

## 2.2.2　存储器——按地址自动存取信息的部件

用户使用计算机，最根本的还是要通过执行程序得到所需的结果。前文在冯·诺依曼体系结构的部分，介绍了主存中的程序可以被 CPU 执行，而现在，计算机的存储体系不仅有内存，还包括外存储器，那么该如何执行程序呢？我们首先来了解什么是存储体系。

数据自动存储能力是现代计算机的重要能力。随着 CPU 的运算速度越来越快，计算机产生的需要存储的数据量越来越大，且人们对数据的重视程度逐渐增加，因此对存储器的要求是存储容量要足够大（即越大越好）、存取速度要足够快（即能够匹配 CPU 的运算速度）、存储时间要足够长（即越长越好），而且其价格要足够低（即越低越好）。但满足前述要求的存储器始终都是理想化的，因为保证高速度和大容量的存储器，其工艺难度、制造精度及复杂性等决定了其价格不可能很低，所以现实中出现了以下各种性能的存储器。

### 1. 寄存器

CPU 内部有若干寄存器，每个寄存器可以存储一个字（少则 1 个字节、多则 8 个字节）。它和 CPU 采用相同工艺制造，速度可以和 CPU 完全匹配，但其存储容量却特别小，只能用于指令级数据的临时存储。

## 2. 主存

主存也称为内存，由半导体存储单元组成，按其功能特征可分为两类。一类是只读存储器（Read Only Memory，ROM），它是一种只能读出不能写入的存储器，用于存放那些固定不变的、不需修改的程序。ROM 必须在电源电压正常时才能工作，断电后其中存储的信息不会丢失，一旦正常供电就能提供信息。另一类是随机存取存储器（Random Access Memory，RAM），它既允许读出也允许写入信息，用于存放用户程序和数据。RAM 也只能在电源电压正常时才能工作，所不同的是一旦断电其中记录的信息将全部丢失。

### （1）ROM

为了维持存储数据的持久性，ROM 常用于存储计算机的重要信息。CPU 对其只取不存，一般在出厂时信息已被写入并固化处理，用户是无法对信息进行修改的。由于其容量非常小，通常用于存放启动计算机所需要的少量程序和参数信息。例如：计算机主板的基本输入输出系统（Basic Input/Output System，BIOS）、系统配置信息、I/O 驱动程序等。

### （2）RAM

RAM 是可按地址访问的存储器，能暂时存储程序运行时需要使用的数据或信息等。目前典型的有 SRAM（Static Random Access Memory，静态随机存储器）、DRAM（Dynamic Random Access Memory，动态随机存储器）和 SDRAM（Synchronous Dynamic Random Access Memory，同步动态随机存储器）。

● SRAM：小容量内存常采用这种 RAM。它由双稳态触发器构成存储单元，每个单元存储 1 位二进制信息。SRAM 电路复杂、集成度低、功耗大、成本高、速度快，目前 CPU 中的 Cache 就是用的这种芯片。

● DRAM：大容量内存常采用这种存储器。它是一种以电容来存储信息的器件，由于电容有自然放电的趋势，所以 DRAM 需要由刷新电路对电容器周期性刷新来保持数据。DRAM 集成度高、功耗低、成本较低、速度快（但比 SRAM 慢），目前，微机中广泛采用 DRAM 作为主存。

● SDRAM：SDRAM 也是微机系统广泛使用的一种内存类型。它的刷新周期与系统总线时钟保持同步，使 RAM 和 CPU 以相同的速度同步工作，可减少数据存取时间。

在微机中主存被制作成内存条的形式，即把 DRAM 芯片焊在一小条印刷电路板上。内存条（见图 2-9）必须插在主板中相应的内存条插槽中才能使用。其扩展比较方便，用户可以根据需要随时增加内存条。内存条常见的容量有 4GB、8GB、16GB 等。

图 2-9　内存条

### 3. 辅助存储器

辅助存储器又称外存储器或外存，主要用来长期存放计算机工作所需的系统文件、应用程序、用户程序、文档和数据等。计算机实际执行程序和加工处理数据时，外存中的信息需要先传送到内存后才能被 CPU 使用。外存储器的容量一般比较大，而且大部分可以移动，便于在不同计算机之间进行信息共享。计算机中的外存储器种类非常多，主要有光盘、硬盘、U 盘等，不过目前使用最多的还是硬盘。从存储数据的介质上来区分，硬盘可分为机械硬盘和固态硬盘，机械硬盘采用磁性盘片来存储数据，而固态硬盘通过存储芯片来存储数据。

机械硬盘（见图 2-10）主要由磁盘盘片、磁头、主轴等组成，数据就存放在磁盘盘片中。盘片在磁头中间高速旋转，磁头同时对上下盘面进行数据读取，因此当机械硬盘读取或写入数据时，非常害怕晃动和磕碰。另外，因为机械硬盘的超高转速，如果内部有灰尘，则会造成磁头或盘片的损坏，所以机械硬盘内部是封闭的，如果不是在无尘环境下，则不应拆开机械硬盘。固态硬盘和传统的机械硬盘最大的区别就是固态硬盘不再采用磁性盘片进行数据存储，而采用存储芯片进行数据存储。固态硬盘（见图 2-11）的存储芯片主要分为两种：一种是采用闪存作为存储介质的；另一种是采用 DRAM 作为存储介质的。目前使用较多的是采用闪存作为存储介质的固态硬盘。

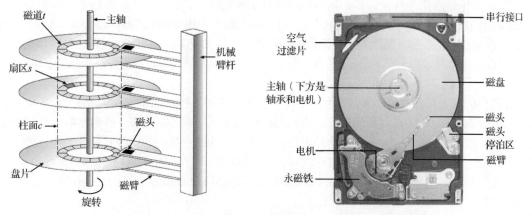

图 2-10  机械硬盘

图 2-11  固态硬盘

### 4. 存储体系

　　内存容量小（MB/GB 级），硬盘容量大（GB/TB 级）；内存存取速度快（访问一个存储单元的时间在纳秒级），硬盘存取速度慢（读取磁盘一次的时间在毫秒/微秒级）；内存可临时保存信息，硬盘可永久保存信息。那么，能否将性能不同的存储器整合成一个整体，使用户感到容量像外存的容量、速度像内存的速度，内存、外存的成本又能满足用户的期望，而且内存、外存的使用由系统自动管理而无须用户操心呢？这就促进了现代计算机存储体系的形成。如图 2-12 所示，可将内存、外存构成一个存储体系，外存不与 CPU 直接交换信息，内存与 CPU 直接交换信息，内存作为外存的一个临时"缓冲区"来使用。外存速度慢，可以"块"（Block）为单位进行读写（一块为一个扇区或其倍数），一次将更多的信息读写到内存，再被 CPU 处理。而内存速度快，其可与 CPU 按存储单元/存储字交换信息。这样"以批量换速度，以空间换时间"来实现外存、内存和 CPU 之间速度的匹配，可使用户感觉到速度很快同时容量又很大。

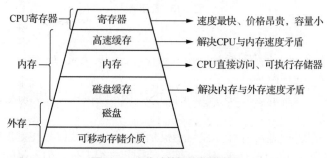

图 2-12  现代计算机的存储体系

### 2.2.3 I/O 设备——与计算机进行数据传输的硬件

计算机无论是应用于科学计算、数据处理还是实时控制，为了完成一定的任务，都需要与各种外部设备相联系，以便和外界交换信息，这一过程称为输入输出（Input/Output，I/O）。CPU 与 I/O 设备进行数据交换的操作，称为对 I/O 设备的读写操作，简称 I/O 操作。需要强调，光盘、硬盘等外存储器的操作与控制过程与 I/O 设备的完全相同，因此，外存储器的读写操作在这个意义上也称为 I/O 操作。

I/O 操作的任务是通过输入设备把程序、原始数据、控制参数、检测到的现场信息送入计算机内存的指定区域进行处理，或者是通过输出设备把内存指定区域的计算结果、控制参数、控制状态输出、显示或送给被控对象。计算机的外部设备种类繁多、性能各异、操作控制复杂，使任何一台外设都不可能直接与 CPU 相连，必须通过中间环节——I/O 接口电路（也称 I/O 控制器）实现信息交换，即 CPU 发出启动 I/O 操作的命令后，由 I/O 控制器来独立控制 I/O 操作全过程；操作完毕后，由 I/O 控制器告知 CPU。

#### 1. 显示器

显示器属于输出设备，目前有 CRT（Cathode Ray Tube，阴极射线管）显示器、LCD（Liquid Crystal Display，液晶显示器）和等离子显示器等。CRT 显示器和 LCD 如图 2-13 所示。

CRT 显示器体积较大、较笨重，并且屏幕有频闪现象，辐射较强，对人眼伤害较大，因此目前 CRT 显示器基本被淘汰。

LCD 是目前的主流显示器，它具有无辐射、无闪烁、低能耗、纤薄轻巧、能够精确还原图像、显示字符锐利、屏幕调节方便等优点，价格相对适中。LCD 主要性能指标有响应时间、可视角度、点距、分辨率、刷新率、亮度、对比度等。

等离子显示器在很大尺寸情况下依然可以做得很纤薄，价格较贵。但它一般不做成小尺寸，在细节感受方面不如 LCD，所以等离子显示器一般用于公共场合或商用。

（a）CRT 显示器　　　　　　　　　　　　　　（b）LCD

图 2-13　显示器

#### 2. 键盘和鼠标

键盘和鼠标（见图 2-14）是微机系统的输入设备，它们负责将指令和信息输入计算机中。鼠标和键盘都可以分为无线、有线两种。

有线的鼠标和键盘，往往通过 USB 接口或者 PS/2 接口连接线与主机相连。USB 接口支持热插拔，使用起来比较方便。

无线鼠标和键盘一般通过蓝牙或红外线与主机相连。目前无线鼠标和键盘的使用已比较普遍，其性能和灵敏程度都很好，由于没有连接线束缚，使用起来很方便，但不足的是长时间使用需要充电或更换电池。

此外，常见的输入设备还有摄像头、扫描仪、光笔、手写输入板、游戏杆、语音输入装置等；常见的输出设备还有影像输出系统、磁记录设备、打印机、语音输出系统、绘图仪等。

（a）PS/2 接口、USB 接口的鼠标和无线鼠标

（b）PS/2 接口、USB 接口的键盘和无线键盘

图 2-14　键盘和鼠标

# 2.3　计算机的软件系统

计算机由硬件系统和软件系统协同工作完成某一给定的任务，它们之间的关系是相辅相成、密不可分的。只有硬件没有软件的计算机，我们称之为"裸机"，在"裸机"上只能运行机器语言源程序，显然它的功能是非常有限的。计算机软件是计算机系统的重要组成部分，是计算机程序、运行程序所需的数据以及与程序有关的文档资料的总称。事实上，现在计算机能广泛应用于人类社会的生产、生活、科研、教育等领域，完全是由于有了丰富的软件。用户通过软件使用计算机的硬件，可以说软件是用户与计算机硬件之间沟通的桥梁。

各种软件研制的目的都是增强计算机的功能，方便人们使用或解决某一方面的实际问题。根据软件在计算机系统中的作用，可以将计算机的软件系统分为系统软件和应用软件两大类，如图 2-15 所示。

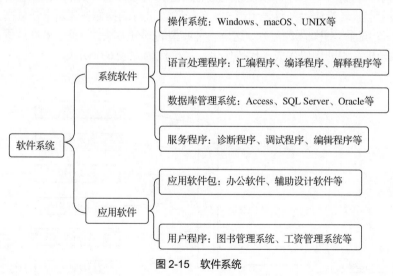

图 2-15　软件系统

## 2.3.1　系统软件

具有代表性的系统软件有操作系统、语言处理程序、数据库管理系统、服务程序等。

### 1. 操作系统

操作系统（Operating System，OS）是现代计算机系统中必不可少的、最重要的系统软件之一，负责管理计算机硬件（如CPU、内存空间、输入输出设备）和软件资源（如文件系统），以方便用户充分、有效地利用这些资源并增强整台计算机的处理能力为目的。它是底层的软件，控制计算机系统的所有软件并管理整台计算机的资源，是计算机与用户之间的桥梁。缺少它，用户也就无法使用任何软件。

### 2. 语言处理程序

除了机器语言程序外，用其他程序语言编写的程序都不能直接在计算机上执行。因此需要把用程序语言（包括汇编语言和高级语言）编写的各种程序变换成可在计算机上执行的程序，这一转换是由翻译程序来完成的。翻译程序除了要完成语言间的转换，还要进行语法、语义等方面的检查，翻译程序统称为语言处理程序。语言处理程序按照不同的翻译处理方法可分为 3 类：汇编程序、编译程序和解释程序。

（1）汇编程序

汇编程序是把汇编语言书写的程序翻译成与之等价的机器语言程序的翻译程序。汇编程序输入的是用汇编语言书写的源程序，输出的是用机器语言表示的目标程序。汇编语言的指令与机器语言的指令大体上保持一一对应的关系，因此编写出的程序虽不如高级程序设计语言简便、直观，但是汇编出的目标程序占用内存较小、运行效率较高，且能直接引用计算机的各种设备资源。汇编程序的工作过程如图 2-16 所示。

汇编程序的工作过程如下：输入汇编语言源程序，检查语法的正确性，如果正确则将源程序翻译成等价的二进制或浮动二进制的机器语言程序，并根据用户的需要输出源程序和目标程序的对照清单，如果语法有错，则输出错误信息，指明错误的部位、类型和编号等；最后，对已汇编出的目标程序进行善后处理。

（2）编译程序

编译程序（Compiler）又称编译器，功能是将高级语言书写的源程序翻译成等价的机器语言目标程序。我们知道，源程序语言种类成千上万，从常用的C、Java、Fortran语言，到各种各样的计算机应用领域的专用语言，翻译是一个非常复杂的过程。通常将整个工作过程按阶段进行，每个阶段将源程序的一种表示形式转换成另一种表示形式，各个阶段进行的操作在逻辑上是紧密连接在一起的。图 2-17 所示是一个编译程序处理的过程，这是一种典型的划分方法，将整个处理过程分成词法分析、语法分析、语义分析、中间代码生成、代码优化、目标代码生成 6 个阶段。

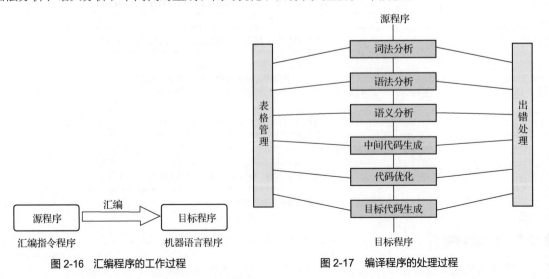

图 2-16　汇编程序的工作过程　　　　　图 2-17　编译程序的处理过程

（3）解释程序

解释程序是另一种语言处理程序，它将高级语言书写的源程序作为输入，一个个地获取、分析并执行源程序语句，解释一句后就提交计算机运行，直接输出结果，并不生成目标程序，非常适用于人通过终端设备与计算机会话。如在终端上输入一条命令或语句，解释程序就立即将此语句解释成一条或几条指令并提交硬件立即执行且将执行结果反馈到终端，从终端把命令输入后就能立即得到执行结果。这的确是很方便的，很适合于一些小型机的计算问题。但解释程序执行速度较慢，如果源程序中出现循环，则解释程序也重复地解释并提交执行这一组语句，这就造成很大浪费。解释程序的翻译过程如图 2-18 所示。

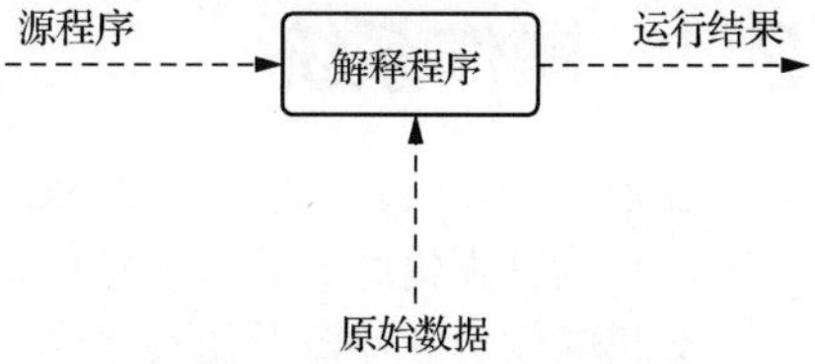

图 2-18　解释程序的翻译过程

编译程序与解释程序最大的区别之一在于前者生成目标代码，而后者不生成。如果拿外语翻译比喻，编译程序就像"笔译"，将文章形成一个完整的翻译文本；而解释程序就像"口译"，说一句翻译一句，并不形成一个翻译文本。此外，前者产生的目标代码的执行速度比解释程序的执行速度要快；后者人机交互好，更适于初学者使用。

**3. 数据库管理系统**

数据库管理系统（DataBase Management System，DBMS）是安装在操作系统之上的一种操纵和管理数据库的大型软件，用于建立、使用和维护数据库。常用的数据库管理系统有 Access、Oracle、SQL Server、MySQL、DB2 等。

**4. 服务程序**

服务程序是一类辅助性的程序，它提供一些常用的服务性功能，为用户开发程序和使用计算机提供方便。微机上经常使用的诊断程序、调试程序、编辑程序均属此类。

## 2.3.2　应用软件

应用软件是用高级程序设计语言编写出来的、具有特定功能的，为满足用户不同领域、不同问题的应用需求而提供的软件。它可以拓宽计算机系统的应用领域，放大硬件的功能。

按用途划分，常见的应用软件有以下几种。

**1. 办公软件**

计算机的一个很重要的应用就是用于日常办公。如微软开发的 **Office** 系列和金山开发的 **WPS** 系列办公软件，包含进行文字处理、表格制作、幻灯片制作、图形图像处理、简单数据库处理等方面工作的组件。协同使用这些组件，基本可以满足日常办公的需要。

**2. 各种工具软件**

常用的工具软件包括杀毒软件、数据压缩软件、数据备份与恢复软件、多媒体播放软件、浏览器、聊天软件、下载软件等。例如：360 安全卫士、**WinRAR**、**Ghost**、迅雷、暴风影音、QQ 等。

**3. 信息管理软件**

信息管理软件是对信息数据进行收集、整理，并提供数据处理及数据查询等相关功能的程序。这种软件一般需要数据库管理系统进行后台支撑，用高级程序设计语言进行前台开发。例如：仓库管理系统、人事管理系统、工资管理系统等。

**4. 辅助设计软件**

辅助设计软件是用于辅助设计的软件，一般适用于建筑、机械、电子、服装等方面的绘图设计。例如：二维绘图设计软件、三维几何造型设计软件等。这种软件一般需要程序设计语言、数据库管理系统等的支持。

5. 实时控制软件

实时控制软件用于随时获取运行状态信息，并根据信息实施自动或半自动控制，较多用于工业控制等领域。

# 2.4 操作系统

在现代计算机系统中，操作系统是最重要的系统软件之一。作为计算机底层的系统软件，负责管理、调度、指挥计算机的软、硬件资源使其协调工作，它在资源使用者和资源之间充当中间人的角色。操作系统是用户和计算机硬件的接口，同时也是计算机硬件和其他软件的接口，在计算机系统中所处的位置非常重要，如图 2-19 所示。

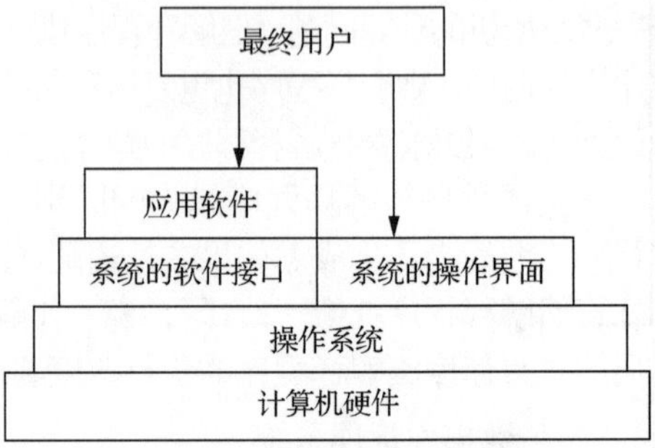

## 2.4.1 操作系统对计算机资源的管理

没有操作系统的帮助，使用计算机是极其困难的。对大部分用户来说，操作系统是他们接触最多的软件。举例来说，当用户将 HelloWorld 程序存盘时，HelloWorld 程序并没有直接去访问前面讲到的那些硬件，而是依靠操作系统提供的服务管理磁盘空间的分配，将要保存的信息由内存写到磁盘等。当用户试图运行 HelloWorld 程序时，操作系统首先必须在磁盘上找到该程序并将其调入内存，接着允许程序使用 CPU 来执行，并将执行结果通过输出设备（如显示器等）反馈给用户。作为底层硬件和用户之间沟通的桥梁，操作系统的主要任务就是管理和控制计算机系统中的所有资源，合理地组织计算机工作流程，并为用户提供友好的界面。

计算机系统的主要硬件资源有处理器、存储器和外部设备，软件资源则以文件形式存储在外存储器上。因此，操作系统对计算机资源的管理包括处理机管理、存储器管理、设备管理、文件管理等。下面以 Windows 10 操作系统为例分别介绍其功能。

1. 处理机管理

计算机系统中处理机（即 CPU）是最宝贵的系统资源之一，处理机管理的目的是要合理地分配时间，以保证多个作业能顺利完成并且尽量提高 CPU 的效率，使用户等待的时间最少。例如：在 Windows 10 操作系统内，一般有多个任务同时存在，这些任务都由处理机执行，而同一时刻处理机只能执行一个任务，需要将处理机的时间合理、动态地分配给各个任务。操作系统对处理机管理的策略不同，提供的作业处理方式也就不同，如批处理方式、分时处理方式和实时处理方式等。

对处理机的管理包括进程控制、进程同步、进程通信、进程调度等。

（1）进程是什么

进程是程序在数据集合上运行的过程，它是系统进行资源分配和调度的独立单位，是操作系统结构的基础。进程能够申请和拥有系统资源，是应用程序的动态执行，具有生命周期。图 2-20 和图 2-21 所示分别为 Windows 10 操作系统某时刻的部分进程和 CPU 资源的使用情况。

进程有以下特征。

① 动态性：进程的实质是程序在多道程序系统中的执行过程，进程是动态产生、动态消亡的。

② 并发性：进程可以同其他进程一起并发执行。

③ 独立性：进程是能独立运行的基本单位，同时也是系统分配资源和调度的独立单位。

④ 异步性：由于进程间的相互制约，使进程具有执行的间断性，即进程按各自独立的、不可预知的速度向前推进。

图 2-19　操作系统所处位置

最终用户

应用软件

系统的软件接口　系统的操作界面

操作系统

计算机硬件

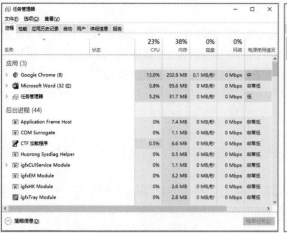

图 2-20　某时刻的部分进程

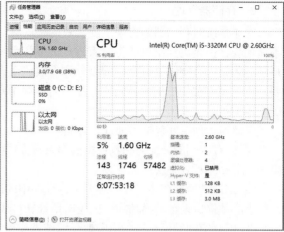

图 2-21　某时刻 CPU 资源的使用情况

（2）进程的状态

进程执行的间断性决定了进程可能具有多种状态。事实上，运行中的进程可能具有以下 3 种基本状态，如图 2-22 所示。

① 就绪状态（Ready）。

进程已获得除处理器外的所需资源，等待分配处理器资源。只要分配了处理器，进程就可执行。就绪进程可以按多个优先级来划分队列。例如，当一个进程由于时间片用完而进入就绪状态时，将之排入低优先级队列；当进程由 I/O 操作完成而进入就绪状态时，将之排入高优先级队列。

图 2-22　进程的状态和转换

② 运行状态（Running）。

进程占用处理器资源。处于此状态的进程的数目小于等于处理器的数目。在没有其他进程可以执行时（如所有进程都为阻塞状态），通常会自动执行系统的空闲进程。

③ 阻塞状态（Blocked）。

由于进程等待某种条件（如 I/O 操作或进程同步），在条件满足之前无法继续执行。在该事件发生前即使把处理器资源分配给该进程，该进程也无法运行。

（3）多道程序设计

所谓多道程序设计指的是允许多个程序同时进入一个计算机系统的主存储器并启动进行计算的方法。也就是说，计算机内存中可以同时存放多道（两道以上相互独立的）程序，它们都处于开始和结束之间。从宏观上看是并行的，多道程序都处于运行中，并且都没有运行结束；从微观上看是串行的，多道程序轮流使用 CPU，交替执行。例如，从用户角度来看，在图 2-20 中这一时刻 Chrome 浏览器和 Word 同时启动了。引入多道程序设计技术的根本目的在于提高 CPU 的利用率，充分发挥计算机系统部件的并行性，现代计算机系统都采用了多道程序设计技术。图 2-23 所示为一个多道程序工作过程的示例。

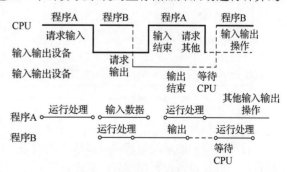

图 2-23　多道程序工作过程的示例

### 2. 存储器管理

操作系统对存储器的管理主要针对的是内存。虽然计算机硬件一直在飞速发展，内存容量也在不断增长，但是仍然不可能将所有用户进程和系统所需要的全部程序及数据放入内存中，所以操作系统必须将内存空间进行合理的划分和有效的动态分配。有效的内存管理在多道程序设计中非常重要，不仅可方便用户使用存储器、提高内存利用率，还可以通过虚拟内存从逻辑上扩充存储器，如图2-24所示。

存储器管理主要包括下列几个方面。

① 内存空间的分配与回收：由操作系统完成内存空间的分配和管理，使程序员摆脱存储分配的麻烦，提高编程效率。

② 地址转换：在多道程序环境下，程序中的逻辑地址与内存中的物理地址不可能一致，因此存储管理必须提供地址转换功能，把逻辑地址转换成相应的物理地址。

③ 内存空间的扩充：利用虚拟存储技术或自动覆盖技术，从逻辑上扩充内存。

④ 存储保护：保证各道作业在各自的存储空间内运行，互不干扰。

### 3. 设备管理

当用户程序要使用外部设备时，设备管理控制（或调用）驱动程序使外部设备工作，并随时对该设备进行监控、处理外部设备的中断请求等。

Windows 10操作系统的设备管理功能可通过"计算机管理"窗口来实现。在桌面右击"此电脑"图标，在弹出的快捷菜单中选择"管理"命令，可打开图2-25所示的"计算机管理"窗口。

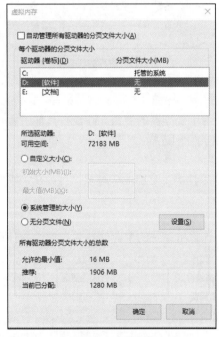

图2-24　虚拟内存

图2-25　"计算机管理"窗口

（1）设备管理器

设备管理器的功能是管理计算机上的设备。可以使用它查看和更改外部设备属性、更新设备驱动程序、进行设备设置和卸载外部设备等。

在"计算机管理"窗口左侧列表选择"设备管理器"选项，即可看到当前计算机中安装的所有设备资源，如图2-26所示。

图 2-26　设备管理

（2）磁盘管理

对磁盘进行管理是使用计算机时的一项常规任务。磁盘管理主要完成磁盘控制和管理操作，如分区操作、格式化、磁盘碎片整理等。在"计算机管理"窗口左侧列表选择"磁盘管理"选项，可查看当前计算机磁盘的状态，如图 2-27 所示。

图 2-27　磁盘管理

在图 2-27 中右击需要进行操作的分区，根据需要选择相应的命令。例如：在弹出的快捷菜单中可以选择"格式化"命令，在弹出的格式化对话框里设置并单击"确定"按钮即可完成格式化操作，如图 2-28 所示。格式化磁盘会破坏磁盘原有的数据信息，所以执行此操作前通常需要备份数据。

**4. 文件管理**

以上都是操作系统针对硬件资源的管理，文件管理则是针对软件资源的管理。系统软件资源以及用户提供的程序和数据数量庞大并且种类繁多，为了便于管理，操作系统将它们组织成文件的形式，操作系统对软件的管理实际上是对文件系统的管理。通过对文件的存储、查找、修改、删除等操作，解决文件的共享、保密和保护等问题，使用户可方便、安全地使用所需的文件。

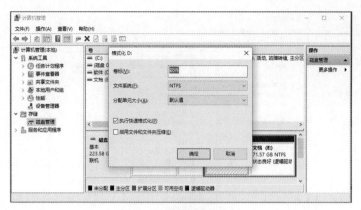

图 2-28　格式化对话框

（1）文件和文件目录

文件是存储在外存储器中的相关信息的集合，如电子照片、歌曲、视频、程序等，这些数据都以文件形式存放在计算机的磁盘上。由于管理需要，文件中除了它所包含的程序和数据，还包含一些关于文件的说明信息，如文件名、文件类型、文件存储位置、文件大小、创建时间等。

在计算机中，往往存放大量的文件。为了有效地管理和使用文件，操作系统把它们组织在若干文件目录中。通过文件目录，可以实现文件"按名存取"和快速检索。大多数的文件系统将目录结构构建成树形结构，如图 2-29 所示。这种目录结构像一棵倒置的树，树根作为根目录，树中每一个分支为子目录，树叶即一个个的文件。根目录是在磁盘格式化时建立的，用户可在根目录下创建子目录，也可以在子目录下再创建下一级子目录，这样就形成了多级目录结构，在 Windows 中，文件目录也称为文件夹。采用多级目录结构，可以将文件分门别类地存放在不同的目录中以便查找，还允许不同目录中的文件使用相同的文件名。在 Windows 中通常用"资源管理器"查看计算机的文件、文件夹结构。右击"开始"→"文件资源管理器"即可看到。

（2）文件系统

文件系统是操作系统用于明确磁盘或分区上的文件的方法和数据结构，或者说是对文件进行组织、管理和存取的系统程序。对用户来说，它提供了便捷的存取信息的方法：按文件名存取，无须了解文件存储的物理位置。从这个角度来看，文件系统是用户和外存储器之间的接口。常见的文件系统有 FAT、NTFS、exFAT 等。图 2-30 所示为 Windows 10 中使用的 NTFS。

图 2-29　树形结构目录

图 2-30　NTFS

## 2.4.2 操作系统对计算机资源的协同

存储体系、进程管理体系及任务－作业体系的建立为计算机执行更为复杂、多样化的程序提供了可能；CPU 速度的不断提高，也为其能并行地执行多个任务、同时为多个用户服务提供了可能。而这一切都要依赖操作系统对 CPU 所实现的有效管理，它扩展了硬件的功能。

前面说过，在同一时刻，内存中会有多个进程存在，而 CPU 只有一个，如何由一个 CPU 执行多个进程呢？CPU 要执行哪一个进程呢？

### 1. 分时调度策略

操作系统可支持多用户同时使用计算机，即一个 CPU 可执行多个进程。怎样让所有进程（及进程相关的用户）都感觉到其独占 CPU 呢？人们发明了分时调度策略，即把 CPU 的被占时间划分成若干段时间，每段时间间隔特别小，CPU 按照时间段轮流执行每一个进程，从而使每个进程都让人感觉其在独占 CPU。这就是典型的分时调度思维，它有效地解决了单一资源的共享使用问题。

### 2. 多处理机调度策略

分时调度策略解决了多任务共享使用单一资源的问题，如果任务或计算量很大，能否用多 CPU 来协同解决呢？答案是可以。可以将一个大计算量的任务划分成若干个可由单一 CPU 解决的小任务，将之分别分配给相应的 CPU 来执行，当这些小任务被相应的 CPU 执行完后再将其结果进行合并处理以形成最终的结果返回给用户，这就是典型的多处理机调度策略。该策略采用分布式或并行的方式来求解大型计算任务相关的问题，如典型的"线程"即描述类似这种小任务的一个程序，多线程技术可控制多台计算机（或嵌入式自主设备）协同地进行问题求解。

关于 CPU 的调度策略，尤其是并行调度策略、分布式调度策略，一直是研究的热点，出现的网格计算、云计算、分布式计算等都与这种策略有关。图 2-31 分别给出了单 CPU 分时调度、多 CPU 并行调度（即一个程序被分配到同一台计算机的多个 CPU 上执行）和多独立计算机网络化分布式调度（即一个程序被分配到多台计算机上执行）的示意。关于调度策略的具体实现算法可查阅相关资料，关于处理机管理的具体内容可从"操作系统"课程中了解。

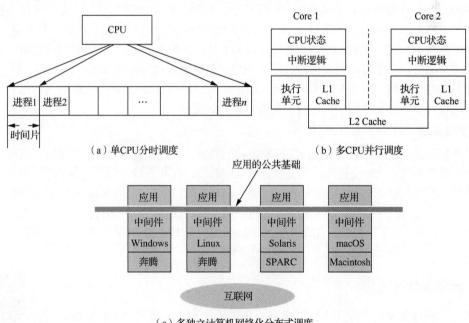

（a）单CPU分时调度　　　　（b）多CPU并行调度

（c）多独立计算机网络化分布式调度

图 2-31　CPU 的调度

### 2.4.3 操作系统的发展过程

操作系统与计算机硬件的发展息息相关。操作系统的发展史就是一部解决计算机系统需求问题的历史。从无操作系统计算机到脱机输入输出，从单道批处理系统到多道批处理系统，再到分时系统、实时系统，操作系统在不断飞速发展。

第一台计算机并没有配置操作系统，这是由于早期制造计算机的器件原因，以及计算机本身效能较低不足以执行如此复杂的程序。随着晶体管和微程序方法的发明，使计算机不再是机械设备，而成为电子产品。系统管理工具以及简化硬件操作流程的程序很快出现，且成为操作系统的基础。

20 世纪 50 年代末，人们开始用晶体管替代真空管来制作计算机，从而出现了第二代计算机。它不仅使计算机的体积大大减小、功耗显著降低，同时可靠性也得到大幅度提高，使计算机已具有推广应用的价值，但计算机系统仍非常昂贵。为了能充分地利用它，尽量使该系统连续运行、减少空闲时间，开始出现批处理系统。该系统使作业的输入输出、调度以及执行序列化。

#### 1. 批处理系统

这种方式通常是把一批作业以脱机方式输入磁带上，并在系统中配上监督程序（Monitor），在它的控制下使这批作业能一个接一个地连续处理。其自动处理过程是：由监督程序将磁带上的第一个作业装入内存，并把运行控制权交给该作业；当该作业处理完成时，又把控制权交还给监督程序，再由监督程序把磁带（盘）上的第二个作业调入内存。计算机系统就这样自动地一个个作业地进行处理，直至磁带（盘）上的所有作业全部完成，这样便形成了早期的批处理系统。

批处理是指用户将一批作业提交给操作系统后就不再干预，由操作系统控制它们自动运行。这种采用批量处理作业技术的操作系统称为批处理操作系统。批处理操作系统不具有交互性，它是为了提高 CPU 的利用率而提出的一种操作系统。

#### 2. 分时系统

20 世纪 70 年代前后，出现了分时系统。分时系统与多道批处理系统之间有截然不同的性能差别，它能很好地将一台计算机提供给多个用户同时使用，提高计算机的利用率。这类系统在一台主机上连接了多个带有显示器和键盘的终端，同时允许多个用户通过自己的终端，以交互方式使用计算机，共享主机中的资源。它将 CPU 的时间划分成若干个片段（称为时间片），以时间片为单位，轮流为每个终端用户服务。由于时间间隔很短，每个用户的感觉就像他独占计算机一样。

分时系统典型的例子就是 UNIX 和 Linux 操作系统。其可以同时连接多个终端并且每隔一段时间重新扫描进程，重新分配进程的优先级，动态分配系统资源。

#### 3. 实时系统

实时系统是保证在一定时间限制内完成特定功能的操作系统，要求对外部请求在严格时间范围内做出反应，具有高可靠性和完整性，其主要特点是资源的分配和调度首先要考虑实时性然后才考虑效率。实时系统有硬实时和软实时之分，硬实时要求在规定的时间内必须完成操作，这是在操作系统设计时保证的；软实时则按照任务的优先级，尽可能快地完成操作。我们通常使用的操作系统在经过一定改变之后就可以变成实时系统，如微软的 Windows NT 或 IBM 的 OS/390 本身具有实时系统的特征，即使不是严格的实时系统，也能解决一部分实时应用问题。

### 2.4.4 典型操作系统

随着计算机体系结构和使用方式的发展，各种操作系统也随之产生和发展。不同设备安装的操作系统可从简单到复杂，早期知名的操作系统有 CP/M、

MS-DOS、OS/2、UNIX、MVS、Xenix 等，现在常用的有 Windows、UNIX、Linux、macOS 等。

### 1. 操作系统的分类

按照操作系统应用领域，可将之分为桌面操作系统、服务器操作系统、嵌入式操作系统。

按照操作系统所支持用户数，可将之分为单用户操作系统（如 MS-DOS、OS/2、Windows）、多用户操作系统（如 UNIX、Linux、MVS）。

按照操作系统源码开放程度，可将之分为开源操作系统（如 Linux）和非开源操作系统（如 macOS、Windows）。

按照操作系统硬件结构，可将之分为网络操作系统（如 NetWare、Windows NT、UNIX）、多媒体操作系统（如 Amiga）和分布式操作系统等。

按照操作系统存储器寻址位宽可以将操作系统分为 8 位、16 位、32 位、64 位、128 位等。

### 2. 典型操作系统

（1）MS-DOS

DOS 是磁盘操作系统（Disk Operating System）的英文缩写。1981 年，IBM 公司首次推出 IBM-PC，由于洽谈 CP/M 操作系统不顺利，转而采用了微软公司开发的 DOS。DOS 在 CP/M 的基础上进行了较大扩充，增加了许多内部和外部命令，使该操作系统具有较强的功能及性能优良的文件系统。从 20 世纪 80 年代到 90 年代初，由于 MS-DOS 性能优越受到当时用户的广泛欢迎，成为事实上的 16 位单用户、单任务操作系统标准。IBM-PC 的普及与微软 MS-DOS 的面世，使微机进入一个新的纪元，微软公司一跃成为微机操作系统的"霸主"。

自 1981 年推出 1.0 版本以后，DOS 经历了 8 次大的版本升级，功能不断地改进和完善。尽管 DOS 已经退出个人用户的视野，但它支持众多的通用软件，在工业领域也占有一定的位置。因此，尽管已经不能适应 32 位以上的硬件系统，但在一些应用领域 DOS 仍在使用，Windows 操作系统也保留了对 DOS 的兼容性。

（2）macOS

macOS 是一套由苹果公司开发的运行于 Macintosh 系列计算机上的操作系统，是首个在商用领域成功的图形用户界面操作系统（见图 2-32）。在当时的 PC 还只有 DOS 枯燥的字符界面的时候，苹果公司的操作系统率先采用了一些至今仍为人称道的技术。例如，图形用户界面（Graphic User Interface，GUI）、多媒体应用、鼠标等。苹果公司的 Macintosh 计算机在出版、印刷、影视制作和教育等领域有广泛的应用。

图 2-32　macOS 的界面

（3）Windows 系列

Windows 是微软公司在 1985 年 11 月首次发布的窗口式多任务系统，它使 PC 开始进入所谓的图形用户界面时代。

1985 年和 1987 年微软公司先后推出了 Windows 1.0 和 Windows 2.0 操作系统，但由于当时的硬件平台还只是 16 位微机，对这两个版本不能很好地支持。1990 年微软公司又发布了 Windows 3.0，随后又发布了 Windows 3.1，它们主要是针对 386 和 486 等 32 位微机开发的，较以前的操作系统有重大的改进，引入了友善的图形用户界面，支持多任务和扩展内存的功能，且提供了数量相当多的 Windows 应用软件，使计算机更好使用。1993 年微软公司推出的全新的 32 位多任务操作系统，面向工作站、网络服务器和大型计算机的网络操作系统，有很强大的网络功能。而 1995 年推出的 Windows 95，完全脱离了 DOS 平台，带来了更强大、更稳定、更实用的桌面图形用户界面。随后微软公司陆续推出了 Windows 98、Windows 2000、Windows XP、Windows Vista、Windows 7、Windows 10 等。图 2-33 所示为 Windows 10 操作系统的界面。

图 2-33　Windows 10 操作系统的界面

（4）UNIX

UNIX 是使用比较广泛、影响比较大的主流操作系统之一。UNIX 由 C 语言编写，结构简练、功能强，可移植性和兼容性都比较好，因而它被认为是开放系统的代表。

1969 年，UNIX 系统在贝尔实验室诞生，最初在中小型计算机上运用。UNIX 是良好的、通用的多用户、多任务的分时操作系统，支持多种处理器架构，能够在 PC、工作站甚至高性能计算机上运行。UNIX 也是安全的、稳定的系统。

（5）Linux

Linux 是当今计算机领域一个耀眼的名字，它是目前非常知名的一个自由免费软件，其本身是一个功能可与 UNIX 和 Windows 相媲美的操作系统，具有完备的网络功能。Linux 最初由芬兰人林纳斯·托瓦兹（Linus Torvalds）开发，其源程序在 Internet 上公开发布，由此引发了全球计算机爱好者的开发热情，许多人下载该源程序并按自己的意愿完善某一方面的功能再发回网上，Linux 也因此被雕琢成为一个稳定的、很有发展前景的操作系统。其主要优点有：完全免费、源代码开放；多用户、多任务，各个用户对自己的文件设备有特殊的权限，用户之间互不影响；具有丰富的网络功能。

目前，Linux 已在全球各地迅速普及推广，各大软件商如甲骨文（Oracle）、Sybase、Novell、IBM 等均发布了 Linux 版的产品，许多硬件厂商也推出了预装 Linux 操作系统的服务器产品，PC 用户也可使用 Linux。主流的 Linux 发行版本包括 Red Hat、CentOS、Ubuntu、Fedora、红旗等。

（6）麒麟操作系统

在"2020 年度央企十大国之重器"评选中，麒麟软件有限公司（简称麒麟软件）发布的"银河麒麟操作系统 V10"名列其中，这在一定程度上表明麒麟操作系统已经开始承载重大历史责任和历史使命。麒麟软件以安全可信操作系统技术为核心，旗下拥有"中标麒麟"和"银河麒麟"两大产品品牌，在自主化程度、性能、兼容性等多个维度都已经成熟，具备替换国外操作系统的实力。麒麟操作系统主要分为服务器操作系统和桌面操作系统，其中，服务器操作系统已应用于民航、电力、金融等领域，在技术层面上已经达到了国外同类产品的水平。图 2-34 为银河麒麟桌面操作系统 V10。

图 2-34　银河麒麟桌面操作系统 V10

（7）嵌入式操作系统

主流嵌入式操作系统有 Android、iOS、鸿蒙等。下面主要介绍鸿蒙系统。

鸿蒙（Harmony）系统是由华为公司自主研发的一款面向全场景的分布式操作系统，支持 PC、手机、平板、手表等多设备多硬件，可让设备运行更流畅、续航更持久，极大提升用户体验。

2019 年，华为公司推出鸿蒙系统 1.0 版本，2020 年底升级至 2.0 版本并逐步进行开源，2021 年6 月完成了规模化推送。鸿蒙系统的问世具有重要意义。一直以来，Android 和 iOS 占据了全球 99%的手机操作系统市场。华为公司历经 9 年研制出了国产的操作系统。这个我国自主研发的手机系统，不但改写了全球 IT 行业的格局，还创新实现了万物互联的操作。作为面向万物互联时代的新系统，鸿蒙系统未来将大概率成为物联网时代主流操作系统。

# 2.5　未来计算机系统

从世界上第一台电子计算机开始，经过 70 余年的发展，计算机已经成为人类工作和生活不可缺少的一部分，也是科技发展史上最具影响力的成果之一。

然而，现代计算机发展所遵循的基本结构始终是冯·诺依曼体系结构。这种结构的特点是"程序存储，共享数据，顺序执行"，需要 CPU 从存储器取出指令和数据进行相应的计算，因此 CPU 与存储器间信息交换的速度成为影响系统性能的主要因素，而信息交换速度的提高又受制于存储元件的速度、存储器的性能和结构等诸多条件。

传统计算机在数值处理方面已经到达较高的速度和精度，而随着非数值处理应用领域对计算机性能的要求越来越高，传统的计算机已经难以满足这些要求，未来计算机系统的发展将趋向于高性能化、微型化、网络化和智能化。

## 2.5.1 现代计算机系统的局限性

冯·诺依曼体系结构的局限如下。

① 指令和数据存储在同一个存储器中，形成系统对存储器的过分依赖。如果存储器件的发展受阻，系统的发展也将受阻。

② 指令在存储器中按其执行顺序存放，由程序计数器指明要执行的指令所在的单元地址，然后取出指令执行操作任务。所以指令的执行是串行的，影响了系统执行的速度。

③ 存储器是按地址访问的线性编址，按顺序排列的地址访问，利于存储和执行的机器语言指令，适用于进行数值计算。但是高级语言表示的存储器则是一组有名字的变量，按名字调用变量，不按地址访问。机器语言同高级语言在语义上存在很大的差异，消除语义差异成了计算机发展面临的一大难题。

④ 冯·诺依曼体系结构计算机是为算术和逻辑运算而诞生的，目前在数值处理方面已经到达较高的速度和精度，而在非数值处理应用领域发展缓慢，需要在体系结构方面有重大的突破。

⑤ 传统的冯·诺依曼体系结构属于控制驱动方式。它是执行指令代码对数值代码进行处理，只要指令明确、输入数据准确，启动程序后自动运行而且结果是预期的。一旦指令和数据有错误，机器不会主动修改指令并完善程序。而人类生活中有许多信息是模糊的，事件的发生、发展和结果往往是不能预知的，现代计算机的智能程度无法应对如此复杂的任务。

冯·诺依曼体系结构计算机的存储程序方式造成了系统对存储器的依赖，CPU 访问存储器的速度制约了系统运行的速度。集成电路芯片的技术水平决定了存储器及其他硬件的性能。为了提高硬件的性能，以 Intel 公司为代表的芯片制造企业在集成电路生产方面做出了极大的努力，且获得了巨大的技术成果。然而，电子产品面临的两个基本限制是客观存在的：光的速度和材料的原子特性。首先，信息传播的速度最终将取决于电子流动的速度，电子信号在元件和导线里流动会产生时间延迟，频率过高会造成信号畸变，所以元件的速度不可能无限地提高直至达到光速。其次，计算机的电子信号存储在以硅晶体为材料的晶体管上，集成度的提高在于晶体管变小，但是晶体管不可能小于一个硅原子的体积。随着半导体技术逐渐逼近硅工艺尺寸极限，原来每隔 18 个月集成电路的集成度翻一倍、性能提升一倍、产品价格降低一半——所谓的"摩尔定律"已不再适用。

相同大小的芯片，工艺制程越先进，里面的晶体管越小、数量越多，就能使运算速度越快，功耗也会越小。近年来，芯片制造企业已将集成电路中两个晶体管之间的距离从以前的 14nm 发展到 7nm，再到 5nm 甚至 3nm，这个数字已接近理论极限值。

因此，计算机基础硬件的发展未来将受到严重制约。计算机系统的发展，除了需要从基础物理、材料科学及生产技术多方面来重新思考计算机的硬件构成，也需要在体系结构方面有所创新。

## 2.5.2 未来计算机系统发展趋势

### 1. 计算机体系结构的发展

近年来人们努力谋求突破传统冯·诺依曼体系结构的局限，各类非冯·诺依曼体系计算机的研究蓬勃发展。

① 对传统冯·诺依曼体系计算机进行改良，如传统冯·诺依曼体系计算机只有一个处理部件是串行执行的，改成由多处理部件形成流水处理，依靠时间上的重叠提高处理效率。

② 由多个处理器构成系统，形成多指令流、多数据流支持并行算法结构。

③ 否定冯·诺依曼体系计算机的控制流驱动方式。设计数据流驱动工作方式的数据流计算机，只要数据已经准备好，有关的指令就可并行地执行。

④ 彻底跳出电子的范畴，以其他物质作为信息载体和执行部件，如光子、生物分子、量子等，众多科学家正在进行这些具有前瞻性的研究。

## 2. 未来计算机的发展方向

虽然基于集成电路的计算机短期内还不会退出历史舞台，但世界各国的研究人员都在加紧研究、开发新型计算机，未来计算机的体系结构与技术都将产生量与质的飞跃。

（1）高性能化

高性能计算机（也称超级计算机）一般具有超高速处理器和超大型存储空间。以往超级计算机主要用于科学计算和军事应用，现已应用十分广泛，主要包括计算密集型（如大规模工程计算和数值模拟）、数据密集型（如数据仓库和数据采集）和通信密集型（如协同工作和远程遥控）。高性能化的计算机的出现使以前无法完成的复杂计算（如热核聚变反应的模拟、油井最佳位置确定、天体运动模拟、人体结构及运动模拟、气象观测数据处理和天气预报等）成为可能，其研制水平、生产能力和应用程度已成为衡量国家经济实力和科技水平的重要标志之一，对国家安全和科技发展起着极其重要的作用。

（2）微型化

微型化是指进一步提高集成度，利用高性能的超大规模集成电路研制质量更加可靠、性能更加优良、价格更加低廉、整机更加小巧的微型计算机。体积上的优势使人们可以把它带到任何地方，甚至可以缩小到内置在衣服中或皮肤里。实现微型化的关键在于生产速度更快、体积更小、价格更低廉的计算机芯片。采用纳米晶体管取代硅晶体管制造芯片，意味着在针尖般大小的尺寸上就能容纳数以千万计的晶体管。如此高集成度的芯片，可以使用在许多小型的家用电器、数码产品和掌上电脑中，真正实现可随身携带的"口袋电脑"。

（3）网络化

网络化是指将存在于不同空间的计算机通过互联网进行连接的技术，实现不同计算机之间的信息共享，同时也便于计算机用户在互联网上进行数据资源的筛选与收集。例如云计算模式，集中建设的运算和存储设备在虚拟化技术的支持下，将池化的运算资源和存储资源通过网络即时分配给用户，用户不必建设强大的运算器和存储器即可获得强大的运算能力和存储能力。

（4）智能化

近年来，人工智能（Artificial Intelligence，AI）技术受到广泛关注，智能化使计算机具有模拟人的感觉和思维过程的能力。这也是目前正在研制的新一代计算机要实现的目标。智能化的研究包括图像识别、模式识别、自然语言的生成和理解、博弈、定理自动证明、自动程序设计、专家系统、学习系统和智能机器人等。计算机的智能化也使人机交互的渠道进一步丰富，如语音识别、图像识别、无人驾驶等已得到广泛应用，多种模拟人的智能机器人也在逐步研发。

## 3. 新型计算机

基于当前计算机技术与电子信息技术的快速发展，以及不同领域对计算机技术的要求不断提高，新型的光子计算机、量子计算机、纳米计算机等将在未来走进我们的生活。

（1）光子计算机

光子计算机是一种由光信号进行数字运算、逻辑操作、信息存储和处理的新型计算机。欧洲科学家研制成功第一台光子计算机，其运行速度比普通的电子计算机快约 1000 倍。电子计算机利用电子来存储、传递和处理信息，而光子计算机利用激光来传送信号，靠激光束进入反射镜和透镜组成的阵列进行运算处理，它可以对复杂度高、计算量大的任务实现快速的并行处理，这远胜通过电子"0""1"状态变化进行的运算。光子计算机在图像处理、目标识别和人工智能等方面发展潜力巨大。

（2）量子计算机

量子计算机是一类遵循量子力学规律进行高速数学和逻辑运算、存储及处理量子信息的物理装置。半导体靠控制集成电路来记录和运算信息，量子计算机则通过控制原子或小分子的状态记录和运算信息，使用量子门替代晶体管逻辑门的功能。1994 年，贝尔实验室的专家彼得·索尔（Peter Shore）

证明量子计算机能完成对数运算，而且速度远胜传统计算机。2019 年，谷歌（Google）公司率先发布了具备 53 个量子比特的量子计算机原型机"悬铃木"，该量子计算机的等效速度至少是最快的传统超级计算机的 53 亿倍，在当时"悬铃木"在短短几分钟内就完成了一项超高难度的计算任务，而超级计算机 Summit 即使花 1 万年也不可能完成这项任务。

我国在量子计算机领域也一直在进行深入的研究，2020 年构建的量子计算机"九章"，具有运算速度更快、环境适应性更强、克服技术漏洞这三大优势。处理 100 亿个样本，超级计算机需要约 1200 亿年，而"九章"只需约 10h，比"悬铃木"快约 100 亿倍，这也就意味着谷歌公司所研发出的"最强大的超级量子计算机"在它面前也不过是一个算盘。我国"九章"量子计算机的脱颖而出成功地打破了谷歌公司的"量子霸权"。

（3）纳米计算机

纳米计算机是用纳米技术研发的新型高性能计算机。其使用的纳米管元件尺寸在几到几十纳米范围，质地坚固，有极强的导电性，能代替硅芯片制造计算机。"纳米"（nm）是一个计量单位，1nm 大约是氢原子直径的 10 倍。纳米技术是从 20 世纪 80 年代初迅速发展起来的新的前沿科研技术，目标是人类按照自己的意志直接操纵单个原子，制造出具有特定功能的产品。现在纳米技术正从微电子机械系统起步，把传感器、电动机和各种处理器都放在一个硅芯片上而构成一个系统。应用纳米技术研制的计算机内存芯片，其体积只有数百个原子大小，约相当于人的头发直径的 1/1000。纳米计算机不仅几乎不需要耗费任何能源，而且其性能要比今天的计算机强大许多倍。美国正在研制一种连接纳米管的方法，用这种方法连接的纳米管可用作芯片元件，发挥电子开关、放大和晶体管的功能。纳米计算机体积小、造价低、存量大、性能好，将有极大可能逐渐取代芯片计算机，推动计算机行业快速发展。

# 2.6 云计算

## 2.6.1 什么是云计算

根据美国国家标准和技术研究院的定义，云计算是一种可以随时随地方便而按需地通过网络访问可配置计算资源（如网络、服务器、存储、应用程序和服务）的共享池的模式，这个池可以通过最低成本的管理或与服务提供商交互来快速配置和释放资源。

### 1. 云计算的应用

云计算不仅将传统的基于所有权的计算模式转变为按需服务的租赁计算模式，而且提供了一种高度可扩展和低成本的计算基础设施。用户可以直接从云端获取计算能力，利用高速传输网络，将数据从个人计算机或服务器转移至大型数据处理中心处理，然后数据中心按用户的需求进行资源分配、数据处理及分析。用户也可以在线存储、访问和共享任何信息，但无须配置、购买、管理和维护基础设施，从而节约成本。数据分析、数据挖掘、计算融资、科学和工程应用、游戏和社交网络以及其他计算和数据密集型活动，都可受益于云计算。图 2-35 展示了云计算的应用。

图 2-35　云计算的应用

2. 云计算的特点

云计算的特点如下。

① 快速弹性。弹性是指根据需要可伸缩地使用资源的能力。对用户来说，云似乎是无限的，用户可以根据需要购买计算资源。

② 测量服务。在测量服务中，云服务提供商控制和监视云服务的各个方面。这对计费、访问控制、资源优化配置、容量规划和其他任务来说至关重要。

③ 按需自助服务。这意味着用户可以根据需要使用云服务，不需要与云服务提供商进行人机交互。

④ 无处不在的网络接入。无处不在的网络接入意味着用户可以通过网络获取云服务的能力。

## 2.6.2　我国云计算发展现状

我国企业积极投身于云计算产业中，以阿里云、华为云、腾讯云、百度智能云、京东智联云等为代表的我国云计算公司迅速崛起。

阿里云创立于 2009 年，是全球领先的云计算及人工智能科技公司，致力于以在线公共服务的方式，提供安全、可靠的计算和数据处理能力，让计算和人工智能成为普惠科技。阿里云服务着制造、金融、政务、交通、医疗、电信、能源等众多领域的领军企业，包括中国联通、12306、中石化、中石油、飞利浦、华大基因等大型企业，以及微博、知乎等大型互联网公司。

华为云成立于 2005 年，隶属于华为公司，在北京、深圳、南京等多地设立有研发和运营机构，专注于云计算中公有云领域的技术研究与生态拓展，为用户提供一站式云计算基础设施服务。华为发布了 13 个大类共 85 个云服务，除服务于国内企业，还服务于欧洲、美洲等全球多个区域的众多企业。

腾讯云基于 QQ、QQ 空间、微信、腾讯游戏等业务的技术锤炼，从基础架构到精细化运营，从平台实力到生态能力建设，腾讯云将之整合并面向市场，使之能够为企业和创业者提供集云计算、云数据、云运营于一体的云端服务体验。

百度智能云是我国 AI 的先行者。百度在深度学习、自然语言处理、语音技术和视觉技术等核心 AI 技术领域优势明显，百度大脑、飞桨深度学习平台则是 AI 产业基础设施。百度数据中心已覆盖北京、保定、苏州、南京、广州、阳泉、西安、武汉、香港等地。其阳泉数据中心是亚洲单体最大的数据中心。

京东智联云是京东集团旗下的云计算综合服务提供商，拥有先进云计算技术和完整的服务平台。依托京东集团在云计算、大数据、物联网和移动互联应用等多方面的长期业务实践和技术积淀，致力于打造社会化的云服务平台，向全社会提供安全、专业、稳定、便捷的云服务。

## 2.6.3　虚拟化技术

虚拟化是云计算的一项核心技术，在云计算中起着重要作用，对于按需提供 IT 基础架构的解决方案尤其重要。虚拟化可以为运行中的应用程序创建安全、定制化和隔离的执行环境，即使某些应用不受信任，也不会影响其他用户的应用。

虚拟化本质上是一种允许创建不同计算环境的技术。这些环境可称为虚拟环境，因为它们模拟了客户所期望的接口。虚拟化技术伴随着计算机技术的产生而出现，在计算机技术的发展历程中一直发挥重要的作用。

虚拟化涵盖了广泛的仿真技术，可应用于不同的计算领域。数十年来，虚拟化已成为 IT 领域的一部分，如今，它广泛应用于系统层。对这些技术进行分类有助于我们更好地了解它们的特性和用途。

1. 基础设施虚拟化

基础设施虚拟化主要涉及网络虚拟化与存储虚拟化。

（1）网络虚拟化

网络虚拟化是一种组合网络中的可用资源以合并多个物理网络，将网络划分为多个部分或在虚拟机之间创建软件网络的方法。物理网络设备仅负责数据包的转发，而虚拟网络提供了一种智能抽象，使部署和管理网络服务及基础网络资源变得容易。网络虚拟化旨在优化网络速度、可靠性、灵活性、可扩展性和安全性。它可以调整网络以更好地支持虚拟化环境。

（2）存储虚拟化

存储和数据的管理变得越来越难和耗时，解决这一难题的最新答案是存储虚拟化。存储虚拟化是对来自多个网络存储设备的物理存储进行分组以使其看起来像一个存储设备的过程。它在存储系统和服务器之间增加了一层新的软件和/或硬件，因此应用程序不再需要知道数据驻留在哪个特定的驱动器、分区或存储子系统上。管理员可以识别、置备和管理分布式存储，就好像它是单个整合资源一样。存储虚拟化还可以提高可用性，因为应用程序不限于特定的存储资源，所以可以避免大多数中断。存储虚拟化可通过减少消耗的时间来简化备份、归档和恢复任务，从而解决问题。

2. 系统虚拟化

系统虚拟化是一种被接受并广泛使用的服务器虚拟化技术。采用系统虚拟化技术，可以实现操作系统与物理计算机的分离。系统管理程序通过允许几个不同的操作系统在同一台计算机上运行而无须源代码，从而控制处理器、内存和其他组件。我们可以同时在一台物理计算机上安装和运行一个或多个虚拟操作系统。计算机上运行的操作系统似乎具有自己的处理器、内存和其他组件。对操作系统内部的应用程序来说，虚拟操作系统与直接安装在物理计算机上的操作系统没有显著的差异。

对于不同类型的系统虚拟化，虚拟操作系统的设计和实现也不尽相同。但是，在系统虚拟化中，虚拟运行环境都需要为在其上运行的操作系统提供一套完整的硬件环境，包括虚拟的处理器、内存、设备与 I/O 及网络接口等，如图 2-36 所示。同时，虚拟运行环境也为这些系统提供诸多特性，如硬件共享、统一管理、系统隔离等。

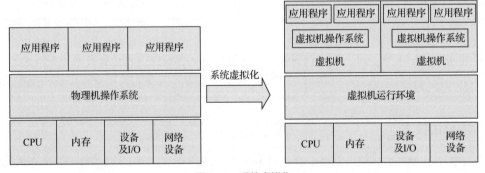

图 2-36  系统虚拟化

桌面虚拟化是一种软件技术，可将桌面环境和关联的应用程序软件与用于访问它的物理客户端设备区分开。桌面虚拟化可以与应用程序虚拟化和用户配置文件管理系统结合使用，以提供全面的桌面环境管理系统。在这种模式下，桌面的所有组件均已虚拟化，从而可以实现高度灵活且更加安全的桌面交付模型。此外，由于所有组件基本上都保存在数据中心中并通过传统的冗余维护系统进行备份，因此该方法支持更完整的桌面灾难恢复策略。如果丢失了用户的设备或硬件，则还原将非常简单明了，因为从其他设备登录时会出现这些组件。另外，由于没有数据保存到用户的设备，因此即使该设备丢失，可以检索和破坏任何关键数据的机会也要小得多。

### 3. 软件虚拟化

对于用户使用的应用程序和编程语言，同样存在与之相对应的虚拟化概念。目前，这类虚拟化技术主要有应用虚拟化和编程语言虚拟化。

（1）应用虚拟化

应用虚拟化为应用程序提供了一个虚拟的运行环境。在这个环境中，不仅包括应用程序的可执行文件，还包括它所需要的运行时环境。通常这些技术大多关注于部分文件系统、库和操作系统组件仿真。仿真由一段程序或操作系统组件负责执行应用。仿真也可用于执行程序二进制代码，适用于不同的硬件架构。

（2）编程语言虚拟化

编程语言虚拟化方案解决的是可执行程序在不同体系结构计算机间迁移的问题。编程语言虚拟化绝大部分用于实现应用程序的轻松部署、执行可管理、跨平台及操作系统的移植。它包含执行程序二进制代码的虚拟机，这些代码由编译进程生成。编译器实现并使用此类技术生成二进制格式表示的机器码，应用于抽象架构。通常这些虚拟机包括简化的基础硬件指令集，提供映射到编译语言某些特征的高级指令。在运行时，字节码可以马上得到执行或编译，这取决于基础硬件指令集。

当前，Java 平台和.NET 代表了用于企业应用部署的流行的应用虚拟化技术。Java 是基于堆栈的虚拟机：其抽象架构的参考模型基于执行堆栈，该堆栈用于执行操作。由编译器生成、适用于这些架构的字节码包含指令集，如在堆栈上装载操作，执行某些操作，把结果放到堆栈上。此外，用于激活方法的特殊指令、管理对象和类也包含在内。基于堆栈的虚拟机拥有容易解释和简便执行的属性、逻辑分析，因此容易在不同的架构间移植。

## 2.6.4  云计算的服务层次

在云计算中，硬件和软件都被抽象为资源并被封装为服务，向用户提供；用户以互联网为主要接入方式，获取云中提供的服务。云计算服务类型是指为用户提供什么样的服务，通过这样的服务用户可以获得什么样的资源，以及用户该如何去使用这样的服务。目前业界普遍认为，云计算可以按照服务类型分为 3 类。根据服务集合所提供的服务类型，云计算核心服务通常可以划分为 3 个子层：基础设施即服务（Infrastructure as a Service，IaaS）层、平台即服务（Platform as a Service，PaaS）层以及软件即服务（Software as a Service，SaaS）层。图 2-37 给出了 3 个服务层次的结构图以及各层中的常见应用实例。

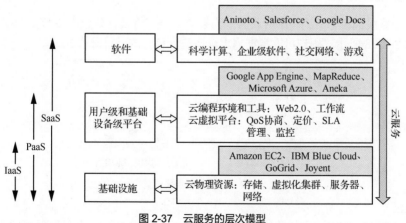

图 2-37  云服务的层次模型

（1）IaaS

IaaS 层为用户提供的是底层的、接近于直接操作硬件资源的服务接口。通过调用这些接口，用户可以直接获得计算资源、存储资源和网络资源，而且非常自由、灵活，几乎不受逻辑上的限制。在使用 IaaS 层服务过程中，用户向 IaaS 层服务提供商提供基础设施的配置信息、运行于基础设施的程序代码以及相关用户数据。另外，为了优化硬件资源分配，IaaS 层引入虚拟化技术，借助 Xen、KVM、VMware 等虚拟化工具，可提供可靠性高、可定制性强、规模可扩展的 IaaS 层服务。该层主要应用实例包括 Amazon EC2、IBM Blue Cloud、GoGrid、Joyent 等。

但是，用户需要进行大量的工作来设计和实现自己的应用，因为基础设施层除了为用户提供计算和存储等基础功能外，不做任何进一步的应用类型假设。

（2）PaaS

PaaS 层为用户提供一个托管平台，用户可以将他们所开发和运营的应用托管到云平台中。通过 PaaS 层的软件工具和开发语言，应用程序开发者只需上传程序代码和数据即可使用服务，而不必关注底层的网络、存储、操作系统的管理问题。由于目前 Internet 应用平台（如谷歌、淘宝等）的数据量日趋庞大，PaaS 层应当充分考虑对海量数据的存储与处理能力，并利用有效的资源管理与调度策略提高处理效率。该层的主要应用实例包括 Google App Engine、MapReduce、Microsoft Azure 及 Aneka 等。

应用的开发和部署必须遵守相应平台特定的规则和限制，如语言、编程框架、数据存储模型等。通常，能够在相应平台上运行的应用类型也会受到一定的限制，如 Google App Engine 主要为 Web 应用提供运行环境。但是，一旦客户的应用被开发和部署完成，所涉及的其他管理工作（如动态资源调整等），都将由相应平台层负责。

（3）SaaS

SaaS 层为用户提供可以为其直接所用的应用，这些应用一般是基于浏览器的，针对某一项特定的功能。SaaS 服务采用 Web 技术和面向服务的体系结构（Service-Oriented Architecture，SOA），通过互联网向用户提供多租户、可定制的应用能力，大大缩短了软件产业的渠道链条，使软件提供商从软件产品的生产者转变为应用服务的运营者。应用层最容易被用户使用，因为它们都是开发完成的软件，只需要进行一些定制就可以交付。但是，它们也是灵活性最低的，因为一种应用层只针对一种特定的功能，无法提供其他功能的应用。对普通用户来讲，SaaS 层服务将桌面应用程序迁移到 Internet，可实现应用程序的泛在访问。该层的主要应用实例包括 Aninoto、Salesforce，以及谷歌公司的 Docs 等。

## 2.6.5　云计算的部署模式

业界以云计算提供者与使用者的所属关系为划分标准，将云计算分为 3 类，即公有云、私有云和混合云，如图 2-38 所示。用户可以根据需求选择适合自己的云计算模式。

图 2-38　云部署模式

（1）公有云

公有云是由若干企业和用户共同使用的云环境，IT 业务和功能以服务的方式，通过互联网来为广泛的外部用户提供。公有云用户无须具备针对该服务在技术层面的知识，无须相关的技术专家，无须拥有或管理所需的 IT 基础设施。前面所列举的 Amazon EC2、Google App Engine 和 Salesforce

都属于公有云的范畴。在公有云中，用户所需的服务由一个独立的第三方云提供商提供。该云提供商也同时为其他用户服务，这些用户共享云提供商所提供的资源。

在全球排名前 50 万的网站中，约有 2%采用了公有云服务商提供的服务，其中约 80%的网站采用了亚马逊和 Rackspace 的云服务，大型云服务提供商已经形成明显的市场优势。

（2）私有云

私有云是指由某个企业独立构建和使用的云环境，通过企业内部网，在防火墙内以服务的形式为企业内部用户提供服务。私有云的所有者不与其他企业或组织共享任何资源，公司或组织以外的用户无法访问这个云计算环境提供的服务。私有云可为应用程序的部署提供更多的控制和优化的环境，同时允许更严格的安全性和低延迟。但是，由于私有云的资源是有限的，可扩展性成为一个严重的问题。

（3）混合云

混合云是至少一个私有云和至少一个公有云的基础架构的组合，提供透明的用户访问，并具有动态的可扩展性，以处理不均衡的需求。混合云的价值在于无缝地利用公有云与私有云的优点，弥补它们的不足。公有云和私有云联合的云计算环境，可以让一般的应用程序运行在公有云上，涉及关键数据和敏感数据的应用程序运行在私有云上。当面对突然爆发的峰值环境下的计算需求时，公有云可弥补私有云资源的不足，而不需要增加额外的基础设施。混合云是企业建立其业务模型的最佳形式。

一般来说，对安全性、可靠性及可监控性要求高的公司或组织，如金融机构、政府机关、大型企业等，是私有云的潜在使用者。因为他们已经拥有了规模庞大的 IT 基础设施，所以只需进行少量的投资，将自己的 IT 系统升级，就可以拥有云计算带来的灵活与高效，同时有效地避免使用公有云可能带来的负面影响。除此之外，他们也可以选择混合云，将一些对安全性和可靠性需求相对较低的日常事务性的支撑性应用部署在公有云上，来减轻自身 IT 基础设施的负担。相关分析指出，一般中小型企业和创业公司倾向于选择公有云，而金融机构、政府机关和大型企业则更倾向于选择私有云或混合云。

# 本章小结

本章首先对计算机的硬件系统和软件系统进行了介绍，包括计算机的分类、计算机的硬件组成和工作原理、系统软件、应用软件等；接着讲述了未来计算机系统的发展趋势；最后介绍了云计算。通过本章的学习，读者应该对计算机系统有一定的了解，能够充分理解计算机系统的组成及工作原理。

# 习题

1. 假设 1 张光盘容量为 650MB，1 个普通的 MP3 文件大小为 3016877B～5012768B，那么这张光盘能保存多少个这样的 MP3 文件？

2. 平板电脑属于哪一类计算机？平板电脑上面的触摸屏属于什么设备？手机上面的指纹识别设备属于什么设备？

3. 如果要对河南省各区域做天气预报工作，从系统设计的角度考虑，选用什么类型的计算机比较合适？为什么？

4. 为什么我们的手机上就可以显示出河南省的天气预报信息？它大概是怎么实现的？

5. 进程有哪些状态？进程和程序的区别是什么？

6. 查阅资料回答：什么是摩尔定律？摩尔定律在今天失效了吗？如果它失效了该怎么办？

7. 什么是操作系统？操作系统有哪些功能？

8. 你认为有必要设计、开发国产芯片和操作系统吗？为什么？

9. 未来计算机系统有哪些发展方向？

# 03 第 3 章 算法与程序设计

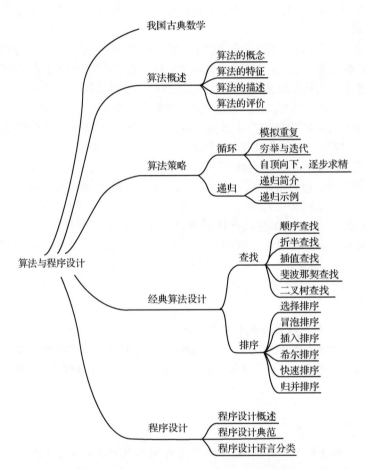

本章主要介绍算法与程序设计的相关知识。程序员的主要任务之一是根据用户的需求设计算法。计算机的工作特点是可以快速地重复，因此，算法多是"重复"，表现为循环和递归。循环是有条件的重复，穷举与迭代最常见。嵌套的循环往往意味着"自顶向下，逐步求精"，多用于处理复杂的问题。递归算法是"规模上"的重复，可完美解决特定的问题。本章最后简要介绍一些常见的查找与排序算法及程序设计语言。

## 3.1 我国古典数学

翻开历史，可以看到，自古以来我国就是一个"数学的国度"。祖冲之、刘徽以及《九章算术》《周髀算经》《四元玉鉴》等一批大家和著作，使我国数学曾经处于世界巅峰。《九章算术》如图 3-1 所示。正如吴文俊先生所总结的："我国古代数学，就是一部算法大全。"大体来说，我国数学的古典著作大都以依据不同方法或不同类型分成章节的问题集的形式出现。其中，"术"为解答同一类型问题的普遍方法，实际上就相当于现代计算机科学中的"算法"，有时也相当于公式或定理。我们较为熟知的"术"如下。

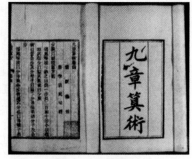

图 3-1 《九章算术》

（1）更相减损术

更相减损术出自《九章算术》，是一种求最大公约数的算法（称约分术）。它原本是为约分而设计的，但它适用于几乎任何需要求最大公约数的场合。原文是："可半者半之，不可半者，副置分母、子之数。以少减多，更相减损，求其等也。以等数约之。"

（2）割圆术

割圆术即将圆周用内接或外切正多边形穷竭的一种求圆面积和圆周长的方法，由刘徽（魏晋时期数学家）提出。他利用割圆术对 3072 边形进行计算，科学地求出了圆周率 π 约等于 3.1416 的结果。祖冲之（南北朝时期数学家、天文学家）证明圆周率应该在 3.1415926 和 3.1415927 之间，是世界上第一个把圆周率的准确数值计算到小数点后 7 位的人。

（3）勾股术

勾股术出自《周髀算经》。赵爽（东汉末至三国时代数学家），详细解释了《周髀算经》中的勾股定理，将勾股定理表述为："勾股各自乘，并之为弦实，开方除之，即弦也。"

（4）四元术

四元术出自朱世杰（元代数学家）所著《四元玉鉴》，朱世杰的主要贡献是创造了一套完整的消未知数方法，称为四元消法。这种方法在世界上长期处于领先地位，直到 18 世纪，法国数学家贝祖提出一般高次方程组解法，才超过朱世杰。

（5）球积术

球积术由祖暅（祖冲之之子）提出，用于计算球的体积。"幂势既同，则积不容异。"意思是：位于两平行平面之间的两个立体，被任一平行于这两个平面的平面所截，如果两个截面的面积恒相等，则这两个立体的体积相等。这在西方被称为"卡瓦列里原理"，但这是在祖暅以后 1000 多年才由意大利数学家卡瓦列里（Cavalieri）发现的。

# 3.2　算法概述

解决任何问题都需要有一定的步骤和方法。在计算机科学中，用计算机语言来描述的解决问题的方法和步骤就是算法。

计算机仅是一台机器，只会执行命令。没有命令，计算机完不成任何工作。用户是计算机的使用者，不一定知道怎样让计算机为自己工作。程序员是连接用户与计算机的纽带。程序员根据用户的需求给计算机设计加工处理步骤，并把这些步骤翻译成计算机能够理解并执行的命令。程序员的工作大致可分两步：设计算法和实现算法。有了程序，用户就能使用计算机了。

## 3.2.1　算法的概念

在数学和计算机科学之中，算法（Algorithm）为一个计算的具体步骤，常用于计算、数据处理和自动推理。具体而言，算法是一个表示为有限长列表的有效方法。

算法是独立存在的解决问题的方法和思想。对于这个概念，大家在很多领域都已经接触过。例如"凑硬币问题"，有 $n$ 种面值的硬币，面值分别为 $c_1,c_2,\cdots,c_n$，每种硬币的数量无限，再给一个总金额 count，问最少需要几枚硬币凑出这个金额，这就是一个动态规划的问题。再如"$N$ 皇后问题"，有一个 $N\times N$ 的棋盘，放置 $N$ 个皇后，使它们不能互相攻击。其中皇后可以攻击同一行、同一列及左上左下右上右下 4 个方向的任意单位，这就是回溯算法的"决策树"问题。当 $N=8$ 时就是"8 皇后问题"，数学家高斯一生都没有计算出"8 皇后问题"有几种可能的放置方法，但是通过算法计算机只需要很短时间就可以算出所有可能的结果。

所谓算法，就是指完成某一特定任务所需的具体方法和步骤的有序集合。"有序"说明算法中的步骤是有顺序关系的。同时，算法所描述的步骤也应该是"明确的"和"可执行的"，这样算法才可以实现。著名的计算机科学家尼古拉斯·沃思（Niklaus Wirth）曾提出一个著名的公式：

$$程序=算法+数据结构$$

如果把一个可运行的程序比喻成一个具有生命的人，那么数据结构就是这个人的躯体和骨架，而算法则是这个人的灵魂或者精神。一个好的算法可以高效、正确地解决问题；有的算法虽然同样可以正确解决问题，却要耗费更多的成本；而算法设计有错误的话，甚至都不能够顺利地解决问题。

## 3.2.2 算法的特征

以求两个整数的和为例说明算法的设计。假设用户需要利用计算机求两个整数的和。从用户的角度分析，用户需要向计算机提供待求和的两个整数，需要从计算机那里"得到"最终结果。与此相对应，计算机需要先"得到"用户输入的整数，然后求出和，最后把结果反馈给用户。分析之后，程序员就可以设计算法了。

第一步：出于人机友好的考虑，先命令计算机在显示器上显示提示信息，如图 3-2 所示。

第二步：命令计算机获得用户输入的两个整数，并把输入数据存入内存中。如图 3-3 所示，当用户输入完成之后，计算机的内存中就存储了 23 和 32 两个整数。

第三步：命令计算机的运算器求内存中的两个整数的和，并把计算结果转存到内存中。这个过程对用户不透明。

第四步：命令计算机在显示器上显示结果，如图 3-4 所示。

| 图 3-2　在显示器上显示提示信息 | 图 3-3　用户的输入 | 图 3-4　显示结果 |

算法中的每个步骤显然是指挥计算机的命令，故上述算法可整理如下。

第一步：在显示器上提示用户输入两个整数。

第二步：获得用户输入的两个整数，并把输入数据存储到内存中。

第三步：运算器求和，并把计算结果转存到内存中。

第四步：在显示器上显示计算结果。

通过以上示例，我们可以看出一个算法应该具有以下 5 个重要的特征。

（1）有穷性（Finiteness）

算法的有穷性是指算法必须能在执行有限个步骤之后终止。

（2）确切性（Definiteness）

算法的每一步骤必须有确切的定义。

（3）输入项（Input）

一个算法有 0 个或多个输入，以刻画运算对象的初始情况，所谓 0 个输入是指算法本身定出了初始条件。

（4）输出项（Output）

一个算法有一个或多个输出，以反映对输入数据加工后的结果。没有输出的算法是毫无意义的。

（5）可行性（Feasibility）

算法中执行的任何计算步骤都可以被分解为基本的可执行的操作步骤，即每个计算步骤都可以在有限时间内完成。

### 3.2.3 算法的描述

算法的描述是指对设计出的算法用一种方式进行详细的描述，以便与人交流。算法可采用多种描述语言来描述，各种描述语言在对问题的描述能力方面存在一定的差异，可以使用自然语言表示法、伪代码表示法，也可使用程序流程图表示法或 N-S 图表示法，但描述的结果必须具有算法的 5 个特征。

#### 1. 自然语言表示法

自然语言就是我们日常使用的各种语言，可以是汉语、英语、日语等。

用自然语言描述算法的优点是通俗易懂，当算法中的操作步骤都顺序执行时比较直观、容易理解。缺点是如果算法中包含判断结构和循环结构或者操作步骤较多时，就显得不那么直观、清晰了。一般情况下，我们不用自然语言描述计算机算法，因为自然语言存在二义性，表达起来并不十分清晰和准确。

#### 2. 伪代码表示法

伪代码用在更简洁的自然语言算法描述中，用程序设计语言的流程控制结构来表示处理步骤的执行流程和方式，用自然语言和各种符号来表示所进行的各种处理及所涉及的数据。它是介于程序代码和自然语言之间的一种算法描述方法。这样描述的算法书写比较紧凑、自由，也比较好理解（尤其在表达选择结构和循环结构时），同时也更有利于算法的编程实现（转化为程序）。伪代码程序并不能在计算机上运行，它只作为程序员设计程序之前的一种辅助工具。因此，伪代码并没有固定的语法和格式，常根据程序员的习惯而定，随意性很大。用伪代码表示的 3 种控制结构如图 3-5 所示。

#### 3. 流程图表示法

流程图（Flow Chart）表示法是指用规定的图形符号来描述算法。流程图常用的图形符号如表 3-1 所示。

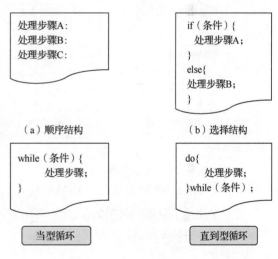

图 3-5　用伪代码表示的 3 种控制结构

表 3–1　流程图常用的图形符号

| 图形符号 | 名称 | 含义 |
|---|---|---|
|  | 起止框 | 程序的开始或结束 |
|  | 处理框 | 数据的各种处理和运算操作 |
|  | 输入输出框 | 数据的输入和输出 |
|  | 判断框 | 根据条件的不同，选择不同的操作 |
|  | 连接点 | 转向流程图的他处或从他处转入 |
|  | 流向线 | 程序的执行方向 |

结构化程序设计方法中规定的 3 种基本程序流程结构（顺序结构、选择结构和循环结构）都可以用流程图明晰地表达出来，如图 3-6 所示。

### 4. N–S 图表示法

虽然用流程图描述的算法条理清晰、通俗易懂，但是在描述大型复杂算法时，流程图的流向线较多，会影响人们对算法的阅读和理解。因此有两位美国学者提出了一种完全去掉流向线的图形描述方法，称为 N-S 图（两人名字的首字母组合）。

N-S 图使用矩形框来表达各种处理步骤和 3 种基本结构，如图 3-7 所示，全部算法都写在一个矩形框中。

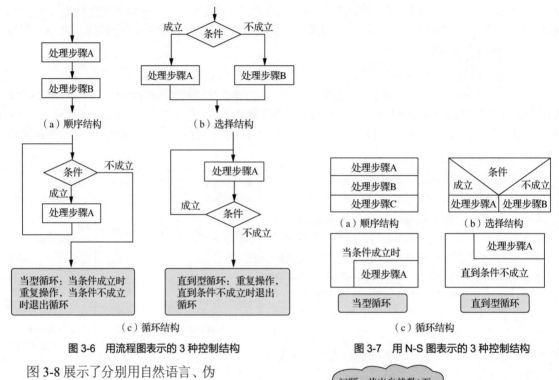

图 3-6 用流程图表示的 3 种控制结构

图 3-7 用 N-S 图表示的 3 种控制结构

图 3-8 展示了分别用自然语言、伪代码、流程图和 N-S 图描述的解决同一问题的算法。

### 3.2.4 算法的评价

既然算法是解决实际问题的方法，那么算法就必然存在好坏、优劣之分。算法的好坏是有指标能够加以测评的，这个指标通常称为算法的复杂度。算法的复杂度体现在运行该算法时所需要的系统资源开销上。如果计算机执行一个算法时所需要的系统资源开销很大，就说这个算法复杂度很高。相反，如果计算机执行一个算法时所需要的系统资源开销很小，那么就说这个算法复杂

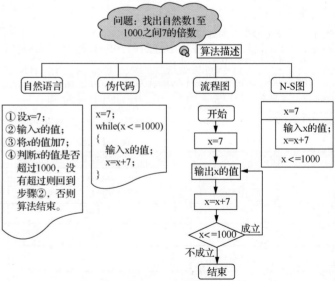

图 3-8 分别用自然语言、伪代码、流程图和 N-S 图描述的算法

度很低。在设计算法时自然是希望算法的复杂度越低越好。由于计算机最重要的资源就是时间资源和系统的空间资源，因此，算法的复杂度分为时间复杂度和空间复杂度。

### 1. 时间复杂度

算法的时间复杂度（Time Complexity）反映了程序执行时间随输入规模增长而增长的量级，在很大程度上能很好反映出算法的优劣。

（1）时间频度

算法执行所耗费的时间，从理论上是不能算出来的，必须上机运行测试才能知道。但我们不可能也没有必要对每个算法都上机测试，只需知道哪个算法花费的时间多，哪个算法花费的时间少就可以了。并且一个算法花费的时间与算法中语句的执行次数成正比，哪个算法中语句执行次数多，它花费时间就多。一个算法中的语句执行次数称为语句频度或时间频度，记为 $T(n)$。

（2）时间复杂度

在刚才提到的时间频度中，$n$ 称为问题的规模，当 $n$ 不断变化时，时间频度 $T(n)$ 也会不断变化。但有时我们想知道它变化时呈现什么规律，为此，我们引入时间复杂度概念。一般情况下，算法中基本操作重复执行的次数是问题规模 $n$ 的某个函数，用 $T(n)$ 表示，若有某个辅助函数 $f(n)$，使当 $n$ 趋近于无穷大时，$T(n)/f(n)$ 的极限值为不等于零的常数，则称 $f(n)$ 是 $T(n)$ 的同数量级函数，记作 $T(n) = O(f(n))$，称 $O(f(n))$ 为算法的渐进时间复杂度，简称时间复杂度。

我们用一个简单的例子来感受一下时间复杂度带来的差别。有两个算法，一个算法的复杂度为 $O(2^n)$，一个为 $O(n)$。如果有一台普通计算机，运算速度为每秒 $10^9$ 次。在 $n$ 为 64 的情况下，$O(n)$ 大约耗时 $6.4 \times 10^{-8}$s，而 $O(2^n)$ 大约耗时 584.94 年。有时候算法之间的差距，往往比硬件之间的差距还要大。

### 2. 空间复杂度

类似于时间复杂度的讨论，一个算法的空间复杂度（Space Complexity）$S(n)$ 定义为该算法所耗费的存储空间，它也是问题规模 $n$ 的函数。渐近空间复杂度也常常简称为空间复杂度。

空间复杂度是对一个算法在运行过程中临时占用存储空间大小的量度。一个算法在计算机存储器上所占用的存储空间，包括存储算法本身所占用的存储空间、算法的输入输出数据所占用的存储空间和算法在运行过程中临时占用的存储空间这 3 个方面。算法的输入输出数据所占用的存储空间是由要解决的问题决定的，是通过参数表由调用函数传递而来的，它不随算法的不同而改变。存储算法本身所占用的存储空间与算法书写的长短成正比，要压缩这方面的存储空间，就必须编写出较短的算法。算法在运行过程中临时占用的存储空间随算法的不同而异，有的算法只需要占用少量的临时工作单元而且不随问题规模的大小而改变，我们称这种算法是"原地"进行的，是节省存储空间的算法；有的算法需要占用的临时工作单元数与解决问题的规模 $n$ 有关，它随 $n$ 的增大而增大，当 $n$ 较大时将占用较多的存储单元。

## 3.3  算法策略

策略是面向问题的，算法是面向实现的。如果用算法策略来描述，解决问题的过程可以归结为用算法的基本工具"循环"和"递归"实现。

## 3.3.1  循环

计算机的工作特点是可以高速地重复，因此在设计算法时常用循环（特定条件下的重复）解决问题。

### 1. 模拟重复

下面以编程计算 1+2+3+…+100 为例来说明如何用循环解决问题。

利用数学公式可以简单、有效地解决这个问题，但采用直接模拟的方法更能体现"编程的真谛"。

先求 1+2+3+4+5。

 1+2+3+4+5
=3+3+4+5
=6+4+5
=10+5
=15

分析计算过程可知，整个计算过程就是重复进行加法运算。什么数在相加呢？前一次的和与新的加数。用存储单元 sum 存储和，用存储单元 i 存储加数，计算过程就是把 sum 中的数与 i 中的数相加，将结果还存入 sum 中。这个过程可记为 sum=sum+i;。

最开始算的是 1+2，因此保存和的存储单元 sum 的初值设置为 1，保存加数的存储单元 i 的初值设置为 2。sum=sum+i;执行后，将计算出 1+2 的值 3，sum 的值变成了 3。在继续计算 3+3 之前需求新的加数。新的加数总比原加数大 1，因此将存储单元 i 的值自增 1 就可以了，可表示为 i=i+1;。

再次执行 sum=sum+i;可求出 3+3 的和，并将其存入 sum 中。在继续计算之前需求新的加数……

上面的计算过程可模拟如下。

```
sum = 1,i = 2;
sum = sum + i;
i=i+1;
sum = sum + i;
i=i+1;
sum = sum + i;
i=i+1;
sum = sum + i;
i=i+1;
…
```

分析可知，计算过程只是 sum=sum+i;和 i=i+1;在重复。在什么条件下需要一直重复呢？由加数来决定，只要加数不大于 5（i<=5 为真）就需要继续计算。整个过程可用图 3-9 表示。

在 C 语言中可用 while 命令实现这个过程。

```c
int sum = 1,i = 2;
while(i <= 5)
{
    sum = sum + i;
    i=i+1;
}
```

计算 1+2+3+…+100 的过程在 C 语言中可实现如下。

```c
int sum = 1,i = 2;
while(i <= 100)
{
    sum = sum + i;
    i=i+1;
}
```

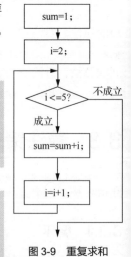

图 3-9　重复求和

## 2. 穷举与迭代

在使用循环解决问题时，穷举法与迭代法非常有效。

尝试所有可能的选项以找到正确答案的方法又称为穷举法。下面举例说明穷举法。

100 个僧人分 100 个馒头，大僧每人分 3 个，小僧 3 人分 1 个，正好分完。问大小僧各几人？

如何用"重复"的步骤来解决这个问题呢？

尝试所有的可能。

大僧 1 人时，小僧(100-1)人，需要馒头 3×1+(100-1)/3 个，如果馒头的个数等于 100，就找到了答案，输出大小僧的人数；否则，就不输出。

大僧 2 人时，小僧(100-2)人，需要馒头 3×2+(100-2)/3 个，如果馒头的个数等于 100，就找到了答案，输出大小僧的人数；否则，就不输出。

……

大僧 33 人时，小僧(100-33)人，需要馒头 3×33+(100-33)/3 个，如果馒头的个数等于 100，就找到了答案，输出大小僧的人数；否则，就不输出。

由于只有 100 个馒头，一个大僧 3 个馒头，因此大僧最多 33 人。

整个过程可描述如下。

```
//大僧 1 人时
当 3 × 1 + (100-1) / 3 == 100 时，输出大僧人数为 1，小僧人数为 100-1；
//大僧 2 人时
当 3 × 2+(100-2) / 3== 100 时，输出大僧人数为 2，小僧人数为 100-2；
…
//大僧 33 人时
当 3 ×33 + (100-33) / 3 == 100 时，输出大僧人数为 33，小僧人数为 100-33；
```

分析这个过程，显然大僧的人数在递增，从 1 递增到 33。用存储单元 i 存放大僧的人数，初值设置为 1，如 i<=33 成立，重复下面的两步。

```
当 3× i + (100 -i ) / 3 == 100 时，输出大僧人数为 i，小僧人数为 100 -i；
i=i+1；
```

算法可以用图 3-10 表示。

求大小僧人数的过程在 C 语言中可实现如下。

```c
int i = 1;
while(i <= 33)
{
    if(3 * i + (100 - i) / 3 == 100)
     printf("大僧:%d,小僧:%d\n", i, 100 - i);
    i = i + 1;
}
```

重复时通常需求新项，而新项往往与上一项有关，两者之间的关系多可用公式表示，即迭代公式。迭代法利用迭代公式不断用旧值递推新值的方法构造循环过程。下面举例说明迭代法。

根据公式 $e = 1 + \dfrac{1}{1!} + \dfrac{1}{2!} + \cdots + \dfrac{1}{n!}$，编程求 e 的近似值，精度要求为 $10^{-6}$。

分析可知，计算过程与求 1+2+3+…+100 的过程类似，也是重复

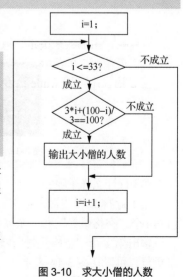

图 3-10　求大小僧的人数

求和。最开始算的是 $1+\dfrac{1}{1!}$，因此保存和的存储单元 sum 的初值设置为 1，保存加数的存储单元 i 的

初值设置为 $\dfrac{1}{1!}$，即 1。sum=sum+i;执行后，sum 的值变成了 2。在继续计算 $2+\dfrac{1}{2!}$ 之前需求新的加数。

怎样求新的加数呢？新加数 $\dfrac{1}{2!}$ 与 i 现在的值 $\dfrac{1}{1!}$ 相比，两者有什么关系呢？

设 i 现在的值为 $\dfrac{1}{k!}$，则新加数应为 $\dfrac{1}{(k+1)!}$，可见 i 只要乘 $\dfrac{1}{k+1}$ 就可求出

新的加数，公式为 $i=i*\dfrac{1}{k+1}$。存储单元 i 的初值为 $\dfrac{1}{1!}$，因此存储单元 k 的初值

设置为 1，用 i=i/(k+1) 就可求出新的加数。注意：在下次用公式求新的加数之
前 k 的值需自增 1。因精度要求为 $10^{-6}$，故当新的加数的值小于 $10^{-6}$ 时可不再
求值。算法可以用图 3-11 表示。

**3. 自顶向下，逐步求精**

"自顶向下，逐步求精"是分析解决复杂问题行之有效的方法。"自顶向下"
要求从宏观上分析，不拘泥于细节，理清脉络把握问题的本质；"逐步求精"要
求从局部着力，从细节入手，分析问题的独特性，针对具体问题列举"原始数
据"发现"规律"，最终解决问题。下面举例说明。

用循环输出图 3-12 所示图形。

图形共 5 行，输出第 1 行；输出第 2 行；输出第 3 行；输出第 4 行；输出
第 5 行。这个过程是重复，"行"在重复，重复了 5 次。这个过程可用图 3-13
表示。

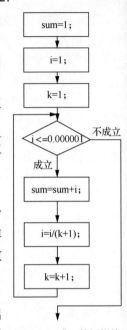

图 3-11　求 e 的近似值

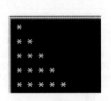

图 3-12　循环输出 1

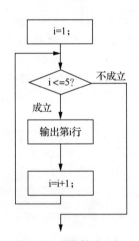

图 3-13　重复输出 5 行

第 i 行什么样子呢？

第 1 行有 1 个"空格星号"和一个换行符，第 2 行有 2 个"空格星号"和一个换行符，…，第 i
行有 i 个"空格星号"和一个换行符。怎样输出 i 个"空格星号"呢？

输出第 1 个"空格星号"，输出第 2 个，输出第 3 个，…，输出第 i 个。可见输出第 i 行的过程
是重复，可以用图 3-14 表示。

整个过程可用图 3-15 表示。

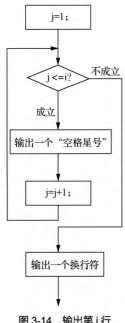

图 3-14　输出第 i 行

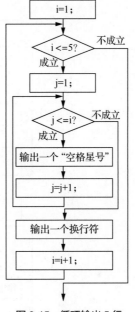

图 3-15　循环输出 5 行

整个过程在 C 语言中可实现如下。

```c
int i, j;
i = 1;
while(i<=5)
{
    j = 1;
    while(j<=i)
    {
        printf(" *");
        j = j + 1;
    }
    printf("\n");
    i = i + 1;
}
```

再看第二个例子，用循环输出图 3-16 所示图形。

图 3-16　循环输出 2

如果忽略细节，则这个图形也有 5 行，依然是：输出第 1 行；输出第 2 行；输出第 3 行；输出第 4 行；输出第 5 行。这个过程是重复，"行"在重复，重复了 5 次。这个过程依然可用图 3-13 表示。

第 i 行什么样子呢？

第 1 行有 4 个"空格空格"、1 个"空格星号"和一个换行符，第 2 行有 3 个"空格空格"、3 个"空格星号"和一个换行符，…，第 i 行有 5-i 个"空格空格"、2*i-1 个"空格星号"和一个换行符。可以先输出 5-i 个"空格空格"，再输出 2*i-1 个"空格星号"，最后输出一个换行符。这个过程可用图 3-17 表示。

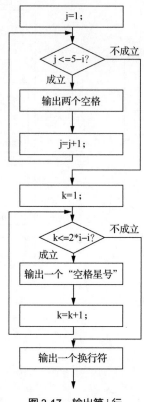

图 3-17　输出第 i 行

整个过程在 C 语言中可实现如下。

```c
int i, j, k;
i = 1;
while(i<=5)
{
    j = 1;
    while(j<=5-i)
    {
        printf("  ");
        j = j + 1;
    }
    k=1;
    while(k<=2*i-1)
    {
        printf(" *");
        k = k + 1;
    }
    printf("\n");
    i = i + 1;
}
```

　　当忽略细节从宏观上看时，两个图形的形状"相同"，都有 5 行，可以用相同的循环结构输出。重复 5 次，每次输出一行，即输出第 i 行。这种把握本质、忽略细节的分析方法可称为"自顶向下"。在确定第 i 行是什么样子时，从第 1 行的具体形状开始，依次分析每行的具体形状，关注细节，在综合"原始数据"的基础上总结出规律，即第 i 行的形状。"关注细节"恰恰是进一步（"逐步求精"）分析时所强调的。

### 3.3.2　递归

递归算法，在计算机科学中是指通过重复将问题分解为同类的子问题从而解决问题的方法。递归算法可以被用于解决很多的计算机科学问题，因此它是计算机科学中十分重要的一个概念。

#### 1．递归简介

人们在分析问题时经常发现，一些难以直接解决的规模较大的问题，往往可以转化为一些规模较小且与原问题性质相同的子问题。问题的难易程度通常与其规模相关，问题的规模越小就越容易解决。以求 523 的阶乘为例，523! 等于 523×522!，原问题变成了 523 乘 522 的阶乘。虽然还需要计算乘法，但只要知道了 522 的阶乘，进行一次乘法运算求出 523 的阶乘应该不难。与原问题相比，现在问题的关键依然是求一个数的阶乘，问题的性质没有变，不过，原来需求 523 的阶乘，现在只要求出 522 的阶乘即可，问题的规模变小了，难度降低了。

与原问题性质相同就意味着子问题可以继续转化为规模更小性质相同的子问题，新得到的子问题还可以继续转化。只要性质相同，转化的过程就可以一直重复下去。当转化后子问题的规模小到可以很容易地求解时，转化的过程就可以停止了。子问题有解后，就可以按照转化的过程逆向求解，每次都得到规模稍大一点儿的子问题的解，最终就能得到原问题的解。

原问题转化为子问题的过程可称为递进；由子问题的解构造原问题的解的过程可称为回归。通过递进和回归两个过程解决问题的方法称为"递归"。

求 522 的阶乘又可转化为求 521 的阶乘，…，最终，转化为求 1 的阶乘。而 1 的阶乘是 1，求出了 1 的阶乘就可以得到 2 的阶乘，…，最后，就可得到原问题的解，即 523 的阶乘。

用递归算法求阶乘的过程在 C 语言中实现时需要用到函数。下面以求一个整数的阶乘为例分析如何用函数实现"递归算法"。设函数 fac 可以求出整数 n 的阶乘，该函数的首部为 int fac(int n)。在求整数 n 的阶乘时，是否一定要转化为规模较小的子问题呢？那倒未必，如果整数 n 的规模已经小到能轻易地求出它的阶乘时（如 0 或 1），就不再需要转化的过程了，直接返回结果；否则，求整数 n 的阶乘需要转化成求 n-1 的阶乘，返回 n*(n-1)!的值。函数可定义如下。

```
int fac(int n)
{
    if(n == 0 || n == 1)
        return 1;
    //返回 n * (n - 1)!的值
}
```

C 语言中有乘法命令，但没有求整数阶乘的命令，怎样命令计算机求出 n-1 的阶乘呢？

函数 fac 的功能是求一个整数的阶乘，函数是 C 语言中的自定义命令，可以用函数 fac 命令计算机求出 n-1 的阶乘。fac(n)的返回值为 n 的阶乘，相应地 fac(n-1)的返回值就是 n-1 的阶乘。求出了 n-1 的阶乘，函数 fac 也就定义好了。

```
int fac(int n)
{
    if(n == 0 || n == 1)
        return 1;
    return n * fac(n - 1);
}
```

可以使用 fac 函数求出 3 的阶乘。printf("3! = %u\n", fac(3));，语句的运行结果如图 3-18 所示。

图 3-18　运行结果

下面简单分析一下 fac(3)的执行过程。

虽然在函数体中 fac 函数调用了它自身，但被调函数 fac 与主调函数 fac 仅仅是同名，仅仅有同样的函数体，除此之外，两者没有任何关系。当被调函数 fac 执行时，一个全新的 fac 函数开始执行。函数调用 fac(3)的执行过程如图 3-19 所示。

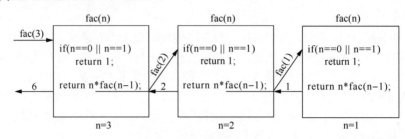

图 3-19　fac(3)的执行过程

下面从递归算法的角度分析用 fac 函数求整数 3 的阶乘的过程。fac 函数先判断规模，整数 3 的规模较大，难以解决，转化为 3*fac(2)；于是，第二个全新的 fac 函数开始负责求整数 2 的阶乘，它先判断规模，整数 2 的规模较大，难以解决，转化为 2*fac(1)；于是，第三个全新的 fac 函数开始负责求整数 1 的阶乘，它先判断规模，整数 1 的规模较小可以直接求出阶乘，于是它不再转化直接返回结果 1（1 的阶乘为 1）。有了返回值 1，得到了子问题的解，第二个 fac 函数进行了一次乘法计算（2*1）求出了整数 2 的阶乘，完成任务并返回；有了返回值 2，得到了子问题的解，第一个 fac 函数进行了一次乘法计算（3*2），求出了整数 3 的阶乘，完成任务并返回。可见，fac 函数完美地实现了递进和回归的过程。

### 2. 递归示例

楼梯有 $n$ 阶台阶，上楼时一步可以上 1 阶，也可以上 2 阶，计算 $n$ 阶楼梯共有多少种不同的走法。

分析如下。

设 $n$ 阶台阶的走法为 $f(n)$，当楼梯只有 1 阶时，显然只有一种走法，$f(1)=1$。只有 2 阶时，有两种走法，一步一阶地或一步两阶地走上楼梯，$f(2)=2$。楼梯多于 2 阶时，有几种走法呢？

上楼梯时，第一步可以上 1 阶也可以上 2 阶并且只有这两种情况，也就是说，楼梯的所有不同走法等于这两种情况下上完整个楼梯的不同走法之和，即 $f(n)$ 等于第一步上 1 阶时的走法加上第一步上 2 阶时的走法。第一步上 1 阶时上完整个楼梯的走法有多少种呢？

它等于余下的 $n-1$ 阶台阶的所有不同走法，于是问题变成了上有 $n-1$ 阶台阶的楼梯有多少种走法。性质相同，规模变小了。$n$ 阶台阶的走法为 $f(n)$，所以上 $n-1$ 阶台阶的楼梯共有 $f(n-1)$ 种走法。

综上所述，$f(n)$ 的定义如下：

$$f(n)=\begin{cases}1, & n=1,\\2, & n=2,\\f(n-1)+f(n-2), & n>2。\end{cases}$$

这是一个"递归"的定义，可用 C 语言实现如下。

```c
#include <stdio.h>
int upstairs(int n)
{
    if(n == 1 || n == 2)
        return n;
    return upstairs(n - 1) + upstairs(n - 2);
```

```
}
void main( )
{
    printf("4 阶楼梯共有%d 种走法!\n", upstairs(4));
}
```

4 阶楼梯的不同走法可用图 3-20 表示。

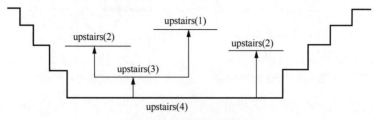

图 3-20　4 阶楼梯的不同走法

再来看一个棋盘覆盖问题。

问题描述：在一个 $2^k \times 2^k$ 个方格组成的棋盘中，有一个带有特殊标记的方格。要求用 4 种不同形态的 L 形骨牌覆盖棋盘上除特殊方格以外的所有方格，在覆盖时 L 形骨牌不能重叠，如图 3-21 所示。

对于这个棋盘，覆盖棋盘的方案如图 3-22 所示。

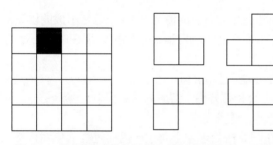

图 3-21　带有特殊方格的棋盘及 4 种不同形态的 L 形骨牌

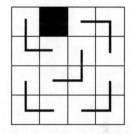

图 3-22　覆盖棋盘的方案

如何编程用计算机解决棋盘覆盖问题呢？

① 首先，解决如何在程序中表示棋盘的问题。

可以用一个二维整型数组表示棋盘，如上面的棋盘可表示为 int chessboard[4][4]={0}，把特殊方格对应的元素赋值为-1（chessboard[0][1]=-1），则数组元素输出后即可形成棋盘形状，如图 3-23 表示。

② 其次，表示 L 形骨牌的覆盖。

把同一个 L 形骨牌覆盖的方格赋值为同一个整数，输出时用相同的数字模拟骨牌的形状，如图 3-24 所示。

图 3-23　程序中输出的模拟棋盘，-1 表示特殊方格

| 2 | -1 | 3 | 3 |
| 2 | 2 | 1 | 3 |
| 4 | 1 | 1 | 5 |
| 4 | 4 | 5 | 5 |

图 3-24　L 形骨牌的模拟

③ 最后，设计棋盘覆盖的算法。

第一步：把棋盘一分为四，形成 4 个 $2^{k-1} \times 2^{k-1}$ 个方格组成棋盘，如图 3-25 所示。

第二步：观察大棋盘中心位置的 4 个方格，它们分属 4 个小棋盘，我们会发现其中一个方格所在的小棋盘与其他 3 个不同，因为它包含特殊方格，如图 3-26 所示。

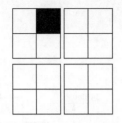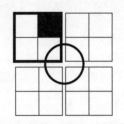

图 3-25　一分为四的棋盘　　　　图 3-26　中心位置的 4 个方格

第三步：不考虑包含特殊方格的小棋盘中的方格，剩下的 3 个方格恰好构成一个 L 形骨牌，用相同的数字标记这 3 个方格，完成一个 L 形骨牌的覆盖，如图 3-27 所示。

图 3-27　完成了一个 L 形骨牌覆盖的棋盘

第四步：观察这 4 个小棋盘会发现它们都是 $2^n \times 2^n$（$n$ 的值为 $k-1$）个方格组成的棋盘，且棋盘中都有一个带有特殊标记的方格，即黑色的方格（在程序中为非 0 的方格）。现在的任务是用 L 形骨牌覆盖这 4 个小棋盘，如图 3-28 所示。

依次用 L 形骨牌覆盖这 4 个小棋盘。先处理左上角的小棋盘。

左上角的小棋盘由 $2^1 \times 2^1$ 个方格（包含一个特殊方格）组成。任务相同，规模变小，可以用递归算法处理。其他 3 个小棋盘也用递归算法处理，任务完成。

为便于初学者理解，下面详细分析用递归算法处理左上角小棋盘的过程。棋盘由 $2^1 \times 2^1$ 个方格组成，$k$ 的值为 1，规模还是较大，应继续依照前面的步骤处理，即先把小棋盘一分为四，如图 3-29 所示。

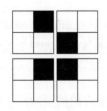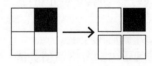

图 3-28　需要处理的 4 个小棋盘　　　　图 3-29　一分为四后的小棋盘

不考虑含有特殊方格小棋盘中的方格，完成一个 L 形骨牌的覆盖恰好构成一个 L 形骨牌，用相同的数字标识这 3 个方格，完成一个 L 形骨牌的覆盖，如图 3-30 所示。

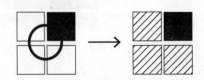

图 3-30　完成一个 L 形骨牌覆盖后的左上角小棋盘

现在整个棋盘的状态如图 3-31 所示。

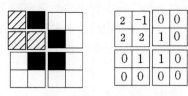

**图 3-31 整个棋盘的状态**

图 3-29 中的 4 个小棋盘均由一个方格组成，处理这 4 个小棋盘时依然要一分为四。将左上角由一个方格组成的棋盘一分为四时，它们由 $2^0 \times 2^0$ 个方格组成，$k$ 的值为 0，显然还是一个棋盘，且这个方格还是特殊方格，因此，当 $k$ 的值为 0 时，无须继续处理，不用再"递进"了。至此，对左上角的小棋盘完成了覆盖。

综上所述，整个算法可以总结如下。

对于由 $2^k \times 2^k$ 个方格组成的棋盘，如果 $k$ 的值等于 0，则棋盘由特殊方格组成，无须覆盖，直接返回；否则，先把这个棋盘一分为四，找到中心位置的 4 个方格，不考虑包含特殊方格的小棋盘中的方格，剩下的 3 个方格恰好构成一个 L 形骨牌，用相同的数字标识这些方格，完成一个 L 形骨牌的覆盖。此时 4 个小棋盘都由 $2^{k-1} \times 2^{k-1}$ 个方格组成，且都含有一个特殊方格，可递归处理。

# 3.4 经典算法设计

无论使用哪种编程语言，我们都会需要对数据进行查找和排序，从而实现特定的功能与满足特定的需求。在查找和排序的不同算法中均蕴含着经典的算法策略。熟练掌握查找、排序算法，有助于读者进一步理解基本的算法设计思想。

## 3.4.1 查找

在日常工作中我们经常进行各种各样的查找。例如，在《英汉词典》中查找某个英文单词的中文解释；在《新华字典》中查找某个汉字的读音、含义；在对数表、平方根表中查找某个数的对数、平方根；邮递员送信件要按收件人的地址确定位置等。计算机及计算机网络的广泛应用使信息查询的范围更广，同时也要求更快捷、方便、准确。要从计算机中查找特定的信息，就需要在计算机中存储包含该特定信息的表。如要从计算机中查找英文单词的中文解释，就需要存储类似《英汉词典》这样的信息表，以及对该表进行查找操作。

查找，又称查询、检索，是指在大量的数据中获取我们需要的、满足特定条件的信息或数据。在计算机应用中，查找是常用的基本运算。

### 1. 顺序查找

顺序查找也称为线性查找，属于无序查找算法。

（1）基本思想

从数据结构线性表的一端开始顺序扫描，依次将扫描到的节点关键字与给定值 $k$ 相比较，若相等则表示查找成功；若扫描结束仍没有找到关键字等于 $k$ 的节点，则表示查找失败。

（2）复杂度分析

查找成功时的平均查找长度为（假设每个数据元素的概率相等）ASL $= 1/n(1+2+3+\cdots+n) = (n+1)/2$。

当查找不成功时，需要 $n+1$ 次比较，时间复杂度为 $O(n)$。

所以，顺序查找的时间复杂度为 $O(n)$。

顺序查找方法的优点在于简单、直观，对于被查找的记录在文件中的排列顺序没有限制，因此比较适合顺序文件的查找。同时这种查找算法也适合于对顺序表数据结构和链表数据结构中的元素进行查找。它的缺点在于平均查找长度过大，查找效率较低。

**2. 折半查找**

有一种两人玩的猜纸牌游戏，甲从一副去掉"大、小王"的扑克牌中选取一张牌，乙有 3 次机会猜这张牌的大小。每猜一次，猜中则乙获胜，猜错时甲需反馈乙猜的数比实际的数是大还是小，3 次均不正确时甲获胜。假设甲选的牌是 8。乙第一次猜 7，甲反馈猜的数小了；乙第二次猜 10，甲反馈猜的数大了；则第三次乙将在 8 和 9 之间抉择。

（1）基本思想

用给定值 $k$ 先与中间节点的关键字比较，中间节点把线性表分成两个子表，若相等则查找成功；若不相等，再根据 $k$ 与该中间节点关键字的比较结果确定下一步查找哪个子表，这样递归进行，直到查找到或查找结束发现表中没有这样的节点。

假设表中数据按升序排列，将表中间位置的数据与查找的数据比较，如果两者相等，则查找成功；否则以中间位置为界将表分成前、后两个子表，如果中间位置的数据大于查找数据，则进一步查找前一子表，否则进一步查找后一子表。重复以上过程，直到找到匹配的数据（查找成功），或到子表为空（此时查找不成功）。现举例说明。

已知表中有 9 个按升序排列的数据{-15,-6,0,7,9,23,52,88,211}，现要查找 23。开始时 low 指向表 a 的第一个数据，high 指向表 a 中最后一个数据，如图 3-32 所示。

首先，根据 low 和 high 找出中间位置的数据，并用 mid 标识；接着比较，不相等且中间数据 9（即 a[mid]）小于 23，让 low 指向 mid+1 的位置，即排除了前一个子表，如图 3-33 所示。

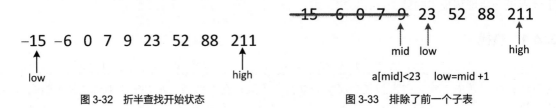

| 图 3-32 折半查找开始状态 | 图 3-33 排除了前一个子表 |

重复找到中间位置的数据、比较、排除子表这个过程，如图 3-34 所示。

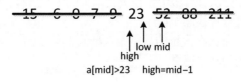

图 3-34 排除了后一个子表

重复找到中间位置的数据、比较，这次相等，查找成功。

当重复到 low>high 时，表中所有数据都已排除，查找不成功。

（2）复杂度分析

我们假设数据量大小是 $n$，每次查找后数据量都会缩小为原来的一半，也就是会除以 2。最坏情况下，直到查找区间被缩小为空才停止。不难想到，其实每次查找区间包含数字个数的变化，就是一个等比数列。用通项公式来表示就是 $n/2^k$，当其为 1 时，$k$ 的值就是总共缩小的次数。而每一次缩小操作只涉及两个数据的大小比较，因此，经过了 $k$ 次区间缩小操作，时间复杂度就是 $O(k)$。通过

$n/2^k=1$，我们可以求得 $k=\log_2 n$，所以时间复杂度就是 $O(\log_2 n)$。

折半查找只能应用于关键字有序的顺序表的查找，也就是说先要将文件记录存放在内存中定义的顺序表中，再进行指定记录的查找。折半查找一般不适用于对链表记录的查找。折半查找的效率比顺序查找的效率要高很多。如果一个顺序表中有 1000 个关键字，应用顺序查找方法查找指定的关键字，平均要比较 500 次。而应用折半查找方法查找指定的关键字，平均只要比较 9 次。因此对于顺序文件记录的查找，应当使用折半查找方法。

### 3. 插值查找

在介绍插值查找之前，首先考虑一个新问题，为什么上述折半查找算法一定要是折半，而不是折四分之一或者折更多呢？

例如，在英文词典里面查 "apple"，你下意识翻开词典是翻前面的书页还是后面的书页呢？如果再让你查 "zoo"，你又怎么查？很显然，这里你绝对不会是从中间开始查起，而是有一定目的地往前或往后翻。

同样，如要在取值范围为 1~10000 的 100 个元素从小到大均匀分布的数组中查找 5，我们自然会考虑从数组索引较小的开始查找。

经过以上分析，折半查找这种查找方式，不是自适应的（也就是说是 "傻瓜式" 的）。折半查找中查找点计算如下。

mid=(low+high)/2，即 mid=low+1/2*(high−low)。

通过类比，我们可以将查找点的计算改进为如下。

mid=low+(high−low)*(key−a[low])/(a[high]−a[low])。

也就是将上述的比例参数 1/2 改进为自适应的，根据关键字在整个有序表中所处的位置，让 mid 值的变化更靠近关键字 key，这样也就间接地减少了比较次数。

我们举例来说明。

有数组 arr=[1,2,3,…,100]，假如我们需要查找值 1，使用二分查找的话，我们需要多次递归才能找到 1。

使用插值查找算法如下。

int mid= low+(high−low)*(key−arr[low])/(arr[high]−arr[low])，

即 int mid=0+(99−0) * (1−1)/(100−1) =0+99*0/99=0。

例如我们查找的值为 100，则

int mid=0+(99−0)*(100−1)/(100−1)=0+99*99/99=0+99=99。

（1）基本思想

基于折半查找算法，将查找点的选择改进为自适应选择，可以提高查找效率。当然，插值查找也属于有序查找。

（2）复杂度分析

查找成功或者失败的时间复杂度均为 $O(\log_2(\log_2 n))$。

对表长较大，而关键字分布又比较均匀的查找表来说，插值查找算法的平均性能比折半查找要好得多。反之，数组中元素如果分布非常不均匀，那么插值查找未必是很合适的选择。

### 4. 斐波那契查找

在介绍斐波那契查找算法之前，我们先介绍一下和它紧密相连并且大家都熟知的一个概念——黄金分割。

黄金比例又称黄金分割，是指事物各部分间一定的数学比例关系，即将整体一分为二，较大部分与较小部分之比等于整体与较大部分之比，其比值约为 1∶0.618 或 1.618∶1。0.618 被公认为是最具有审美意义的比例数字，这个数字的作用不仅体现在诸如绘画、雕塑、音乐、建筑等艺术领域，而且在管理、工程设计等方面也有不可忽视的作用。

斐波那契数列为 1, 1, 2, 3, 5, 8, 13, 21, 34, 55, 89, …（从第三个数开始，后边每一个数都是前两个数的和）。然后我们会发现，随着斐波那契数列值的递增，前后两个数的比值会越来越接近 0.618，如图 3-35 所示。利用这个特性，我们就可以将黄金比例运用到查找技术中。

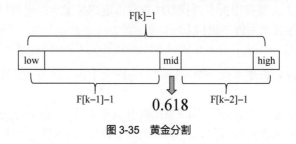

图 3-35　黄金分割

（1）基本思想

斐波那契查找算法也是二分查找的一种提升算法，通过运用黄金比例的概念在数列中选择查找点进行查找，提高查找效率。同样地，斐波那契查找算法也属于一种有序查找算法。

斐波那契查找与折半查找很相似，其是根据斐波那契数列的特点对有序表进行分割的。它要求开始时表中记录的个数为某个斐波那契数减 1，即 n=F(k)-1。

开始将 k 值与第 F(k-1) 位置的记录进行比较（即 mid=low+F(k-1)-1），比较结果也分为以下 3 种。

① 当 key=a[mid]时，查找成功。

② 当 key<a[mid]时，新的查找范围是第 low 个到第 mid-1 个，此时范围个数为 F[k-1] - 1 个，即数组左边的长度，所以要在[low, F[k - 1] - 1]范围内查找。

③ 当 key>a[mid]时，新的查找范围是第 mid+1 个到第 high 个，此时范围个数为 F[k-2] - 1 个，即数组右边的长度，所以要在[F[k - 2] - 1, high]范围内查找。

（2）复杂度分析

最坏情况下，时间复杂度为 $O(\log_2 n)$，且其期望复杂度也为 $O(\log_2 n)$。

关于斐波那契查找，如果要查找的记录在右侧，则左侧的数据都不用再判断了，不断反复进行下去，对处于当中的大部分数据，其工作效率要高一些。所以尽管斐波那契查找的时间复杂度也为 $O(\log_2 n)$，但就平均性能来说，斐波那契查找要优于折半查找。可惜如果是最坏的情况，如这里 key=1，那么始终都在左侧查找，则其查找效率低于折半查找。

还有关键一点，折半查找是进行加法与除法运算的（mid=(low+high)/2），插值查找则进行更复杂的四则运算（mid = low + (high - low) * ((key - a[low]) / (a[high] - a[low]))），而斐波那契查找只进行最简单的加减法运算（mid = low + F[k-1] - 1），在海量数据的查找过程中，这种细微的差别可能会影响最终的效率。

5. 二叉树查找

二叉查找树（见图 3-36）是二叉树中最常用的一种类型。顾名思义，二叉查找树是为了实现快速查找而生的。不过，它不仅支持快速查找数据，还支持快速插入、删除数据。这些都依赖于二叉查找树的特殊结构。

（1）基本思想

二叉查找树是先对待查找的数据生成树，确保树的左分支的值小于右分支的值，接着开始进行查找。当到达一个节点时，如果节点值等于待查找的值，则直接返回；如果节点值大于待查找的值，则去右子树查找；如果节点值小于待查找的值，则去左子树查找。这个算法的查找效率很高，但是使用这种查找方法要首先创建树。

二叉查找树或者是一棵空树，或者是具有下列性质的二叉树。

① 若任意节点的左子树不空，则左子树上所有节点的值均小于它的根节点的值。

② 若任意节点的右子树不空，则右子树上所有节点的值均大于它的根节点的值。

③ 任意节点的左、右子树也分别为二叉查找树。

二叉查找树的性质：对二叉查找树进行中序遍历，即可得到有序的数列。

二叉查找树的查找操作（见图 3-37）如下。

在二叉查找树中查找一个节点，我们先取根节点，如果它等于我们要查找的数据，那就返回。如果要查找的数据比根节点的值小，那就在左子树中递归查找；如果要查找的数据比根节点的值大，那就在右子树中递归查找。

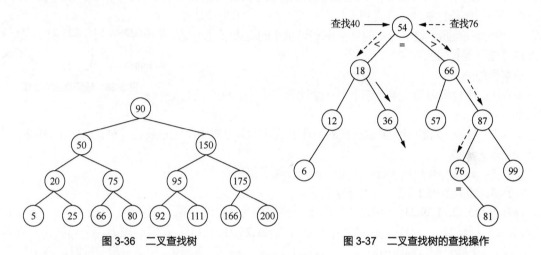

图 3-36　二叉查找树　　　　　　　图 3-37　二叉查找树的查找操作

（2）复杂度分析

它和折半查找一样，插入和查找的时间复杂度均为 $O(\log_2 n)$，但是在最坏的情况下，它的拓扑结构其实就是将节点排布在一条线上，而不是以扇形结构散开，仍然会有 $O(n)$ 的时间复杂度。

## 3.4.2　排序

计算机中的数据处理有"增、删、改、查"，其中数据的查找最为常见。折半查找的效率比较高，但前提是数据有序。排序算法的任务就是把一组无序的数据变为有序。下面介绍几种排序算法，并以升序为例。

### 1. 选择排序

选择排序是一种简单、直观的排序算法。下面介绍其基本思想。

$n$ 个记录的直接选择排序可经过 $n-1$ 趟直接选择排序得到有序结果。

步骤 1：初始状态无序区为 R[1⋯n]，有序区为空。

步骤 2：第 $i$ 趟排序（$i=1,2,3,\cdots,n-1$）开始时，当前有序区和无序区分别为 R[1⋯i-1] 和 R[i⋯n]。该趟排序从当前无序区中选出关键字最小的记录 R[k]，将它与无序区的第 1 个记录交换，使 R[1⋯i] 和 R[i+1⋯n] 分别变为记录个数增加 1 个的新有序区和记录个数减少 1 个的新无序区。

步骤 3：$n-1$ 趟结束，数组有序化了。

以数据 {25,22,21,29,23} 为例，开始时表中数据均为待排序数据。第一步：先找出其中最小的数，21。第二步：将 21 与第一个数据互换，则表中数据变为 {21,22,25,29,23}。此时，表中数据 21 已经确定了位置，{22,25,29,23} 为待排序数据。重复上面的步骤，直到所有数据的位置确定。

可以采用下面的算法找出表中待排序数据中最小的数据。

第一步，设第一个数据为最小值，将其赋值给变量 min，记录其位置。

第二步，依次让 min 与后面的数据比较，如果发现某个数据小于 min，将其赋值给变量 min，并记录其位置；否则不改变 min 的值。重复这个过程，直到所有数据比较完毕，则 min 中的数据就是最小值。

上述数据序列{25,22,21,29,23}的选择排序过程如图 3-38 所示。

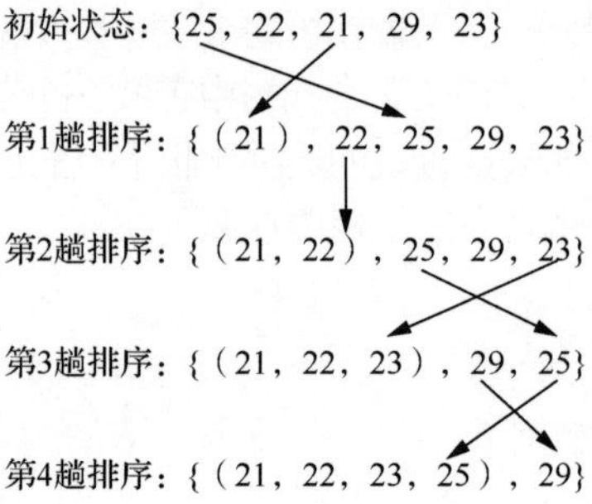

### 2. 冒泡排序

冒泡排序是一种简单的排序算法。它重复地走访要排序的数列，一次比较两个元素，如果它们的顺序错误就把它们交换过来。走访数列的工作是重复地进行直到没有需要交换的元素，也就是说该数列已经排序完成。这个算法的名字由来是越小的元素会经由交换慢慢"浮"到数列的顶端。

基本思想如下。

步骤 1：比较相邻的元素。如果第一个比第二个大，就交换它们两个。

步骤 2：对每一对相邻元素做同样的工作，从开始第一对到结尾的最后一对，这样在最后的元素应该会是最大的数。

步骤 3：针对所有的元素重复以上的步骤，除了最后一个。

步骤 4：重复步骤 1～3，直到排序完成。

初始状态：{25, 22, 21, 29, 23}

第1趟排序：{(21), 22, 25, 29, 23}

第2趟排序：{(21, 22), 25, 29, 23}

第3趟排序：{(21, 22, 23), 29, 25}

第4趟排序：{(21, 22, 23, 25), 29}

图 3-38　选择排序的过程

以数据{25,22,21,29,23}为例，开始时表中数据均为待排序数据。第一步：先比较第一个与第二个数据，25 大于 22，交换它们，则表中数据变为{22,25,21,29,23}；接着比较第二个与第三个数据，25 大于 21，交换它们，则表中数据变为{22,21,25,29,23}；继续比较，则第一步完成时，表中数据变为{22,21,25,23,29}，其中 29 已经确定了位置。第二步：对表中待排序数据变为{22,21,25,23}重复第一步，……，直到所有数据的位置确定。

上述数据序列{25,22,21,29,23}冒泡排序的过程如图 3-39 所示。

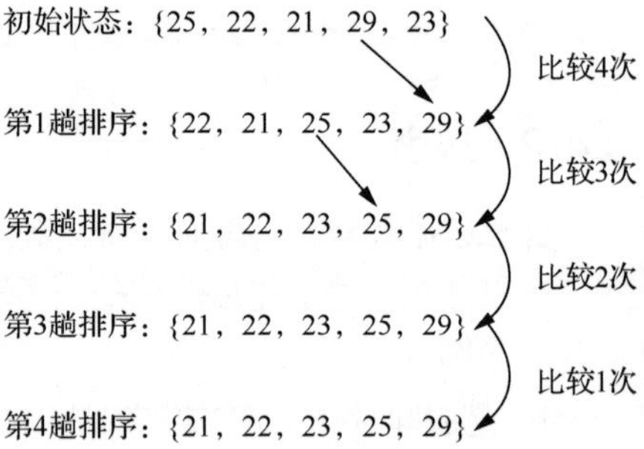

### 3. 插入排序

插入排序算法是一种简单、直观的排序算法。它的工作原理是通过构建有序序列，对于未排序数据，在已排序序列中从后向前扫描，找到相应位置并插入。插入排序在实现上，通常采用in-place排序（即只需用到 $O(1)$ 的额外空间的排序），因而在从后向前扫描过程中，需要反复把已排序元素逐步向后挪位，为最新元素提供插入空间。

初始状态：{25, 22, 21, 29, 23}　　比较4次

第1趟排序：{22, 21, 25, 23, 29}　　比较3次

第2趟排序：{21, 22, 23, 25, 29}　　比较2次

第3趟排序：{21, 22, 23, 25, 29}　　比较1次

第4趟排序：{21, 22, 23, 25, 29}

图 3-39　冒泡排序的过程

其基本思想如下。

步骤 1：从第一个元素开始，该元素可以被认为已经排序。

步骤 2：取出下一个元素，在已经排序的元素序列中从后向前扫描。

步骤 3：如果该元素（已排序）大于新元素，将该元素移到下一位置。

步骤 4：重复步骤 3，直到找到已排序的元素小于或者等于新元素的位置。

步骤 5：将新元素插入上述位置后。

步骤 6：重复步骤 2～5。

以数据{3,6,4,2,11,10}为例。首先该序列中已存在一个有序的子序列{(3),6,4,2,1,10}，接下来要将 6 插入这个子序列中，得到一个含有 2 个元素的有序的子序列。首先判断 6 应当插入的位置，然后才

能进行插入。具体方法是，从元素 3 开始向左查找。因为 6 大于 3，所以位置不变，这样在原序列中得到一个新的按值有序的子序列 {(3,6),4,2,1,10}。

上述这个插入过程称为一趟直接插入排序。

按照这种插入的方法，可将后续的 4 个元素逐一插入前面的子序列中，形成新的子序列。当子序列与原序列长度一样时，插入排序结束。

上述的元素序列 {3,6,4,2,11,10} 的直接插入排序过程如图 3-40 所示。

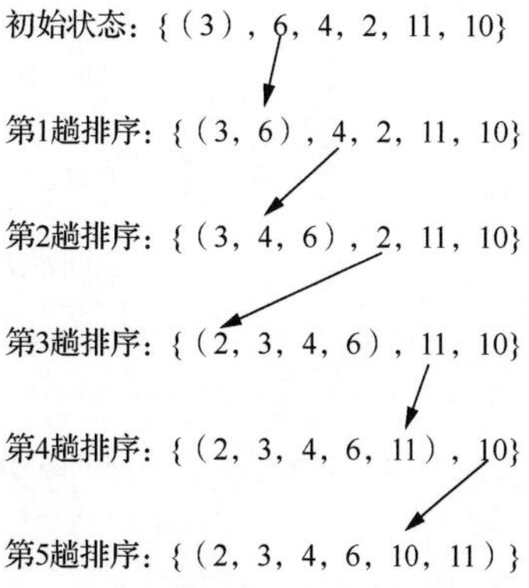

### 4. 希尔排序

希尔排序又称为"缩小增量排序"，是由希尔（Shell）在 1959 年提出的。希尔排序是对插入排序的一种改进，在效率上较前面所讲的几种排序方法有较大改进。它与插入排序的不同之处在于，它会优先比较距离较远的元素。

希尔排序是把记录按一定增量分组，对每组使用直接插入排序算法排序；随着增量逐渐减少，每组包含的关键词越来越多，当增量减至 1 时，整个文件恰被分成一组，算法便终止。

初始状态：{ (3)，6，4，2，11，10}

第1趟排序：{ (3，6)，4，2，11，10}

第2趟排序：{ (3，4，6)，2，11，10}

第3趟排序：{ (2，3，4，6)，11，10}

第4趟排序：{ (2，3，4，6，11)，10}

第5趟排序：{ (2，3，4，6，10，11) }

图 3-40　直接插入排序的过程

其基本思想如下。

步骤 1：选择一个增量序列 $t_1,t_2,\cdots,t_k$，其中 $t_i>t_j$，$t_k=1$。

步骤 2：按增量序列个数 $k$，对序列进行 $k$ 趟排序。

步骤 3：每趟排序，根据对应的增量 $t_i$，将待排序列分割成若干长度为 $m$ 的子序列，分别对各子序列进行直接插入排序。仅增量因子为 1 时，将整个序列作为一个表来处理，表长度即整个序列的长度。

以数据序列 {39,58,24,63,88,11,100,97,6,41} 为例，增量序列 5、3、1，希尔排序过程如图 3-41 所示。

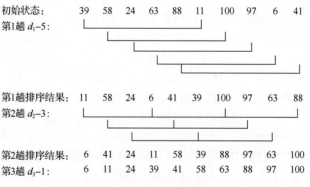

图 3-41　希尔排序的过程

### 5. 快速排序

快速排序是由托尼·霍尔（Tony Hoare）所发展的一种排序算法。它是一种"分而治之"思想在排序算法上的典型应用。快速排序使用分治法策略来把一个串行分为两个子串行。

其基本思想如下。

步骤 1：将表中待排序数据中的第一个数据作为关键数据，然后将所有比它小的数都放到它前面、所有比它大的数都放到它后面。此时，第一个数据已经有序。

步骤 2：将表中前面待排序数据排序。

步骤 3：将表中后面待排序数据排序。

显然快速排序是递归算法。

以数据{5,7,4,2,11,10,6}为例，一次划分操作的过程如图 3-42 所示。

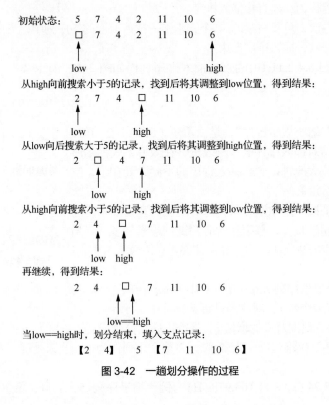

图 3-42 一趟划分操作的过程

### 6. 归并排序

归并排序是建立在归并操作上的一种有效的排序算法。该算法是采用分治法的一个非常典型的应用。归并排序是一种稳定的排序方法。将已有序的子序列合并，得到完全有序的序列，即先使每个子序列有序，再使子序列段间有序。若将两个有序表合并成一个有序表，称为 2-路归并。

其基本思想如下。

步骤 1：把长度为 $n$ 的输入序列分成 $n$ 个长度为 1 的子序列。

步骤 2：对这 $n$ 个子序列两两采用归并排序，使之生成长度为 2 的有序子表。

步骤 3：重复进行两两归并，直到最后生成长度为 $n$ 的有序表。

在每趟的排序中，首先要解决分组的问题。设本趟排序中从第一个元素开始，长度为 len 的子表有序，因为表长 $n$ 未必是 2 的整数幂。这样最后一组就不能保证恰好是表长为 len 的有序表，也不能保证每趟归并时都有偶数个有序子表，这些都要在一趟排序中考虑到。

有数据{5,7,4,2,11,10,6}，归并排序的过程如图 3-43 所示。

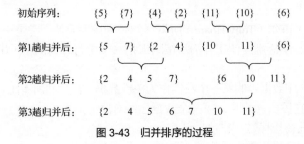

图 3-43 归并排序的过程

# 3.5 程序设计

## 3.5.1 程序设计概述

程序设计是给出解决特定问题程序的过程，是软件构造活动中的重要组成部分。程序设计往往以某种程序设计语言为工具，给出这种语言下的程序。

1946 年，冯·诺依曼提出了以下原理。

（1）CPU 逐条从存储器中取出指令执行，按指令取出存储的数据经运算后送回。

（2）数据和指令（存储地址码、操作码）都统一按二进制编码输入。

1951 年，美国兰德公司按冯·诺依曼原理研制成功了第一台通用自动计算机 UNIVAC-1，人们就开始了机器语言的程序设计。由于任何人也无法记住并自如地编排二进制码，因此人们用八进制数、十六进制数写程序，输入后是二进制的。单调的数字极易出错，人们不堪其苦，想出了将操作码改作助记的字符，这就是汇编语言，汇编语言使编程方便很多。但汇编语言编写的程序必须通过汇编程序翻译为机器码才能运行。尽管汇编码程序和机器码程序基本一一对应，但汇编语言出现说明两件事，一是出现了源代码-自动翻译器-目标代码的使用方式，二是计算机语言开始了向宜人方向的进程。

1954 年，巴克斯（Backus）根据 1951 年鲁蒂斯豪瑟（Rutishauser）提出的用编译程序实现高级语言的思想，研究出第一个脱离机器的高级语言 Fortran。Fortran 的出现使当时以科学计算为主的软件生产提高了一个数量级，奠定了高级语言的地位。Fortran 也成为计算机语言界的“世界语”。

20 世纪 60 年代，计算机硬件采用集成电路，成本大幅度下降，应用普及的障碍是语言及软件。这就促使人们对编译技术进行研究。编译技术的完善表现在大型语言、多种流派语言的出现。1971 年，Pascal 正式问世，并取得了巨大的成功。它只限于顺序程序设计，是结构化程序设计教育示范语言。Pascal 有完全结构化的控制结构。在人们为摆脱软件危机而对结构化程序设计寄予极大希望的时代，Pascal 很快得到普及，它也是对以后程序语言有较大影响的里程碑式的语言。

硬件继续降价，功能、可靠性反而进一步提高，人们对软件的要求，无论是规模、功能，还是开发效率都大为提高了。尽管 Pascal 得到普遍好评，但它只能描述顺序的小程序，功能太弱，在大型、并发、实时程序设计中无能为力。20 世纪 70 年代，为了应对日益加剧的新意义上的软件危机，程序语言继续发展，在总结 PL/1 和 Algol 68 失败的基础上，研制大型、功能齐全的语言又一次掀起高潮。1972 年，AT&T 公司贝尔实验室开发了 C 语言。C 语言的原型是 1969 年开发的系统程序设计语言 BCPL。汤普森（K.Thompson）将 BCPL 改造成 B 语言，用于重写 UNIX 多用户操作系统。1973 年，UNIX 第五版 90%左右的源程序是用 C 语言编写的，成为世界上第一个易于移植的操作系统。UNIX 以后发展成为良好的程序设计环境，反过来又促进了 C 语言的普及。

20 世纪 80 年代，程序设计语言纷纷向面向对象靠拢。正如上一个 10 年程序设计语言结构化一样，面向对象是 20 世纪 80 年代程序设计语言的主要特点。此外，随着系统软件中开发环境的思想向各专业渗透，各专业都为本专业的最终用户提供简便的开发环境，即事先将程序模块以目标码存放在计算机中，用户只需简单的命令，甚至使用本专业常用的图形就可组成应用程序。这些图形、菜单、命令即用户界面语言。这些语言共同的特点是声明性（只需指明要做的事）、非过程性、简单、用户友好，而应用程序的实现可由系统自己完成，这就是所谓的第四代语言（4GL）。

## 3.5.2 程序设计典范

计算机语言程序设计自 20 世纪 50 年代中期至今，历经了半个多世纪，其中经历了无数的挫折，但更可喜的是语言的发展取得了重大的进步。其中发展了 4 种程序设计典范，在计算机的发展史上留下了光辉的一页。

### 1. 过程式程序设计

过程式程序设计的核心是"过程"二字。"过程"指的是解决问题的步骤，即先干什么再干什么……基于面向过程开发程序就好比设计一条流水线，是一种机械式的思维方式，这正好契合计算机的运行原理：任何程序的执行最终都需要转换成 CPU 的指令流水按过程调度执行。即无论采用什么语言、无论依据何种编程范式设计出的程序，最终的执行都是过程式的。若程序一开始是要着手解决一个大的问题，按照过程式的思路就是把这个大的问题分解成很多个小问题或子过程去实现，然后依次调用即可，这极大地降低了程序的复杂度。

过程式程序设计关注的是计算机的处理过程，支持这种典范的语言都是以函数为中心的，各种算法都是通过函数调用和其他语言功能写出的。面向过程程序设计采取的是自顶向下、根据不同的条件完成不同的功能，表现为一系列命令和方法的连续调用。控制代码根据不同的条件执行不同的功能，编程人员需一步一步地安排好程序的执行过程。

### 2. 模块式程序设计

模块式程序设计的重点相对过程或程序设计发生了转移：从过程式设计转移到了对数据的组织。这种转移也反映了程序规模的增长，同时也暗示了"软件工厂"的出现。

模块简单地说就是一组过程和数据的包，反映的是广为人知的"数据隐藏原理"。在一些小型的程序里面或者那些不需要处理与数据相关的过程之中，采用过程式设计已经绰绰有余了，但是一个比较好的技术——模块式设计，自从其出现之后，就备受关注，这使后期维护工作变得相对简单了很多，设计思路也更加清晰了。

在模块式程序设计中，程序的编写不是开始就逐条录入计算机语句和指令，而是首先用主程序、子程序、子过程等框架把软件的主要结构和流程描述出来，并定义和调试好各个框架之间的输入、输出链接关系。"逐步求精"的结果是得到一系列以功能块为单位的算法描述。以功能块为单位进行程序设计、实现其求解算法的方法称为模块化。模块化的目的是降低程序复杂度，使程序设计、调试和维护等操作简单化。

### 3. 面向对象式程序设计

面向对象式程序设计是一种程序设计典范，同时也是一种程序开发的方法。对象指的是类的实例。它将对象作为程序的基本单元，将程序和数据封装在其中，以提高软件的重用性、灵活性和扩展性。面向对象的一个关键性观念是将数据以及对数据的操作封装在一起，组成相互依赖、不可分割的整体，即对象，不同对象之间通过消息机制来通信或同步。对象概念对软件解决方案具有莫大的好处，在设计优秀、合理的情况下尤其如此。设计人员可以只编写一次代码而在今后反复重用，而在非面向对象式程序设计的情况下则多半要在应用程序内部各个部分反复多次编写同样的功能代码。所以说，由于面向对象编程减少了编写代码的总量，从而在加快了开发进度的同时降低了软件中的错误量。用来创建对象的代码还可能用于多个应用程序。例如，某团队可以编写一组标准类来计算可用资源，然后用这些代码在所有需要同类对象的解决方案中创建对象，如客户订单接口、股票价值报表和发给销售队伍的通知等。

面向对象式程序设计的另一优点是对代码结构的影响。像继承之类的面向对象概念通过简化变量和函数的方式而方便了软件的开发过程。面向对象式程序设计可以更容易地在团队之间划分编码任务。同时，由于采用面向对象式程序设计，辨别子类代码的依附关系也变得更简单（如继承对象的代码）。此外，软件的测试和调试也得以大大简化。

### 4. 泛型程序设计

随着面向对象程序设计的发展，人们在软件开发过程中不断总结发现，通过将程序中的类型或操作作为自定义的参数类型，然后在程序执行过程中对这些类型参数进行实例化，会极大地减少因类型不匹配而导致的程序崩溃等问题，从而使这些由自定义类型参数构成的组件更具通用性。该发现成为泛型程序设计思想的开端，并使泛型程序设计变得越来越至关重要。

泛型程序设计，总的来说就是把类型当作参数的程序设计思想，这看似简单的设计思想在人的灵活运用下却是威力无穷的。正因为如此，众多程序设计语言才将其纳入自己的设计典范中。所谓"泛型"，指的是算法只要实现一遍，就能适用于多种数据类型。泛型程序设计方法的优势在于能够减少重复代码的编写。

泛型程序设计的高抽象性使程序设计中的类型错误更易被发现和纠正，以至于更清晰、更深刻地了解程序语言中出现的一些问题，成为软件设计中的一种更为通用和高效的抽象范式，现今这种思想被广泛应用于多种支持泛型程序机制的程序设计语言中。这种抽象编程机制运用最为成熟而且广泛的是 C++ 中的标准模板库（Standard Template Library，STL）。C++ 在泛型编程思想的指导下，克服了面向对象程序设计思想抽象程度不高、代码重用性差的劣势，因此 STL 成为 C++ 标准库中的重要组成部分，是泛型编程思想的一个里程碑。

### 3.5.3　程序设计语言分类

通过前面的学习，我们已经了解到，计算机程序设计语言可以分为 3 类：机器语言、汇编语言和高级语言。

机器语言是每台计算机出厂时，厂家都会为它配备的一套语言，不同的计算机其机器语言通常是不同的。由于计算机内部只能运行二进制代码，因此，用二进制代码描述的指令称为机器指令，全部机器指令的集合构成计算机的机器语言，用机器语言编写的程序称为目标程序。只有目标程序才能被计算机直接识别和执行。但是用机器语言编写的程序无明显特征，难以记忆，不便于阅读和书写，且依赖于具体机种，局限性很大，机器语言属于低级语言。用机器语言编写程序，编程人员要首先熟记所用计算机的全部指令代码和代码的含义。手动编写程序时，程序员得自己处理每条指令和每一数据的存储分配与输入输出，还得记住编程过程中每一步所使用的工作单元处在何种状态。这是一项十分烦琐的工作，编写程序花费的时间往往是实际运行时间的几十倍或几百倍。而且，编出的程序全是一些由 0 和 1 组成的指令代码，直观性差，还容易出错。除了计算机生产厂家的专业人员外，绝大多数的程序员已经不再去学习机器语言了。

汇编语言是机器语言的符号化形式。汇编语言的实质和机器语言是相同的，都是直接对硬件操作，只不过指令采用了英文缩写的标识符，更容易识别和记忆。它同样需要编程者将每一步具体的操作用命令的形式写出来。汇编程序的每一句指令只能对应实际操作过程中的一个很细微的动作，如移动、自增，因此汇编源程序一般比较冗长、复杂、容易出错，而且使用汇编语言编程需要掌握较多的计算机专业知识。但汇编语言的优点也是显而易见的，用汇编语言所能完成的操作不是一般高级语言所能够实现的，而且源程序经汇编生成的可执行文件不仅比较小，而且执行速度很快。用汇编语言编写的程序经汇编器加工处理后，就转换成可由计算机直接执行的目标程序。汇编语言提高了程序设计效率和计算机利用率。汇编语言仍属于面向机器的一种低级语言，其程序的通用性和可读性较差。

利用汇编语言输出一句 Hello world 的代码如下。

```
; hello.asm
section .data               ; 数据段声明
msg db "Hello, world!", 0xA ; 要输出的字符串
len equ $ - msg             ; 字符串长度
section .text               ; 代码段声明
global _start               ; 指定入口函数
```

```
_start:                          ; 在屏幕上显示一个字符串
mov edx, len                     ; 参数三：字符串长度
mov ecx, msg                     ; 参数二：要显示的字符串
mov ebx, 1                       ; 参数一：文件描述符(stdout)
mov eax, 4                       ; 系统调用号(sys_write)
int 0x80                         ; 调用内核功能
; 退出程序
mov ebx, 0                       ; 参数一：退出代码
mov eax, 1                       ; 系统调用号(sys_exit)
int 0x80                         ; 调用内核功能
```

高级程序设计语言是指通用性好、不必对计算机的指令系统有深入了解就可以编写程序的语言。采用高级语言编写的程序在不同型号的计算机上只需做某些微小的调整便可运行，一般采用这些计算机上的编译程序对之进行重新编译即可。高级语言具有通用性，与具体的机器无关。高级语言主要是相对汇编语言而言的，它并不是特指某一种具体的语言，而是包括很多编程语言。用高级语言所编制的程序不能直接被计算机识别，必须经过转换才能被执行，按转换方式可将它们分为两类。

（1）编译类：编译是指在应用源程序执行之前，就将程序源代码"翻译"成目标代码（机器语言），因此其目标程序可以脱离其语言环境独立执行（编译后生成的可执行文件，是 CPU 可以理解的二进制的机器码组成的），使用比较方便、效率较高。但应用程序一旦需要修改，必须先修改源代码，再重新编译生成新的目标文件（*.obj，也就是 OBJ 文件）才能执行，如果只有目标文件而没有源代码，修改很不方便。编译后程序运行时不需要重新翻译，直接使用编译的结果就行了。程序执行效率高，依赖编译器，跨平台性差一些。如 C/C++、Java、Pascal/Object、Pascal（Delphi）等。

（2）解释类：执行方式类似于我们日常生活中的"同声传译"，应用程序源代码一边由相应语言的解释器"翻译"成目标代码（机器语言），一边执行，因此效率比较低，而且不能生成可独立执行的可执行文件，应用程序不能脱离其解释器（想运行，必须先装上解释器，就像跟外国朋友说话，必须有翻译在场）。但这种方式比较灵活，可以动态地调整、修改应用程序。如 JavaScript、Perl、Python、Ruby、MATLAB 等。

# 本章小结

通过本章学习，读者应认识到程序员的任务，了解如何指挥计算机的组成部件工作，掌握最基本的穷举和迭代方法，体会怎样用"自顶向下，逐步求精"解决复杂的问题，理解递归算法解决问题的思路，并可通过对查找和排序算法的分析，进一步认知计算机解决问题的特点。

# 习题

1. 以程序员的视角说明计算机处理数据的过程。
2. 在利用计算机工作时，用户为什么提供输入即可？
3. C 语言与计算机有怎样的对应关系？
4. 编写一个求两个整数的商的 C 语言程序。
5. 写出求 1+3+5+…+99 的算法。
6. 鸡兔同在一个笼子里，从上面数有 35 个头，从下面数有 94 只脚。编写程序，求出笼中分别

有多少只鸡和兔。

7. 有 508 个西瓜，第一天卖了一半多 2 个，以后每天卖剩下的一半多 2 个。编写程序，求出几天后能卖完。

8. 输出如下所示的九九乘法表。

1*1=1

2*1=2　2*2=4

3*1=3　3*2=6　　3*3=9

…

9*1=9　9*2=18　9*3=27　…　9*9=81

9. 怎样用递归算法求 1+2+3+…+100 的值？

10. 用 L 形骨牌覆盖下面所示的棋盘。

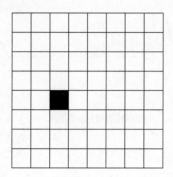

# 04 第4章 数据与数据分析

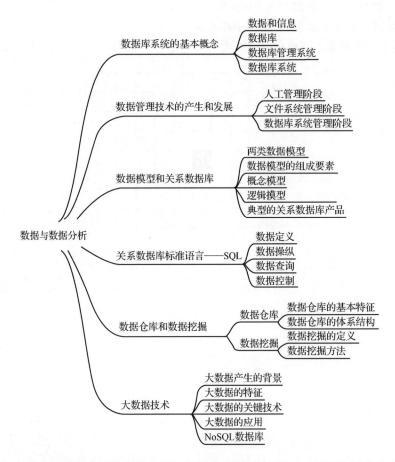

本章主要介绍数据、数据存储和数据处理的思维，从数据的概念出发，引出数据库、数据库管理系统、数据库系统等基本概念，以及使用数据库系统管理数据的优势，同时重点介绍目前广泛使用的关系数据库及使用结构查询语言（Structure Query Language，SQL）进行数据处理的方法。由于数据量急剧增加和应用需求的推动，出现了数据仓库和数据挖掘技术。随着物联网、云计算技术的出现和发展，人类进入了"大数据时代"。

## 4.1 数据库系统的基本概念

数据库是数据管理的新手段和新工具，使用数据库技术管理数据，可以保证数据的共享性、安全性和完整性。在学习数据库知识之前，首先介绍一些与数据库相关的常用术语和基本概念。

## 4.1.1　数据和信息

任何企业和组织都离不开数据。美国管理学家、统计学家爱德华兹·戴明（Edwards Deming）主张唯有数据才是科学的度量。用数据说话、用数据决策、用数据创新已经成为社会的一种常态和共识。

### 1. 数据

数据的概念不再仅指狭义的数值数据，如 14、56、8、20 等，而包括文字、声音、图形等一切能被计算机接收且能被处理的符号都是数据。数据是对现实世界的抽象表示，是描述客观事物特征或性质的某种符号，是客观事实的反映和记录。单独的数据是没有意义的，只有把数据放到具体的上下文环境中，数据才能显示其含义。

例如，张致远同学的"大学计算机基础"课程考试成绩为 80 分，其中 80 就是数据。

### 2. 信息

信息是人们消化理解的数据，是关于现实世界事物存在方式或运动状态反映的集合，是人们进行各种活动所需要的知识。数据与信息既有联系又有区别。信息是一个抽象概念，是反映现实世界的知识，是被加工成特定形式的数据，用不同的数据形式可以表示同样的信息。

例如，在表达一个人身体健壮的信息时，可以使用文字形式进行描述，也可采用图像形式表示。

### 3. 数据和信息的关联

数据是信息的符号表示，或称为载体，是获取信息的原材料，随载荷其物理设备的形式而改变；而信息是数据的内涵，是数据的语义解释，是对原材料加工、处理的结果，不随载荷其物理设备的形式而改变。数据与信息是密切相关的。因此，构成一定含义的有用的一组数据称为信息，信息通过数据描述，又是数据的语义解释。

例如：信息"2020 年计算机学院入学新生人数为 400"可以通过一组数据"2020-计算机学院-400"进行描述。

尽管数据和信息两者在概念上不尽相同，但在某些不需要严格分辨的场合下，可以把两者不加区分地使用，如信息处理也可以说成数据处理。

## 4.1.2　数据库

当人们从不同的角度来描述数据库（DataBase，DB）这一概念时就有不同的定义。例如，称数据库是"记录保存系统"，该定义强调了数据库是若干记录的集合。又如称数据库是"人们为解决特定的任务，以一定的组织方式存储在一起的相关的数据的集合"，该定义侧重于数据的组织。还有人称数据库是存放数据的仓库，只不过这个仓库是在计算机的存储设备上（如磁盘上），而且数据是按一定的格式存放的，数据与数据之间存在关系。

严格地讲，在计算机科学中，数据库是长期存储在计算机内，有组织的、可共享的大量数据的集合。数据库中的数据按一定的数据模型组织、描述和存储，具有较小的冗余度、较高的数据独立性和易扩展性，并可为各种用户共享。

概括起来，数据库具有永久存储、有组织、可共享 3 个基本特点。

## 4.1.3　数据库管理系统

了解了数据和数据库的概念后，接下来的问题就是如何科学地组织和存储数据，以及如何高效地获取和维护数据。完成这个任务的是一个系统软件——数据库管理系统。

数据库管理系统是位于用户与操作系统之间的数据管理软件，它为用户或应用程序提供访问数据库的方法，包括数据库的创建、查询、更新及各种数据控制等，它是数据库系统的核心。数据库管理系统一般由计算机软件公司提供，目前比较流行的数据库管理系统有 Informix、Sybase、Microsoft Office Access、Microsoft SQL Server、MySQL、Oracle 等。数据库管理系统的主要功能包括以下几个方面。

**1. 数据定义**

数据库管理系统提供数据定义语言（Data Define Language，DDL），用户通过它可以方便地对数据库中的数据对象进行定义。例如，为保证数据库安全而定义的用户口令和存取权限，为保证正确语义而定义的完整性规则。

**2. 数据操纵**

数据库管理系统提供数据操纵语言（Data Manipulation Language，DML），实现对数据库的基本操作，包括检索、插入、修改和删除等。DML 分为两类，一类是宿主型 DML，嵌入宿主语言中使用，如嵌入 VB、C 等高级语言中；另一类是自主型或自含型 DML，可以独立使用。

**3. 数据组织、存储和管理**

数据库管理系统要分类组织、存储和管理各种数据，包括数据字典、用户数据和数据的存取路径等。要确定以何种文件结构和存取方式在存储器上组织这些数据，如何实现数据之间的联系。数据组织和存储的基本目标是提高存储空间的利用率和方便存取，提供多种存取方法（如索引查找、Hash 查找和顺序查找等），以提高存取效率。

**4. 数据库运行管理**

数据库在建立、运行和维护时由数据库管理系统统一管理、统一控制。数据库管理系统通过对数据的安全性控制、数据的完整性控制、多用户环境下的并发控制以及数据库的恢复，来确保数据正确、有效，以及数据库系统的正常运行。

**5. 数据库的建立和维护**

数据库的建立和维护包括：数据库初始数据的装入、转换；数据库的转储、恢复、重组织等；系统性能监视、分析等。这些通常是由一些实用程序或管理工具完成的。

### 4.1.4　数据库系统

数据库系统（DataBase System，DBS）是以计算机软硬件为工具，把数据组织成数据库形式并对其进行存储、管理、处理和维护数据的高效能的信息处理系统。

数据库系统一般由数据库、计算机硬件系统和软件系统（含操作系统、数据库管理系统、应用开发工具、应用系统）及用户组成，如图 4-1 所示。

**1. 计算机硬件系统**

计算机硬件系统指存储和运行数据库系统的硬件设备，包括 CPU、内存、大容量的存储设备、输入输出设备和其他外部设备等。

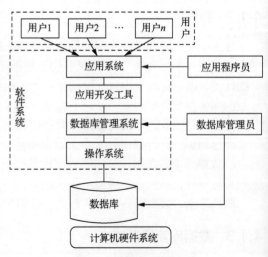

图 4-1　数据库系统的组成

### 2. 软件系统

软件系统主要包括支持数据库管理系统运行的操作系统、数据库管理系统、应用系统，以及开发应用系统使用的各种高级语言和相应的编译软件。另外，为了提高应用系统的开发效率，还需要一些表格软件、图形系统等应用开发工具软件。应用系统主要是指实现业务逻辑的应用程序，它必须为用户提供一个友好的、人性化的操作数据的图形用户界面，通过数据库语言或相应的数据访问接口存取数据库中的数据。例如，教务管理系统、图书管理系统、飞机订票系统等。数据库系统的各类用户、应用程序等对数据库的各类操作都是通过数据库管理系统来完成的，因此说数据库管理系统是数据库系统的核心。

### 3. 用户

数据库系统中的用户主要包括 3 类：数据库管理员（DataBase Administrator，DBA）、应用程序员（Application Programmer）和终端用户（End User）。

① 数据库管理员，主要负责数据库管理系统和数据库的监管与维护工作，保证数据库管理系统服务和数据库的可用性、可靠性、安全性和高性能等。他们不仅要熟悉计算机软硬件系统，掌握比较全面的数据处理的知识，还要熟悉当前使用的数据库管理系统产品的使用方法。

② 应用程序员，主要负责设计和编写应用系统的程序模块，并进行调试和安装，以便终端用户对数据库进行存取等操作。

③ 终端用户，一般为非计算机专业的人员，主要通过应用系统的用户接口使用数据库，常用的接口方式有浏览器、菜单驱动、表格操作、图形显示、报表书写等。他们通常只具备领域知识，而不具备数据库和应用程序设计的相关知识，如银行工作人员了解账户操作流程、教师了解教学授课流程等。

# 4.2　数据管理技术的产生和发展

数据库技术是应数据处理和数据管理任务的需要而产生的。数据处理是将数据转化成信息的过程，包括对各种数据的收集、存储、加工、分类、检索、传播等一系列活动。而数据管理主要完成对数据的分类、组织、编码、存储、检索和维护等，这是数据处理的中心问题。因此，数据管理是数据处理过程中必不可少的环节，数据管理技术的优劣将直接影响数据处理效果的好坏。

随着计算机软件和硬件技术的发展，在计算机应用需求的推动下，数据管理技术经历了人工管理、文件系统管理、数据库系统管理 3 个阶段。

## 4.2.1　人工管理阶段

20 世纪 40 年代中期至 50 年代中期，计算机主要用于科学计算，处理的数据量有限，并且数据一般不需要长期存储。硬件方面只有纸带、卡片、磁带等，还没有磁盘等直接存取的外部存储设备；软件方面只有机器语言和汇编语言，还没有操作系统和专门管理数据的软件。这个阶段数据管理具有如下特点。

### 1. 数据不保存

计算机主要用于科学计算，一般不需要长期保存数据，只是在要完成某一个计算或课题时才输入数据，不仅原始数据不保存，计算结果也不保存。

### 2. 应用程序管理数据

数据需要由应用程序自己管理，没有相应的软件系统负责数据的管理工作。用户在编制程序时，必须全面考虑相关的数据，不仅要规定数据的逻辑结构，而且要设计物理结构，包括存储结构、存取方法、输入方式等，因此程序员负担很重。

### 3. 数据不共享

数据是面向应用的，一组数据只能对应一个程序。即使多个应用程序涉及某些相同的数据，由于必须各自定义，每个程序中仍然需要各自加入这组数据，都不能省略。数据不可共享，因此程序与程序之间有大量的冗余数据，浪费了存储空间。

### 4. 数据不具有独立性

程序和数据是一个不可分割的整体，程序中包含数据的存储方法、组织方式、输入输出方式等。因此，数据的逻辑结构或物理结构发生变化后，必须对应用程序访问数据的代码部分做相应的修改，使程序不易维护，这会进一步加重程序员的负担。

在人工管理阶段，程序与数据之间的——对应关系可用图 4-2 表示。

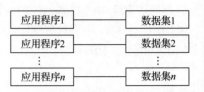

图 4-2　人工管理阶段程序与数据的对应关系

## 4.2.2　文件系统管理阶段

20 世纪 50 年代后期到 60 年代中期，计算机得到了很大程度的发展，不再局限应用于科学计算，已经开始用于信息管理。在应用需求的推动下，数据量快速增长，数据的存储、分类、检索、应用和维护成为迫切需求。此时，硬件方面已经有了磁盘、磁鼓等直接存取存储设备，软件方面出现了高级语言和操作系统，操作系统中有专门进行数据管理的软件，称为文件系统。文件系统把数据组织成相互独立的数据文件，利用 "按文件名访问，按记录进行存取" 的管理技术，可以对文件中的数据进行存取操作。

在高级程序设计语言出现之后，程序员不仅可以创建文件长期保存数据，而且可以编写应用程序处理文件中的数据，即定义文件的结构，实现对文件中数据的插入、删除、修改和查询操作等。当然，应用程序对数据文件的访问，需要通过操作系统中的文件系统来完成，文件系统真正实现对物理磁盘中文件中数据的存取操作。应用程序只需告诉文件系统对哪个文件的哪些数据进行哪些操作，剩下的工作由文件系统完成，就能完成对文件中数据的访问。一般我们将程序员定义存储数据的文件及文件结构，并借助文件系统的功能编写应用程序，实现对用户文件数据处理的方式，称为文件系统管理。文件系统管理阶段程序与数据间的对应关系如图 4-3 所示。

假设某高校使用文件方式管理学生及学生选课的数据，并基于这些数据文件构建管理系统对学生及选课情况进行管理，此管理系统主要实现学生基本信息管理和学生选课管理两部分功能。各个院系管理自己的学生基本信息，学校教务处管理学生选课信息。假设学生基本信息管理仅涉及学生的基本信息数据，这些数据保存在文件 F1 中；学生选课管理涉及学生的部分基本信息、课程基本信息和学生选课信息，课程基本信息和学生选课信息的数据分别保存在文件 F2 和文件 F3 中。

设应用程序 A1 实现 "学生基本信息管理" 功能，应用程序 A2 实现 "学生选课管理" 功能。图 4-4 所示为用文件存储并管理数据的管理系统的实现示例。

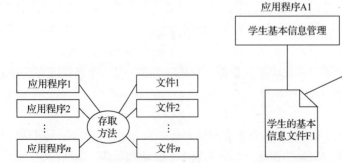

图 4-3　文件系统管理阶段程序与数据间的对应关系

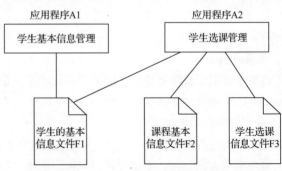

图 4-4　用文件存储并管理数据的管理系统的实现示例

假设文件 F1、F2 和 F3 分别包含如下信息。

- F1 文件：学号、姓名、性别、年龄、联系电话、所在院系、专业、班号。
- F2 文件：课程号、课程名、学时、学分、课程类型。
- F3 文件：学号、姓名、所在院系、专业、课程号、课程名、课程类型、选修时间、考试成绩。

我们将文件中所包含的每一行数据称为一个"记录"，每个记录的每一个子项称为文件结构中的"字段"或"列"。

"学生选课管理"的基本处理过程为：在学生选课管理中，如果有学生选课，则先访问文件 F1，查找文件中是否存在此学生，若查找到则再访问文件 F2，查找其所选的课程是否存在，若课程存在，并符合一切规则，就将学生选课信息写到文件 F3 中。

与人工管理阶段相比，虽然文件系统管理阶段对数据的管理有了很大进步，但仔细分析就会发现，其并没有彻底解决一些根本问题，主要体现在以下几个方面。

### 1. 程序员负担仍然比较重

文件系统仅仅提供了打开、关闭、读、写等几个底层的文件操作命令，对文件中数据的插入、删除、修改和查询操作需通过编程实现。同时程序员必须知道所用文件的逻辑结构及物理结构（文件中包含多少个字段、每个字段的数据类型、采用何种存储结构，如数组、线性链表和树形结构等）。这样容易造成各个应用程序在功能上的重复，如图 4-4 中的"学生基本信息管理"和"学生选课管理"都要对文件 F1 进行操作，而共享这两个功能相同的操作却很难。因此，文件系统管理阶段，程序员的负担仍然比较重。

### 2. 易产生数据冗余

文件系统管理阶段，文件主要还是面向某一应用，一个（或一组）文件基本对应一个应用程序，数据共享性差、冗余度高。例如，由于应用程序 A2 需要在学生选课信息文件（文件 F3）中包含学生的一些基本信息，如学号、姓名、所在院系等，而这些信息同样包含在学生的基本信息文件（文件 F1）中。因此，文件 F3 和文件 F1 中存在重复数据，从而产生数据冗余。

### 3. 数据独立性较差

在文件系统管理阶段，应用程序对数据的操作依赖于数据文件的逻辑结构和物理结构。程序员在编写应用程序时，通常都要定义文件和记录的结构，如 C 程序的结构体 struct。当文件和记录结构发生改变时，如添加字段、删除字段，甚至修改字段的长度（如电话号码从 7 位扩展到 8 位），程序员都要修改应用程序，因为应用程序读取文件中的数据时，必须将文件记录中不同字段的值与应用程序中的变量相对应。当应用环境和需求发生变化时，修改文件和记录的结构不可避免，应用程序就必须做相应修改。当程序员修改应用程序时，首先要熟悉原有应用程序，修改后还需要对应用程序进行测试、安装等工作，应用程序维护工作非常麻烦。所有这些都是由于应用程序对文件的逻辑结构和物理结构过分依赖造成的，换句话说，用文件系统进行数据管理时，数据独立性较差。

### 4. 数据间联系弱

文件系统管理阶段，文件与文件之间是彼此独立、毫不相干的，文件之间的联系必须通过应用程序来实现。例如，对于上述的文件 F1 和文件 F3，文件 F3 中的学生的学号、姓名等基本信息必须是文件 F1 中已经存在的（即选课的学生必须是已经存在的学生）；同样，文件 F3 中的课程号、课程名等课程基本信息也必须存在于文件 F2 中（即学生选修的课程也必须是已经存在的课程）。文件系统本身并不具备自动实现这些联系的功能，必须通过编写应用程序实现，这不但增加了程序员编写程序的工作量和复杂度，而且当联系比较复杂时，通过编写应用程序实现也难以保证数据的正确性。因此，文件系统管理阶段，数据之间联系弱，很难反映现实世界事物间客观存在的联系。

**5. 难以满足不同用户对数据的需求**

不同的用户关注的数据往往不同。例如，学校后勤部门可能只关心学生的学号、姓名、性别和班号，而学校教务处可能关心的是学号、姓名、所在院系和专业。如果多个不同用户关注的学生基本信息不同，那么就需要为每个用户建立一个文件，这势必造成数据冗余。另外，可能还会有一些用户，所需要的信息来自多个不同的文件，例如，可能有用户希望得到信息（班号、学号、姓名、课程名、学分、考试成绩），这些信息涉及文件 F1、文件 F2 和文件 F3 这 3 个文件。当生成结果数据时，必须对从 3 个文件中读取的数据进行比较，然后将之组合成一行有意义的数据。例如，将从文件 F1 中读取的学号与从 F3 文件中读取的学号进行比较，学号相同时，才可以将文件 F1 中的"班号"、文件 F3 中的"考试成绩"，以及当前记录所对应的学号和姓名组合成一行数据，接下来将组合结果与文件 F2 中的内容进行比较，找出课程号相同的课程的学分，再将之与已有的结果组合起来。如果数据量很大、涉及的文件比较多，这个过程会很复杂。因此，在文件系统管理阶段，这种复杂信息的查询很难处理。

## 4.2.3 数据库系统管理阶段

20 世纪 60 年代后期以来，计算机管理数据的规模越来越大，应用范围越来越广泛，数据量急剧增加。同时多种应用程序同时共享数据集合的要求也越来越强烈。随着大容量磁盘的出现，硬件价格不断下降，软件价格不断上升，编制和维护系统软件和应用程序的成本相应不断增加。因此，文件系统管理数据的方式已经不能满足计算机应用需求。为了满足多用户、多应用共享数据需求，数据库技术应运而生，出现了统一管理数据的专门软件——数据库管理系统。

在文件系统管理阶段，用户对数据的插入、删除、修改和查询等操作是通过直接针对数据文件编写应用程序实现的，这种模式会产生很多问题。在数据库管理系统出现之后，用户对数据的所有操作都是通过数据库管理系统实现的，而且不再针对数据文件编写应用程序。数据库技术和数据库管理系统的出现，从根本上改变了用户操作管理数据的模式。数据库系统管理阶段示意如图 4-5 所示。

例如，对于前述的学生基本信息管理和学生选课管理两个子系统，使用数据库技术来管理数据，实现方式与文件系统管理数据有很大区别。数据库存储数据的实现示例如图 4-6 所示。

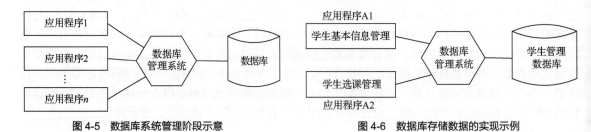

图 4-5　数据库系统管理阶段示意　　　　图 4-6　数据库存储数据的实现示例

比较图 4-4 和图 4-6 可以发现以下两点不同。

① 使用文件系统管理数据时，应用程序直接访问数据文件；而使用数据库管理数据时，应用程序通过数据库管理系统访问数据。

② 使用数据库管理数据时，用户不再逐一对文件进行数据访问，而是针对存储某个单位或组织全部信息的数据库进行访问，数据文件的存储位置和存储结构等信息被数据库隐藏了，而且数据文件的这些信息由数据库管理系统统一进行管理。

与用文件系统管理数据相比，使用数据库技术管理数据具有以下优点。

### 1. 数据结构化

在用数据库技术管理数据时，将某个单位或组织需要的各种应用数据按照一定的结构形式（即数据模型）存储在数据库中，作为一个整体定义。也就是说，数据库中的数据不再仅仅针对某个应用，而是面向整个单位或组织，不仅数据内部是结构化的，整体也是结构化的；不仅描述数据本身，还描述数据之间的有机联系。这样很容易表达数据之间的关联关系，如学生基本信息中的"学号"与学生选课管理中的"学号"是有联系的，即学生选课中的"学号"的取值范围在学生基本信息的"学号"取值范围内。

### 2. 数据冗余度低

在数据库系统管理阶段，数据不再仅仅面向某个应用，而是考虑所有用户的需求，面向整个应用系统。因此，人们可以从全局考虑，对数据进行合理组织。例如，将 4.2.2 小节中文件 F1、F2 和 F3 的重复数据挑选出来，进行合理组织管理，可以形成如下几部分信息。

- 学生基本信息：学号、姓名、性别、年龄、联系电话、所在院系、专业、班号。
- 课程基本信息：课程号、课程名、学时、学分、课程类型。
- 学生选课信息：学号、课程号、选修时间、考试成绩。

在关系数据库中，一般将每一类信息存储在一个关系表中，不重复存储数据。在学生选课管理中，如果需要学生的姓名、所在院系等信息，根据学生选课信息中学生的学号，在学生基本信息中可以很容易地检索到此学号对应的姓名、所在院系等信息。因此，在使用数据库技术管理数据时，消除数据的重复存储并不影响信息检索，同时还可以避免由于重复存储数据而造成的数据不一致问题。例如，当一个学生所学的专业发生变化时，修改"学生基本信息"中学生对应的专业信息即可。

### 3. 数据独立性高

数据库中的数据定义功能和数据管理功能都由数据库管理系统提供，而不由应用程序操作和管理，所以数据对应用程序的依赖程度大大降低，数据和应用程序之间具有较高的独立性。数据独立性高使程序员不再关心数据存储方式是否发生变化（如从链表结构改为散列结构，或者是顺序存储和非顺序存储之间的转换），这些变化不会影响应用程序，从而大大减轻了程序员的负担。

### 4. 数据共享性高并能保证数据的一致性

在数据库系统管理阶段，开发人员都是从系统全局的角度出发，进行全面的需求分析，系统、透彻地理解了某个单位或组织的整体业务流程之后，最终设计出合理的数据模型。数据不再只面向某一个应用程序，而是面向整个应用系统。多个不同用户或应用程序共享数据库中的数据，可以同时操作数据库中的数据。例如，选课模块和成绩输出模块可能会共享同一份学生信息和课程信息。数据共享性高，自然就降低了数据冗余度，不仅节省了存储空间，而且避免了重复数据出现不一致。当然，这个特点是针对支持多用户的大型数据库管理系统而言的，对于只支持单用户的小型数据库管理系统（如 Microsoft Office Access），在任何时候最多只允许一个用户访问数据库，因此不存在共享的问题。

多用户数据共享是通过数据库管理系统实现的，它对用户是不可见的。数据库管理系统能够对多个用户进行协调，保证多个用户操作同一数据时不会产生矛盾和冲突，能够保证数据的一致性和正确性。例如，火车售票系统，如果多个售票点同时对某一天的同一车次火车进行售票，那么必须保证不同售票点卖出的票的座位不能重复。

### 5. 数据安全性和可靠性较高

在数据库系统中，数据由数据库管理系统统一进行管理和控制，能够保证数据库中的数据是安全的和可靠的。数据的安全控制机制可以有效地防止数据库中的数据被非法使用和非法修改，从而防止造成数据泄密和破坏；数据备份和恢复机制能够保证当数据库中的数据遭到破坏时（由软件或硬件故障引起的），通过日志和备份，能够很快地将数据库恢复到以前的某个正确状态，并使数据不丢失或只有很少的丢失，从而保证系统能够连续、可靠地运行。

### 6. 保证数据完整性

数据库管理系统提供了完备的数据完整性机制，用来保证数据的正确性、有效性和相容性，使存储到数据库中的数据必须符合现实世界的实际情况。正确性是指数据的合法性，如考试成绩属于数值型数据，只能包含 0,1,…,9，不能包含字符或特殊符号。有效性是指数据在其定义的有效范围，如考试成绩只能用 0~100 的数值表示。相容性是指表示同一事实的两个数据应相同，否则就不相容，如一个人不能有两个性别。数据的完整性是通过在数据库中建立不同类型的完整性约束来实现的，当数据完整性约束创建之后，再向数据库中存储不符合要求的数据时，数据库管理系统能主动拒绝这些数据。

# 4.3　数据模型和关系数据库

对于现实生活中的具体模型，人们并不陌生，如一张地图、一组建筑设计沙盘、一架飞机模型等。人们往往能够通过模型联想到现实世界的事物。模型是对事物、对象、过程等客观系统中人们感兴趣的内容的模拟和抽象表达，是理解系统的思维工具。数据模型也是一种模型，是计算机世界对现实世界数据特征的抽象、表示和处理的工具。

数据库是模拟现实世界中某个单位或组织所涉及的所有数据的集合，它不仅要反映数据本身内容，而且要反映数据之间的联系，而这种模拟是通过数据模型实现的。数据模型是数据库的框架，是数据库的核心和基础。任何一个数据库管理系统都是基于某种数据模型的，它的数据结构直接影响数据库系统的性能，也是数据定义语言和数据操纵语言的基础。因此，了解数据模型的基本概念是学习数据库知识的基础。

## 4.3.1　两类数据模型

在数据库领域中，数据模型用于表达现实世界中的客观对象，即将现实世界中杂乱的信息用一种规范的、易于处理的方式表达出来，而且这种数据模型既要面向现实世界（表达现实世界信息），又要面向计算机世界（要在计算机上实现）。因此一般要求数据模型满足 3 方面的要求：①能够真实地模拟现实世界；②容易被人们理解；③能够方便地在计算机上实现。然而，目前还没有一种数据模型能很好地、全面地满足这 3 方面的要求。因此，在数据库系统中针对不同的使用对象和应用目的，采用不同的数据模型。如同在建筑设计和施工的不同阶段需要不同的图纸一样，在开发实施数据库应用系统时，不同阶段也需要使用不同的数据模型：概念模型、逻辑模型和物理模型。

根据模型应用的目的不同，模型可以分为两类，它们分别属于两个不同的层次。第一类是概念模型，第二类是逻辑模型和物理模型。概念模型也称为信息模型，它是按用户的观点对数据和信息建模，是对现实世界的事物及其联系的第一层抽象，用于描述某个单位或组织所关心的信息结构，主要用于数据库设计。逻辑模型主要包括层次模型、网状模型、关系模型、面向对象数据模型等，它们是按计算机系统的观点对数据进行建模，是对现实世界的第二层抽象，主要用于数据库管理系统的实现。从概念模型到逻辑模型的转换一般由数据库设计人员完成。物理模型是对数据底层的抽象，它描述数据在磁盘或磁带上的存储方式和存取方法，是面向计算机系统的。物理模型的具体实现是数据库管理系统的任务，用户一般不用考虑物理级细节，从逻辑模型到物理模型的转换是由数据库管理系统自动完成的。

现实世界中客观事物及其联系是信息之源，是设计数据库系统的出发点。为了把现实世界中的具体事物抽象、组织为某一数据库管理系统支持的数据模型，人们通常首先将现实世界抽象为信息世界，然后将信息世界转换为计算机世界。也就是说，首先把现实世界中的客观对象抽象为某一种信息结构，即概念模型，它与具体的计算机系统无关，不是某一个数据库管理系统支持的数据模型；再把概念模型转换为计算机上某一数据库管理系统支持的逻辑模型。这一过程如图4-7所示。

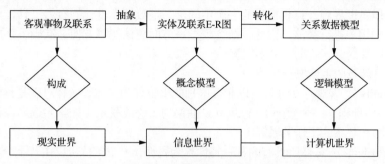

图 4-7　现实世界中客观事物及其联系的抽象过程

## 4.3.2　数据模型的组成要素

一般来讲，数据模型是对现实世界中客观事物的数据抽象描述，这种抽象描述能确切地反映事物、事物的特征和事物之间的联系，形成一组严格定义的概念的集合。这些概念精确地描述了系统的静态特性、动态特性和完整性约束条件。因此，数据模型主要由数据结构、数据操作、数据的完整性约束条件 3 要素组成。

### 1. 数据结构

数据结构即数据的组织结构，主要描述数据库的组成对象及对象之间的联系。数据结构主要描述两方面的内容：一是与数据类型、内容、性质有关的对象，如关系模型中的域、属性、元组、关系等；二是与数据之间联系有关的对象，如关系模型中的外键。

数据结构是数据模型最重要的组成部分，描述的是数据库的静态特征，不同的数据模型采用不同的数据结构。例如，在关系模型中，用关系、元组、分量、域等描述数据对象，并以关系结构的形式组织数据。因此，在数据库系统中，人们通常按照其数据结构的类型来命名数据模型，如层次结构、网状结构和关系结构 3 种数据结构对应的数据模型分别命名为层次模型、网状模型和关系模型。

### 2. 数据操作

数据操作是指对数据库中各种对象（型）的实例（值）允许执行的操作的集合，包括操作及有关的操作规则，是对系统动态特性的描述。

数据库主要包括检索和更新两大类操作，更新操作一般又包括插入、删除和修改 3 类操作。数据模型必须定义这两大类操作的确切含义、操作符号、操作规则（如优先级）及实现操作的语言等。

### 3. 数据的完整性约束条件

数据的完整性约束条件是一组完整性规则的集合。完整性规则是给定的数据模型中数据及其联系所具有的制约和依存规则，用以限定符合数据模型的数据库状态以及状态的变化，以保证数据的正确、有效和相容。数据模型应该反映和规定本数据模型必须遵守的、基本的、通用的完整性约束条件。

例如，在关系模型中，任何关系必须满足实体完整性和参照完整性两个条件。此外，数据模型还应该提供定义完整性约束条件的机制，以反映具体应用所涉及的数据必须遵守特定的语义约束条件。例如，在学校的教务管理数据库系统中规定物联网工程专业学生选修课程学分不能少于 175 学分，学生选修课程成绩必须在[0,100]范围内。

### 4.3.3 概念模型

概念模型是现实世界到计算机世界的一个中间层，是数据库设计的有力工具，可以很好地辅助数据库设计人员和用户进行交流。因此，概念模型一方面应该能够方便、准确、直接地表达现实世界，另一方面还应该简单、清晰、易于理解。

概念模型中，涉及的主要概念如下。

① 实体（Entity）：客观存在并且可以相互区别的事物称为实体。实体可以是具体的人、事、物（如一个学生、一门课程、一个教师），也可以是抽象的概念或联系（如学生选修课程、学生和班级的隶属关系、教师和院系的工作关系等）。

② 属性（Attribute）：实体所具有的某一特性称为属性，一个实体可以由若干个属性来刻画。例如，学生实体有学号、姓名、性别、年龄、院系等若干属性。属性有"型"和"值"之分。"型"即属性名，如姓名、性别、院系等都是属性的型；"值"即属性具体的值，如(S01,韩耀飞,男,20,计算机与数据科学学院)，这些属性值组合起来表示一个学生实体。

③ 实体型（Entity Type）：具有相同属性的实体必然具有共同的特征和性质，用实体名及其属性名集合来抽象和刻画同类实体，称为实体型。例如，学生(学号,姓名,性别,年龄,所在院系)就是一个实体型。

④ 实体集（Entity Set）：同一类型实体的集合称为实体集。例如，全体学生、全部课程、所有教师都是一个实体集。

⑤ 码（Key）：在实体型中，唯一标识一个实体的属性或属性集称为实体的码。例如，学号是学生实体的码、课程号是课程实体的码。

⑥ 域（Domain）：某一属性的取值范围称为该属性的域。例如，姓名的域是长度为 10 的字符串集合，性别的域是(男,女)。

⑦ 联系（Relationship）：在现实世界中，事物内部以及事物之间是有联系的，这些联系在信息世界中反映为实体（型）内部的联系和实体（型）之间的联系。实体（型）内部的联系通常是指组成实体的各属性之间的联系；实体（型）之间的联系通常是指不同实体集之间的联系。实体之间的联系有一对一、一对多和多对多 3 种类型。

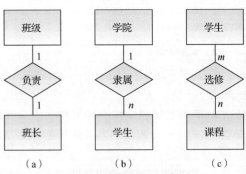

- 一对一联系（1∶1）：如果对于实体集 A 中的每一个实体，实体集 B 中至多有一个（也可以没有）实体与之联系，则称实体集 A 与实体集 B 具有一对一联系，记为 1∶1。例如：在学校里面，一个班级只能有一个班长，一个班长只能在一个班级中任职，则班级和班长的联系是一对一联系，如图 4-8（a）所示。

- 一对多联系（1∶n）：如果对于实体集 A 中的每一个实体，实体集 B 中有 n 个实体（n≥0）与之联系；反之，对于实体集 B 中的每一个实体，实体集 A 中至多只有一个实体与之联系，则称实体集 A 与实体集 B 具有

图 4-8 两个实体集之间的联系

一对多联系，记为 1∶n。例如：在学校里面，一个学院有若干个学生，每个学生只属于一个学院，学院和学生的联系是一对多联系，如图 4-8（b）所示。

- 多对多联系（m∶n）：如果对于实体集 A 中的每一个实体，实体集 B 中有 n 个实体（n≥0）与之联系；反之，对于实体集 B 中的每一个实体，实体集 A 中也有 m 个实体（m≥0）与之联系，则称实体集 A 与实体集 B 具有多对多联系，记为 m∶n。例如：一个学生可以同时选修多门课程，而一

门课程同时有若干个学生选修，则学生和课程的联系是多对多联系，如图 4-8（c）所示。

### 4.3.4 逻辑模型

逻辑模型是对现实世界进行抽象的工具，它按计算机系统的观点对数据建模，用于提供数据库系统中信息表示和操作手段的形式框架，主要用于数据库管理系统的实现，是数据库系统的核心和基础。

在数据库领域中常用的逻辑模型主要有层次模型、网状模型和关系模型。

其中，层次模型和网状模型统称为格式化数据模型，又称非关系数据模型。在 20 世纪 70 年代至 80 年代初，非关系数据模型的数据库系统非常流行，在数据库系统产品中占据主导地位。然而，非关系数据模型的数据库系统的使用和实现要涉及数据库物理层的复杂结构，目前已逐渐被关系模型的数据库系统取代。

本节通过数据模型的 3 要素分别对层次模型、网状模型和关系模型进行简单介绍。

#### 1. 层次模型

层次模型是数据库系统中最早出现的数据模型，采用层次模型的数据库的典型代表是 IBM 公司的 IMS（Information Management System，信息管理系统）。此系统是 IBM 公司于 1968 年推出的第一个大型的商用数据库管理系统，曾得到广泛的应用。

（1）层次模型的数据结构

现实世界中，由于实体之间的联系都表现出一种很自然的层次关系，如家族关系、行政机构，因此模型采用树形数据结构（有向树）来表示各类实体及实体之间的联系。

层次模型中的树形结构由节点和节点之间的连线构成，每个节点表示一个记录型，每个记录型可以包含若干个字段。记录型描述的是实体，字段描述的是实体的属性，各个记录型及字段都必须命名。节点间带箭头的连线表示记录型间的联系，连线上端的节点是父节点或双亲节点，下端的节点是子节点或子女节点，同一双亲的子女节点称为兄弟节点，没有子女节点的节点称为叶子节点。虽然层次模型可以方便、直接地表示实体之间的联系，但是层次模型有以下两方面的限制。

① 有且只有一个节点没有双亲节点，这个节点称为根节点。

② 根节点以外的其他节点有且只有一个双亲节点。

图 4-9 所示是一个院系层次模型示例。该层次模型有 4 个记录类型。记录类型院系是根节点，由院系编号、院系名称、办公地点 3 个字段组成。它有两个子女节点，即教研室和学生。记录类型教研室是院系的子女节点，同时又是教师的双亲节点，它由教研室编号、教研室名称、教研室主任 3 个字段组成。记录类型学生由学号、姓名、性别、年龄、专业 5 个字段组成。记录类型教师由教工号、姓名、职称 3 个字段组成。学生与教师是叶子节点，它们没有子女节点。由院系到教研室、由教研室到教师、由院系到学生都是一对多的联系。

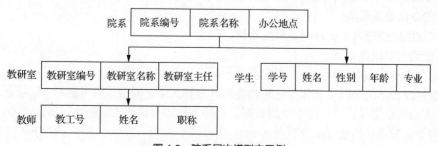

图 4-9 院系层次模型实示例

图 4-10 所示是图 4-9 所示层次模型对应的一个值。该值是 JDS01 学院（计算机学院）记录值及其所有子女记录值组成的一棵树。JDS01 学院有 3 个教研室子女记录值 D01、D02、D03 和 3 个学生记录值 S01、S02、S03。教研室 D02 有 3 个教师记录值 T01、T02 和 T03；教研室 D03 有两个教师记录值 T04 和 T05。

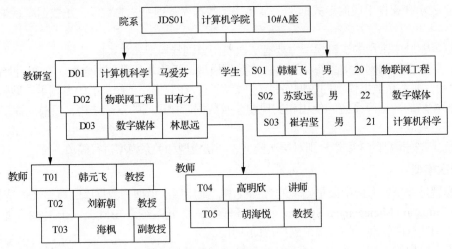

图 4-10 院系层次数据库的一个值

层次模型有一个基本特点：必须指定从根节点到某节点的完整路径才能获得该节点对应的记录类型的值，一个记录值不能脱离其父记录而独立存在。例如，在图 4-10 中，如果要查看教师记录值 T01，只能按照 JDS01 学院→D02 教研室→T01 教师整个层次路经检索，才能显示它的全部意义。

（2）层次模型的数据操作与完整性约束

层次模型的数据操作主要包括插入、删除、更新和查询 4 种。进行插入、删除、更新操作时要满足层次模型的完整性约束条件。

进行插入操作时，不允许插入没有相应双亲节点值的子女节点值。例如，在图 4-10 所示的层次数据库中，若新进一名教师，但尚未分配到某个教研室，这时就不能将该教师插入数据库中。

进行删除操作时，如果删除双亲节点值，则相应的子女节点值也将被同时删除。例如，在图 4-10 所示的层次数据库中，若删除物联网工程教研室，则该教研室所有教师都被删除。

进行更新操作时，应更新所有相应记录，以保证数据的一致性。

（3）层次模型的优缺点

层次模型的主要优点如下。

① 层次模型的数据结构比较简单，易于在计算机内实现。

② 层次数据库的查询效率高。层次模型中从根节点到树形结构中任一节点都存在一条唯一的层次路径，当要查询某个节点的记录值时，数据库管理系统沿着这条路径能很快找到该记录值。因此，层次数据库的查询效率很高。

③ 层次数据模型提供了良好的完整性支持。

层次模型的主要缺点如下。

① 不适合表示非层次的联系，而现实世界中很多联系是非层次的。

② 不能直接表示两个以上实体型之间的复杂联系和实体之间的多对多联系，只能通过引入冗余节点或创建虚拟节点实现，易产生不一致数据，对插入和删除操作的限制比较多。

③ 查询子女节点必须通过双亲节点。

④ 由于结构严密，层次命令趋于程序化。

### 2. 网状模型

在现实世界中事物之间的联系更多的是非层次关系，使用层次模型不能直接、方便地表示非层次关系，网状模型则可以避免这一弊端。20 世纪 70 年代数据系统语言研究会（Conference on Data Systems Languages，CODASYL）下属的数据库任务组（DataBase Task Group，DBTG）提出了一个系统方案，即 DBTG 系统，又称 CODASYL 系统，该系统是网状模型的典型代表。

（1）网状模型的数据结构

网状模型采用图形数据结构（有向图）来表示各种实体及实体之间的联系，是一种比层次模型更具普遍性的结构，它突破了层次模型的两个限制，允许一个以上的节点无双亲，一个节点可以有多个双亲节点。此外，它还允许两个节点之间有多种联系（称为复合联系）。网状模型可以更直接地去描述现实世界，而层次模型实际上是网状模型的一个特例。

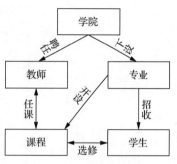

图 4-11　网状模型实例

与层次模型一样，网状模型中每个节点表示一个记录类型（实体），每个记录类型可包含若干个字段（实体的属性），节点间带箭头的连线表示记录类型（实体）之间的一对多联系。图 4-11 所示为一个简单的网状模型实例，其中"课程"节点有 3 个双亲节点，即"专业""教师""学生"；"学院"节点没有双亲节点。并且为了区分两个节点之间的复合联系，对所有节点之间的联系都进行了命名，如"教师"和"课程"之间的联系命名为"任课"，"专业"和"课程"之间的联系命名为"开设"。

（2）网状模型的数据操作与完整性约束

网状模型的数据操作主要包括插入、删除、更新和查询 4 种。进行插入、删除、更新操作时要满足网状模型的完整性约束条件。

进行插入操作时，如果没有相应的双亲节点值也能插入它的子女节点值。例如，若新进一名教师，但尚未分配到某个教研室，这时仍然能将该教师插入数据库中。

进行删除操作时，允许只删除双亲节点值。例如，若删除某个教研室，该教研室所有教师数据仍然保存在数据库中。

进行更新操作时，只需更新指定记录。

（3）网状模型的优缺点

网状模型的主要优点如下。

① 能够更为直接地描述现实世界，可表示实体之间的多种联系。

② 具有良好的性能，存取效率较高。

网状模型的主要缺点如下。

① 结构比较复杂，而且随着应用环境的扩大，数据库的结构就变得越来越复杂，最终用户很难掌握。

② 网状模型的 DDL 和 DML 非常复杂，用户不易掌握和使用。

③ 由于记录之间的联系实际上是通过存取路径实现的，应用程序在访问数据库中的数据时必须指定合适的存取路径，因此程序员必须了解系统结构的细节，编写应用程序的负担较重。

### 3. 关系模型

关系模型是目前最常用的一种数据模型。关系数据库系统采用关系模型作为数据的组织方式。

1970 年，美国 IBM 公司的研究员埃德加·弗兰克·科德（Edgar Frank Codd）首次提出了数据系统的关系数据模型，标志着数据库系统新时代的来临，其开创了数据库关系方法和关系数据理论的研究，为数据库技术奠定了理论基础。由于科德的杰出工作，他于 1981 年荣获图灵奖。

1980 年后，各种关系数据库管理系统的产品迅速出现，如 Oracle、Sybase、Informix 等。关系数据库系统"统治"了数据库市场，数据库的应用领域迅速扩大。

关系模型的概念简单、清晰，并且具有严格的数据基础，形成了关系数据理论，操作也直观、容易，因此易学、易用。无论是数据库的设计和建立，还是数据库的使用与维护，都比较简便。

（1）关系模型的数据结构及概念

关系模型建立在严格的数学概念的基础之上，其数学基础是关系代数。关系模型是目前最重要的一种数据模型，从用户观点看，它由一组关系组成，而每个关系的数据逻辑结构是一个规范化的二维表，它由表名、表头和表体 3 部分构成。表名为二维表的名称，表头为二维表的结构，表体为二维表中的数据。图 4-12 所示就是一个二维表，即学生关系。下面介绍关系模型的有关概念和术语。

学生

| 学号 | 姓名 | 性别 | 年龄 | 院系编号 |
|------|------|------|------|----------|
| S01 | 韩耀飞 | 男 | 20 | 08 |
| S02 | 苏致远 | 男 | 22 | 08 |
| S03 | 崔岩坚 | 男 | 21 | 08 |
| S04 | 黄海冰 | 男 | 20 | 08 |
| S05 | 杨影 | 女 | 19 | 07 |
| … | … | … | … | … |

图 4-12    学生关系二维表

① 关系（Relation）：一个关系对应一个二维表，表名和关系名相对应，图 4-12 所示二维表对应的关系名为"学生"。

② 元组（Tuple）：二维表中的一行为一个元组，有的系统中也称为一条记录。例如，(S01,韩耀飞,男,20,08)就是一个元组。

③ 属性（Attribute）：二维表中的一列为一个属性（或字段），每个属性都有一个名字，称为属性名。二维表中对应某列的值为属性值。例如，图 4-12 所示二维表学生关系有学号、姓名、性别、年龄、院系编号 5 个属性。

④ 域（Domain）：二维表中属性的取值范围。例如，性别的域为(男,女)。

⑤ 分量（Element）：元组中的一个属性值为元组的一个分量。例如，(S01,韩耀飞,男,20,08)有 5 个分量，分别为"S01""韩耀飞""男""20""08"。

⑥ 码（Key）：若二维表中的某个属性或属性组可以唯一确定一个元组，则称该属性或属性组为候选码（Candidate Key）。包含在候选码中的属性称为主属性。若一个关系有多个候选码，则选定其中一个作为主码（Primary Key）。例如，图 4-12 所示二维表学生关系的学号可以唯一地确定一个学生，可作为学生关系的主码。

⑦ 关系模式（Relation Mode）：对关系的描述，一般的表示形式为关系名(属性 1,属性 2,…,属性 $n$)。例如，图 4-12 所示二维表学生关系的关系模式可以描述为学生(学号,姓名,性别,年龄,院系编号)。

⑧ 关系数据库（Relation Database）：对应于一个关系模型的所有关系的集合称为关系数据库。

关系模型要求关系必须是规范化的。关系规范化是指关系模型必须满足一定的规范条件，最基本的一条是关系的每个分量必须是一个不可分割的数据项。

（2）关系模型的数据操作及完整性约束

关系模型的数据操作主要包括插入、删除、更新和查询 4 种。进行插入、删除、更新操作时要满足关系模型的完整性约束条件。关系模型中的数据操作是集合操作，操作对象和操作结果都是关系；另外，关系模型把存取路径对用户隐蔽起来，用户只要指出"干什么"或"找什么"，不必详细说明"怎么干"或"怎么找"，从而大大地提高了数据的独立性，提高了用户操作效率。

关系的完整性约束主要包括实体完整性、参照完整性和用户自定义完整性。假设有一个学生选课关系数据库，包括学生、课程和选课 3 个关系，主码用下画线标识，则这 3 个关系可表示如下。

学生 (<u>学号</u>, 姓名, 性别, 年龄, 所在学院)
课程 (<u>课程号</u>, 课程名, 学分)
选课 (<u>学号</u>, <u>课程号</u>, 成绩)

学生关系与选课关系存在属性引用，即选课关系引用了学生关系的主码"学号"，则称"学号"属性为选课关系的外码，选课关系为参照关系，学生关系为被参照关系。同样，"课程号"属性也是选课关系的外码，课程关系为被参照关系。综上，有如下定义。

- 实体完整性：主码不能为空值，如学生关系的"学号"的取值不能为空。
- 参照完整性：外码的取值只能为空值或者等于被参照关系中某个主码的值。例如，选课关系中的"学号"只能为学生关系中"学号"的某个取值（选课关系的"学号"为主码，不能为空值）。
- 用户自定义完整性：针对某一个具体应用所定义的约束条件，如学生的选课成绩取值只能为 0～100 的某个值。

（3）关系模型的优缺点

与层次、网状等非关系模型相比，关系模型的优势非常明显，主要表现在以下 3 个方面。

① 关系模型具有较强的数学理论根据，是建立在严格的数学基础之上的。

② 关系模型具有单一的数据结构。无论是事物还是事物之间的联系，在关系模型中都是用关系来表示的。对用户来说，无论是原始的数据，还是用户检索到的数据，数据的逻辑结构都只是表，也就是关系。

③ 关系模型的存取路径对用户不透明，从而具有更高的数据独立性、更好的安全保密性，也简化了程序员的工作和数据库开发的工作。

因此，关系模型诞生以后发展迅速，深受用户的欢迎。

当然，关系模型自身也有缺点，例如，由于存取路径对用户是隐蔽的，与非关系数据模型相比，查询效率较低。因此，为了提高查询效率，数据库管理系统必须优化用户的查询请求，从而增加了开发数据库管理系统的难度。

## 4.3.5　典型的关系数据库产品

目前使用的关系数据库管理系统很多，根据所能够容纳的数据容量可以分为大型或中小型数据库管理系统，也可分为支持网络的数据库管理系统和只支持单用户的数据库管理系统。大型的数据库软件有 IBM 的 DB2、Oracle 公司的 Oracle、微软公司的 SQL Server 等。中小型数据库软件有微软公司的 FoxPro、Access 等。

### 1. Oracle

Oracle 公司前身为 1977 创办的软件开发实验室。Oracle 数据库是美国 Oracle 公司提供的以分布式数据库为核心的一组软件产品，是目前流行的客户-服务器（Client/Server，C/S）体系结构的数据库系统之一。Oracle 作为通用的数据库系统，它具有完整的数据管理功能；作为关系数据库，它是一个完备关系的产品；作为分布式数据库，它实现了分布式处理功能。

### 2. DB2

DB2 是 IBM 公司出品的一系列关系数据库管理系统，分别在不同的操作系统平台上服务。作为关系数据库领域的开拓者和领航人，IBM 公司在 1977 年完成了 System R 系统的原型，1980 年开始提供集成的数据库服务器 System/38，DB2 for MVSV1 在 1983 年推出。该版本的目标是提供这一新方案所承诺的简单性、数据不相关性和用户生产率。1988 年 DB2 for MVS 提供了强大的联机事务处理（OnLine Transaction Processing，OLTP）支持，1989 年和 1993 年分别以远程工作单元和分布式工作单元实现了分布式数据库支持。之后推出的 DB2 Universal Database 6.1 则是通用数据库的典范，是第一个具备网上功能的多媒体关系数据库管理系统，支持包括 Linux 在内的一系列平台。2006 年 7月，IBM 发布了一款具有划时代意义的数据库产品——DB2 9。这款产品最大的特点即率先实现了可扩展标记语言（eXtensible Markup Language，XML）和关系数据间的无缝交互，而无须考虑数据的格式、平台或位置。

### 3. SQL Server

SQL Server 是关系数据库管理系统。它最初是由 Microsoft、Sybase 和 Ashton-Tate 公司共同开发的，于 1988 年推出了第一个 OS/2 版本。在 Windows NT 推出后，Microsoft 与 Sybase 在 SQL Server 的开发上就分道扬镳了，Microsoft 将 SQL Server 移植到 Windows NT 系统上，专注于开发推广 SQL Server 的 Windows NT 版本。Sybase 则专注于 SQL Server 在 UNIX 操作系统上的应用。

### 4. MySQL

MySQL 由瑞典 MySQL AB 公司开发，现属于 Oracle 旗下。MySQL 是较流行的关系数据库管理系统之一，在 Web 应用方面，MySQL 是较好的关系数据库管理系统应用软件之一。关系数据库将数据保存在不同的表中，而不是将所有数据放在一个大仓库内，这样就增加了速度并提高了灵活性。MySQL 所使用的 SQL 是用于访问数据库的常用标准化语言。MySQL 软件采用了双授权政策，分为社区版和商业版，由于其体积小、速度快、总体拥有成本低，尤其是开放源码这一特点，一般中小型网站的开发都选择 MySQL 作为后台数据库管理系统。

### 5. Microsoft Office Access

Microsoft Office Access 是微软把数据库引擎的图形用户界面和软件开发工具结合在一起的一个数据库管理系统。它是微软 Office 的一个成员。在 Microsoft Office Access 中不仅可以使用数据库的标准语言（SQL），还可以通过更简便的 GUI 进行数据库的操作，如建立数据库，生成查询、报表等。尽管 Microsoft Office Access 只适合较小型的数据库应用，但就原理而言，它也的确具备了关系数据库系统的主要特征。

# 4.4 关系数据库标准语言——SQL

结构查询语言（SQL）是关系数据库管理系统的标准语言，具有数据定义、数据查询、数据操纵、数据控制等方面的功能。SQL 结构简单，功能齐全，是目前应用最广泛的关系数据库查询语言。SQL 简单易学，功能丰富，主流的关系数据库管理系统大都基于 SQL 基本命令实现。尽管不同的关系数据库管理系统都支持 SQL 的基本标准，但是也存在一些差异，如 SQL Server 的 SQL 是  T-SQL，而 Oracle 数据库的 SQL 是 PL/SQL。本节以 Microsoft SQL Server 2019 为例介绍 SQL 的基本语法。

SQL Server 2019 比较完整地支持了 SQL 的强大功能。SQL 比较简单，接近自然语言，功能强大，完成核心功能只用了 9 个命令，如表 4-1 所示。

表 4-1　SQL 功能及命令

| SQL 功能 | 命令 |
| --- | --- |
| 数据定义（数据模式的定义、修改和删除） | CREATE、ALTER、DROP |
| 数据查询 | SELECT |

续表

| SQL 功能 | 命令 |
| --- | --- |
| 数据操纵（数据插入、修改和删除） | INSERT、UPDATE、DELETE |
| 数据控制（存取控制权限及回收） | GRANT、REVOKE |

本书不做深入介绍，下面仅简单介绍数据定义、数据操纵、数据查询和数据控制的基本语句。

## 4.4.1 数据定义

SQL 的数据定义对象包括数据库、表、视图、索引等。在一个关系数据库管理系统的实例中可以创建多个数据库，每个数据库通常可以包含多个表、视图、索引等数据库对象。

### 1. 数据库的定义

创建数据库语句的简化格式如下。

```
CREATE DATABASE <数据库名>;
```

例如，创建一个学生选课管理数据库 xsxk 的基本命令语句如下。

```
CREATE DATABASE xsxk;
```

### 2. 数据表的定义

定义数据表语句的一般格式如下。

```
CREATE TABLE <表名>(<列名> <数据类型> [列级完整性约束条件]
    [, <列名> <数据类型> [列级完整性约束条件]]
    ...
    [, <表级完整性约束条件>]
);
```

例如，在 xsxk 数据库中创建学生基本信息表 Student，包含学号（Sno）、姓名（Sname）、性别（Sex）、年龄（Age）、所在院系（Dept）等属性，语句如下。

```
CREATE TABLE Student(
    Sno CHAR(10) PRIMARY KEY,
    Sname CHAR(20) UNIQUE,
    Sex CHAR(2),
    Age SMALLINT,
    Dept CHAR(30)
);
```

创建数据表后，还可以对表中的某列的名称、类型或约束进行修改，可以使用 ALTER TABLE 语句实现；如果一个数据表中的数据已经是过时的、将来不再使用，可以使用 DROP TABLE 语句将数据表删除。两者的语法格式在本书中不详述。

## 4.4.2 数据操纵

数据操纵是指对表中的数据进行插入、修改、删除等操作，与 SQL 中的数据操纵命令 INSERT、UPDATE、DELETE 相对应。

### 1. 插入数据

插入数据语句的一般格式如下。

```
INSERT INTO <表名> [(列名1)[, (列名2)...]] VALUES(数值1[,数值2...]);
```

说明：该语句的功能是向特定表中插入一行数据（一个元组），新元组的属性列 1 的值为常量 1，属性列 2 的值为常量 2，以此类推。

例如，向 Student 表中插入一个学生信息"085421101，张三，男，18，计算机与数据科学学院"的语句如下。

```
INSERT INTO Student VALUES('085421101' , '张三' , '男', 18 , '计算机与数据科学学院');
```

### 2. 修改数据

修改数据语句的一般格式如下。

```
UPDATE <表名> SET <列名1>=<表达式1>[,<列名n>=<表达式n>][WHERE<条件>];
```

说明：该语句的功能是修改特定表中满足 WHERE 子句条件的元组，以 SET 子句给出的表达式的值代替相应的属性列的值。如果省略 WHERE 子句，则表示要修改特定表中的所有元组。

例如，将 Student 表中学号为 085421101 的学生的年龄修改为 20 岁，语句如下。

```
UPDATE Student SET Age=20 WHERE Sno='085421101';
```

### 3. 删除数据

删除数据语句的一般格式如下。

```
DELETE FROM <表名> [WHERE<条件>];
```

说明：该语句的功能是删除特定表中满足 WHERE 子句条件的元组，若省略 WHERE 子句，则表示删除表中全部元组。

例如，删除 Student 表中学号为 085421101 的学生的信息，语句如下。

```
DELETE FROM Student WHERE Sno='085421101';
```

## 4.4.3 数据查询

数据查询操作是使用数据库管理数据时使用最频繁的操作，是指按照用户的要求从数据库中获取所需要的数据。SQL 提供了使用简单、方式灵活、功能强大的查询语句。

查询语句的一般语法格式如下。

```
SELECT [ALL | DISTINCT] <目标列表达式>[别名] [,<目标列表达式>[别名]]…
FROM <表名或视图名>[别名][,<表名或视图名>[别名]…] | (<SELECT 语句> [AS] <别名>)
[WHERE <条件表达式>]
[GROUP BY <列名1> [HAVING <条件表达式>]]
[ORDER BY <列名2> [ASC | DESC]];
```

说明：该语句的功能是先根据 WHERE 子句的条件表达式从 FROM 子句指定的基本表或视图中找出满足条件的元组，再按照 SELECT 子句的目标列表达式筛选出元组中所需要的属性列形成结果集。目标列表达式可以是表中的列名、与列名相关的表达式或函数等，若存在两个基本表中有相同的列名，则使用"<表名><列名>"的方式加以指明。DISTINCT 表示消除相同的行，默认为 ALL 时保留结果表中取值重复的行。如果有 GRUOP 子句，则按照指定的列名进行分组，该属性列的值相同的元组为同一个组，通常与聚集函数结合进行分组统计。如果 GROUP BY 子句带有 HAVING 子句，则只输出满足指定条件的分组。如果有 ORDER BY 子句，则结果还要按照某个列的值进行升序或降序排列。

例如，查询计算机与数据科学学院学生的学号、姓名、所在院系，语句如下。

```
SELECT Sno, Sname, Dept FROM Student WHERE Dept='计算机与数据科学学院';
```

SQL 查询语句的语法格式中包括 GROUP BY、ORDER BY、WHERE 等多个子句，具体使用案例在本书中不再说明。

## 4.4.4 数据控制

SQL 中使用 GRANT 和 REVOKE 语句向用户授予或收回对数据的操作权限。

## 1. 授予权限

GRANT 语句向用户授予权限，其一般语法格式如下。

```
GRANT <权限>[,<权限>]…
ON <对象类型> <对象名>[,<对象类型> <对象名>]…
TO <用户>[,<用户>]…
[WITH GRANT OPTION];
```

说明：GRANT 语句将对指定操作对象的指定操作权限授予指定的用户。发出该 GRANT 语句的可以是数据库管理员，也可以是该数据库对象创建者，还可以是已经拥有该权限的用户。接受权限的用户可以是一个或多个具体用户，也可以是 PUBLIC，即全体用户。

如果指定了 WITH GRANT OPTION 子句，则获得某种权限的用户还可以把这种权限再授予其他的用户。如果没有指定 WITH GRANT OPTION 子句，则获得某种权限的用户只能使用该权限，不能传播该权限。

例如，将查询 Student 表的权限授予用户 zhang，语句如下。

```
GRANT SELECT ON TABLE Student TO zhang;
```

## 2. 收回权限

REVOKE 语句收回已经授予用户的权限，其一般语法格式如下。

```
REVOKE <权限>[,<权限>]…
ON <对象类型> <对象名>[,<对象类型> <对象名>]…
FROM <用户>[,<用户>]…[CASCADE | RESTRICT];
```

说明：授予用户的权限可以由数据库管理员或其他授权者用 REVOKE 语句收回。CASCADE 表示级联收回，否则系统拒绝此操作。

例如，收回向用户 zhang 授予的查询 Student 表的权限，语句如下。

```
REVOKE SELECT ON Student FROM zhang;
```

# 4.5　数据仓库和数据挖掘

计算机系统中数据处理可以分成两大类：操作型处理和分析型处理，又称联机事务处理（OLTP）和联机分析处理（OnLine Analytical Processing，OLAP）。OLTP 是传统的关系数据库的主要应用，主要是基本的、日常的事务处理，如银行交易、证券交易。然而，随着数据库应用领域的扩展和变化，每个企业的数据量每两三年时间就会成倍增长，这些数据蕴含巨大的商业价值，而企业所关注的通常只占总数据量的 2%～4%，联机事务处理已经不能满足企业这种要求。因此，企业希望最大化地利用已存在的数据资源，对自身业务运作及整个市场相关行业的态势进行分析，做出最佳的商业决策，以提高市场竞争力。这种基于业务数据的决策分析称为 OLAP，它是数据仓库系统的主要应用，支持复杂的分析操作，通常是对海量的历史数据进行查询和分析，如金融风险预测预警系统、证券股市违规分析系统等，侧重决策支持，并且提供直观、易懂的查询结果。

## 4.5.1　数据仓库

数据仓库（Data Warehouse，DW）是近年来数据库领域发展的一种新技术。它建立在原有数据库的基础之上，是一个面向主题的、集成的、不可更新的、随时间不断变化的数据集合，用于支持企业（或组织）商业决策制定过程。

### 1. 数据仓库的基本特征

从数据仓库的定义描述可以得出，它主要有 4 个特征：面向主题、集成、稳定且不可更新，以及随时间不断变化。

（1）面向主题

操作型数据库的数据组织面向事务处理任务，而数据仓库中的数据是按照一定的主题域进行组织的。主题是指用户使用数据仓库进行决策时所关心的重点方面，一个主题通常与多个操作型应用系统相关。主题是一个抽象的概念，是在较高层次上将企业信息系统中的数据综合、归类并进行分析利用的抽象；在逻辑意义上，它对应企业中某一宏观分析领域所涉及的分析对象。面向主题的数据组织方式是根据分析要求将数据组织成一个完备的分析领域，即主题域。例如，对一家超市而言，如果要分析各类商品的销售情况、制定营销策略，分析的主题应包括商品、供应商、顾客等对象。而面向业务处理要求进行数据组织，则可能包括采购子系统、销售子系统、库存管理子系统等。面向业务处理的应用系统中的数据一般抽象程度不高，仅仅适用于事务处理操作，不适合于数据分析处理。因此，通常在数据仓库中需要将应用系统中的数据模式抽象为面向主题的数据模式，去除应用系统中那些不必要、不适用于数据分析的信息，提取那些对主题有用的信息，以形成关于某个主题的完整且一致的数据集合。

（2）集成

数据仓库中的数据是从不同的数据源中抽取出来的，而不同数据源中的数据通常是分散的、异构的、不一致的。因此，如果要将不同数据源中的数据合并到数据仓库，必须按照统一的结构和格式、相同的语义将这些数据进行加工和集成、统一和综合，消除数据的不一致，以保证数据仓库中的数据是面向主题的、全局的、一致的。例如，对于"性别"的编码，不同的数据源使用不同的方式，有的使用"F/M"表示，有的使用"男/女"表示，而在数据仓库中"性别"编码必须统一。

（3）稳定且不可更新

操作型数据库中的数据因业务操作通常不断发生变化，需实时更新。数据仓库主要用于决策分析，主要涉及数据查询和加载操作，一般不进行更新操作。数据仓库存储的是相当长的一段时间内的历史数据，是对不同时间点数据库快照进行抽取（Extracting）、清洗（Cleaning）、转换（Transforming）和装载（Loading）等操作导出数据的集合，不是联机处理的数据。一旦数据被加工处理存放到数据仓库中，一般情况将作为数据档案长期保存，不能进行修改和删除操作，数据不可再更新。

（4）随时间不断变化

数据仓库中的数据不可更新，是指用户使用数据仓库进行数据分析处理时是不可进行数据更新操作的，并不是说在数据仓库中的数据集合不会随时间发生变化。用户虽然不能更改数据仓库中的数据，但随着时间变化，数据仓库系统会进行定期刷新，不断添加新数据到数据仓库，以随时导出新的综合数据和统计数据，同时系统会删除一些旧数据。还有，数据仓库中的综合数据很多与时间相关，如将数据按照某一时间段进行综合，这些数据就会随着时间的变化不断地进行重新综合。因此，数据仓库中数据的标识码都包含时间项，以标明数据的历史时期。

数据仓库尽管有很多定义，但数据仓库的最终目的是将不同数据源中的数据集中到一个单独的知识库，使用户能够在这个知识库上进行数据分析处理。因此，数据仓库是一种数据管理和数据分析的技术。

### 2. 数据仓库的体系结构

数据仓库系统以企事业单位（组织）积累的大量业务数据为基础，定期对业务数据进行抽取、清洗和转换等操作，以整理、归纳和重组，为用户提供统一的数据视图，并对数据进行综合分析处理后，提供给管理决策人员，以改善业务经营决策策略。一个典型的数据仓库系统一般由后台工具、DW 服务器、OLAP 服务器和前台工具等部分组成，如图 4-13 所示。

后台工具主要包括抽取、清洗、转换、装载和维护工具等，记作 ECTL 工具或 ETL 工具。这些工具可以对不同数据源中的数据进行整理归纳和重组，然后将之加载到数据仓库，一般由一些专门程序组成。

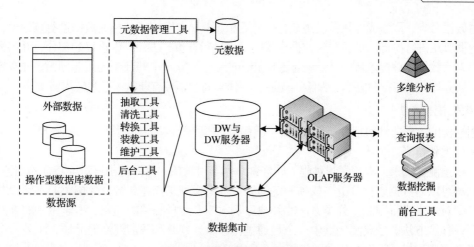

图 4-13　数据仓库系统的体系结构

DW 服务器负责数据仓库中数据的存储管理和数据存取，并为 OLAP 服务器和前台工具提供数据存取接口（如 SQL 查询接口）。数据仓库中的数据一般分为 3 个级别，即细节数据、轻度综合数据和高度综合数据。数据源中的数据进入数据仓库时首先是细节级，然后根据不同具体需求进行综合处理，从而进入轻度综合级，最后到高度综合级。数据仓库中的绝大部分查询都是基于一定程度的综合数据的，只有很少部分查询涉及细节数据。因此，通常将综合数据存储在高性能设备（如磁盘）上，以提高查询性能。目前，数据仓库服务器一般是数据库厂商在传统的数据库管理系统基础上进行扩展修改而成，使其能更好地支持数据仓库的功能。

OLAP 服务器负责按照多维数据模型对数据重组，透明地为前台工具和用户提供多维数据视图。用户不必关心数据的存储位置和存储方式，就可以多层次、多视角分析数据，发现数据规律和趋势。

前台工具包括多维分析工具、查询报表工具、数据挖掘工具等，负责为用户提供多种层次的数据分析。

数据仓库是计算机领域中近年来迅速发展起来的数据库新技术。数据仓库系统能充分利用已有的各种数据资源，对数据进行分析并转换成信息，从中挖掘、提炼出知识，为企业提供决策依据，最终创造出效益。因此，越来越多的企业开始认识到数据仓库应用所带来的好处。

## 4.5.2　数据挖掘

### 1. 数据挖掘的定义

数据挖掘（Data Mining，DM）是从大量数据中发现并提取隐藏在内的、人们事先不知道的但又可能有潜在利用价值的信息和知识的一种新技术。从定义描述中，我们得出数据挖掘包含以下几层含义。

① 数据是真实的、大量的。

② 发现的是用户感兴趣的信息和知识。

③ 发现的信息和知识支持特定的问题，要可理解、可运用。

数据挖掘的目的是帮助决策者寻找数据间潜在的关联，发现经营者忽略的要素，而这些要素对预测趋势、决策行为也许是十分有用的信息。

典型的数据挖掘系统的体系结构如图 4-14 所示。

在进行数据挖掘之前首先要明确挖掘的具体任

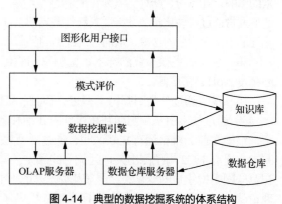

图 4-14　典型的数据挖掘系统的体系结构

务,如对数据分类、聚类或寻找关联规则等;然后根据具体任务对所选择的数据进行预处理;再选择具体的挖掘算法进行挖掘;最后要对挖掘出来的模式进行评价,去除其中重复的部分,并将最终的结果展现出来。数据挖掘技术从一开始就是面向应用的,能够解决一些典型的商业问题,如数据营销、客户群体划分等,在银行、电信、保险、交通、零售等商业领域有非常广泛的应用前景。

**2. 数据挖掘方法**

数据挖掘的主要方法包括分类和预测、关联分析、聚类和偏差检测等。

(1)分类和预测

分类和预测类似于人类的学习过程,即仔细观察某种对象,然后得出该对象特征的描述或模型。分类和预测可以对数据进行分析,找到一定的函数或者模型来描述和区分数据类的不同,并用这些函数和模型对未来进行预测。分类方法的经典案例主要有垃圾邮件的判别、医学上肿瘤细胞的判断和分辨等;预测方法的经典案例其中一个是通过化学特性判断和预测红酒的品质,另外一个是通过搜索引擎来预测和判断股价的波动和趋势。

① 垃圾邮件的判别。

电子邮箱系统如何分辨一封 E-mail 是否属于垃圾邮件?这属于文本挖掘的范畴,通常会采用朴素贝叶斯的方法进行分类判别,主要根据邮件正文中的单词是否经常出现在垃圾邮件中进行判断。例如,如果一份邮件的正文中包含"报销""发票""促销"等词汇时,该邮件被判定为垃圾邮件的概率将会比较大。一般来说,判断邮件是否属于垃圾邮件,大致包括以下两个步骤。

第一,把邮件正文拆解成单词组合,假设某封邮件包含 100 个单词。

第二,根据贝叶斯条件概率,计算一封已经出现了这 100 个单词的邮件,属于垃圾邮件的概率和正常邮件的概率。如果结果表明,该邮件属于垃圾邮件的概率大于属于正常邮件的概率,那么该邮件就会被划分为垃圾邮件。

② 医学上肿瘤细胞的判断。

如何判断细胞是否属于肿瘤细胞呢?传统方法需要非常有经验的医生,通过病理切片才能判断肿瘤细胞和普通细胞,效率相对较低。如果通过机器学习的方式,使系统能自动识别出肿瘤细胞,效率将大大提升。并且,通过主观(医生)+客观(模型)的方式识别肿瘤细胞,交叉验证判断结果,结论可能更加可靠。通过分类实现肿瘤判断主要包括以下两个步骤。

第一,通过一系列指标刻画细胞特征,如细胞的半径、质地、周长、面积、光滑度、对称性、凹凸性等,构成细胞特征的数据。

第二,在细胞特征的数据的基础上,通过搭建分类模型进行肿瘤细胞的判断。

③ 红酒品质的判断和预测。

如何评鉴红酒的品质呢?有经验的人可能会说,红酒最重要的是口感。然而口感的好坏,受很多因素的影响,如年份、产地、气候、酿造的工艺等。但是,统计学家并没有时间去品尝各种各样的红酒,他们通常通过一些化学属性特征判断红酒品质。实际上,现在很多酿酒企业也是采用这种方式,通过检测红酒中化学成分的含量,从而控制红酒的品质和口感。判断红酒的品质一般包括以下两个步骤。

第一步,收集很多红酒样本,检测它们的化学特性,如酸性、含糖量、氯化物含量、硫含量、酒精度、pH、密度等。

第二步,通过分类回归树模型进行预测和判断红酒的品质与等级。

④ 通过搜索引擎预测和判断股价的波动和趋势。

很早之前,就已经有文献证明,通过对互联网关键词"流感"的搜索量进行分析,会比疾病控制中心提前 1~2 周预测出某地区流感的爆发。同样,现在也有些学者发现了这样一种现象,即公司在互联网中搜索量的变化,会显著影响公司股价的波动和趋势,即所谓的"投资者注意力理论"。该理论认为,公司在搜索引擎中的搜索量,代表了该股票被投资者关注的程度。因此,当一只股票的搜索频数增加时，说明投资者对该股票的关注度提升，从而使该股票更容易被个人投资者购买，进一步地导致股票价格上升，带来正向的股票收益。

（2）关联分析

数据关联是数据之间存在的一类重要的可被发现的知识。若两个或多个变量的取值之间存在某种规律，就称为关联。关联包括相关关联和因果关联。通过发现数据之间的关联，可获取有价值的信息，为决策提供依据。啤酒和尿布的故事就是关联分析的经典案例。

啤酒和尿布是一个非常"经典"的故事。故事是这样的，沃尔玛发现一个非常有趣的现象，即把尿布与啤酒这两种"风马牛不相及"的商品摆在一起，能够大幅增加两者的销量。原因在于，美国的妇女通常在家照顾孩子，所以，她们常常会嘱咐丈夫在下班回家的路上为孩子买尿布，而丈夫在买尿布的同时又会顺手购买自己爱喝的啤酒。沃尔玛从数据中发现了这种关联性，因此，将这两种商品并置，从而大大提高了关联销售量。啤酒和尿布主要讲的是产品之间的关联性，如果大量的数据表明，消费者购买 A 商品的同时，也会顺带购买 B 商品，那么 A 和 B 之间存在关联性。在超市中，我们常常会看到两种商品被捆绑销售，这很有可能就是关联分析的结果。

（3）聚类

聚类将数据划分为多个有意义的子集（类），使类内部数据之间的差异最小，而类之间数据的差异最大。聚类增强了人们对客观现实的认识，是偏差分析的先决条件，零售客户细分就是聚类的经典案例。

对客户的细分，在于能够有效划分出客户群体，使群体内部成员具有相似性，但是群体之间存在差异性。其目的在于识别不同的客户群体，然后针对不同的客户群体，精准地进行产品设计和推送，从而节约营销成本，提高营销效率。例如，针对商业银行中的零售客户进行细分，基于零售客户的特征变量（人口特征、资产特征、负债特征、结算特征），计算客户之间的距离。然后，按照距离的远近，把相似的客户聚集为一类，从而有效细分客户。如将全体客户划分为诸如理财偏好者、基金偏好者、活期偏好者、国债偏好者、风险均衡者、渠道偏好者等。

（4）偏差检测

数据库中通常会有一些异常数据（偏差），从数据库中检测这些偏差非常有意义。偏差包含很多潜在的知识，如分类中的反常实例、不满足规则的特例、观测结果与模型预测值的偏差、量值随时间的变化等，支付中的交易欺诈侦测就是偏差检测的经典案例。

采用刷信用卡支付时，系统会实时判断这笔支付是否属于盗刷。通过对支付的时间、地点、商户名称、金额、频率等要素进行判断，基本的原理就是寻找异常值。如果用户的支付被判定为异常，这笔交易可能会被终止。异常值的判断，应该是基于一个欺诈规则库的。规则库中可能包含两类规则，即事件类规则和模型类规则。第一，事件类规则，如刷卡的时间是否异常（凌晨刷卡）、刷卡的地点是否异常（非经常所在地刷卡）、刷卡的商户是否异常（被列入黑名单的套现商户）、刷卡金额是否异常（是否偏离正常均值的 3 倍标准差）、刷卡频次是否异常（高频密集刷卡）。第二，模型类规则，则是通过算法判定交易是否属于异常。一般通过支付数据、卖家数据、结算数据，构建模型进行分类问题的判断。

数据挖掘技术涉及数据库、人工智能、机器学习、统计分析等多种技术，它使决策支持系统（Decision Support System，DSS）跨入了一个新阶段。

# 4.6　大数据技术

## 4.6.1　大数据产生的背景

现代信息技术产业已经经过 70 多年的发展历程，先后出现了 3 次信息化浪潮。第一次信息化浪潮发生在 1980 年前后，其标志是个人计算机的产生，当时信息技术面对的主要问题是实现数据处理。第二次信息化浪潮发生在 1995 年前后，其标志是 Internet 的普及，当时信息技术面对的主要问题是实现数据传输。第三次信息化浪潮发生在 2010 年前后，其标志是物联网、云计算和大数据的普及，信息技术面对的主要问题是"数据爆炸"。随着存储设备性能提高、网络带宽的不断增长以及物联网和云计算技术的普及，人类积累的数据在通信、金融、商业、医疗等诸多领域不断地增长和累积。互联网搜索引擎每天支持数十亿次 Web 搜索，每天处理数万 TB 数据。全世界通信网的主干网一天就有数万 TB 的数据在传输。大型商场遍及世界各地的数以千计的门店每周都要处理数亿次交易。现代医疗行业如医院、药店等也都每天产生庞大的数据量，如医疗记录、病人资料、医疗图像等。总之，我们进入了一个以数据为中心的时代——"大数据时代"。

从数据库技术的发展过程来看，大数据并非一个全新的概念，它与数据库技术的研究和发展密切相关。

20 世纪 70 年代中期，数据库研究人员就提出了"超大规模数据库"（Very Large DataBase，VLDB）的概念，并在 1975 年开始组织相关的国际会议，目前该会议在数据库领域仍具有较大的影响力。21 世纪初，"海量数据"的概念被提出，它用来表示更大的数据集和更加丰富的数据类型。随着物联网和云计算技术不断地融入人们的生活，数据库研究人员发现处理的数据呈现爆炸式增长，他们开始探索研究大数据技术，以发现大数据不可忽视的商业价值。

大数据技术是一次对国家宏观调控、商业战略决策、服务业务和管理方式以及每个人的生活都具有重大影响的"数据技术革命"。大数据的应用与推广将给市场带来巨大收益的机遇，被称为数据带来的又一次"革命"。

### 4.6.2  大数据的特征

所谓"大数据"，是指无法在合理时间范围内用主流软件工具进行捕捉、管理和处理的数据集合，是需要新处理模式才能具有更强的决策力、洞察发现力和流程优化能力的海量、高增长率和多样化的信息资产。具体来说，大数据具有 4 个基本特征：巨量（Volume）、多样（Variety）、快变（Velocity）、价值（Value）。

（1）巨量

大数据的首要特征是数据量巨大，而且在持续、急剧地"膨胀"。国际著名的咨询公司 IDC 的研究报告称，2020 年全球数据总量约 40ZB，人均约 5.2TB。这些大规模数据主要来源于科学研究、计算机仿真、互联网应用、传感器、移动设备以及无线射频识别等。

（2）多样

大数据的多样性通常是指异构的数据类型、不同的数据表示和语义解释。现在，越来越多的计算机应用领域产生的数据类型不再仅是纯粹的关系数据（结构化数据），更多的是半结构化和非结构化的数据，如订单、日志、网页、博客、音频、视频和微博等。计算机应用领域的非结构化数据呈现大幅增长的特点，企业中约 20% 的数据是结构化的，约 80% 的数据则是非结构化的。目前全球结构化数据的增长率约为 32%，而非结构化数据增长率约为 63%。

（3）快变

大数据的快变性也称为实时性。一方面，社会、经济、文化等各个领域每分钟都产生大量的数据，数据的产生速度快；另一方面，"大数据时代"很多应用要求对数据实时响应，能够进行数据处理的时间很短。这是大数据区分于传统数据最显著的特征。

（4）价值

大数据的价值是潜在的、巨大的。大数据不仅具有经济价值和产业价值，还具有科学价值。这是大数据最重要的特点，也是大数据的魅力所在。大数据价值密度较低，只有通过对大数据以及数据之间联系进行复杂的数据分析、反复深入的挖掘，才能获得数据蕴含的巨大价值。

### 4.6.3　大数据的关键技术

大数据技术，是指从各种类型的数据中快速获得有价值信息的技术，涵盖大数据存储、处理、应用等多方面。根据大数据的处理过程，可将大数据处理的关键技术分为大数据采集技术、大数据预处理技术、大数据存储及管理技术、大数据分析和挖掘技术、大数据展示和应用技术等。

（1）大数据采集技术

数据采集是指通过传感器和智能设备、社交网络、移动互联网等获取各种类型的结构化、半结构化及非结构化的海量数据的过程，是大数据知识服务模型的根本。因为数据源种类多、数据类型繁杂、数据量大、产生速度快，所以大数据采集技术也面临许多技术挑战，必须保证数据采集的可靠性和高效性，同时还要避免采集重复数据。

（2）大数据预处理技术

数据预处理主要是指完成对已接收数据的辨析、抽取、清洗、填补、平滑、合并、规格化及检查一致性等操作的过程。大数据预处理技术主要包括数据清理、数据集成、数据规约和数据变换等。

- 数据清理：通过填写缺失值、光滑噪声数据、识别或者删除离群点，并且解决不一致性问题等来进行"数据清理"。简单来说，就是对数据通过过滤"去噪"，清洗掉有问题的数据，提取出标准的、干净的、连续的有效数据。
- 数据集成：将来自多个不同数据源的数据集成到一起，存放在一个一致的数据存储（如数据仓库）的过程，一般要解决实体识别问题、冗余问题和数据值的冲突与处理问题等。
- 数据规约：从数据库或数据仓库中选取并建立使用者感兴趣的数据集合，然后从数据中过滤掉一些无关、偏差或重复的数据。数据规约包括维规约和数值规约。
- 数据变换：通过对数据进行规范化、数据离散化和概念分层等，使数据的挖掘可以在多个抽象层面上进行。数据变换操作是提升数据挖掘效果的附加预处理过程。

（3）大数据存储及管理技术

大数据存储与管理就是用存储设备把采集到的数据存储起来，建立相应的数据库，并进行管理和调用。在"大数据时代"，来自多个数据源的原始数据常常缺乏一致性，数据结构不同，并且数据不断增长。因此，即使不断提升硬件配置，单机系统的性能也很难提高，这导致传统的数据处理和存储技术失去可行性。大数据存储及管理技术重点研究复杂结构化、半结构化和非结构化大数据管理与处理技术，解决大数据的可存储、可表示、可处理、可靠性及有效传输等几个关键问题。

（4）大数据分析和挖掘技术

大数据处理的核心就是对大数据进行分析，只有通过分析才能获取很多智能的、深入的、有价值的信息。越来越多的计算机应用涉及大数据，这些大数据的数量、速度、多样性等属性都引发了大数据不断增长的复杂性。因此，大数据的分析和挖掘方法在大数据领域就显得尤为重要，是决定最终信息是否有价值的决定性因素。数据分析和挖掘技术主要包括分类、回归分析、聚类、关联规则等，它们分别从不同的角度对大数据进行挖掘。

（5）大数据展示和应用技术

在"大数据时代"下，数据井喷似地增长，分析人员将这些数量庞大的数据汇总并进行分析，将分析结果以最便于沟通和理解的方式（如图表、动态图等）展现给用户，减少用户的阅读和思考时间，以便用户更好地做出决策。在"大数据时代"，新型的数据可视化产品必须满足大数据需求，能快速收集、筛选、分析、归纳、展现决策者所需要的信息，并根据新增数据进行实时更新。因此，在"大数据时代"，数据可视化工具必须具有实时性、操作简单、更丰富的展现方式、多种数据集成支持方式等特性。

### 4.6.4 大数据的应用

大数据无处不在，已广泛应用于各个行业，包括金融、医疗、零售、教育等在内的社会各行各业都已经融入了大数据。

（1）金融行业

在金融业中，金融企业纷纷成立大数据研发机构，开始利用金融市场产生的海量数据来挖掘用户需求、评价用户信用、管理融资风险，大幅提高金融风险定价的效率，降低定价成本，使对每个用户的信用信息、消费倾向、理财习惯分析成为可能。大数据在高频交易、社交情绪分析和信贷风险分析三大金融创新领域发挥重大作用。大数据在金融行业应用范围较广，例如，花旗银行利用 IBM 沃森计算机为财富管理客户推荐产品；招商银行通过分析客户刷卡、存取款、电子银行转账和微信评论等行为数据，定期给客户发送具有针对性的广告信息；美国银行利用客户点击数据集为客户提供特色服务，如有竞争力的信用额度。

（2）医疗行业

医疗行业已经逐渐开展数字医疗，将病理报告、治愈方案和药物报告等大量数据数字化，建立针对疾病特点的数据库。通过对医疗大数据挖掘分析，医院能够精准地分析病人的体征、治疗费用和疗效数据，可避免过度及副作用较为明显的治疗方案，此外还可以利用这些数据实现计算机远程监护，对慢性病进行管理等。医疗行业的大数据应用一直在进行，但是数据没有打通，基本都是孤岛数据，尚未进行大规模应用。我国目前已经开始开展智慧医疗云平台建设，旨在将公共卫生、医疗服务、医疗保障、药品供应和综合管理等业务数据统一收集存储和管理，为人类健康造福。

（3）零售行业

零售行业大数据应用主要包括两个方面：一方面可以了解客户消费喜好和趋势，进行商品的精准营销，降低营销成本；另一方面依据客户购买的商品，为客户提供可能购买的其他商品，扩大商品销售额。另外，零售行业可以通过大数据预测未来消费趋势，有利于热销商品的进货管理和过季商品的处理。零售行业大数据应用的经典案例是"啤酒和尿布"的搭配，两种看似不相关的商品，但通过分析客户购买记录发现，购买啤酒的客户通常会购买尿布，如果将两种商品就近摆放，则可综合提高它们的销售数量。

（4）教育行业

我国教育行业已经开展了教育大数据方面的研究工作，主要进行发现教育教学规律、制定教育重大决策和教育教学改革方面的应用。教育部门通过对学习者的个体特征和学习状况等教育大数据的分析，为适用性教学提供支持，可以根据学习者的学习状态定制教学内容、教学方法和教学过程。在大数据的驱动下，教育研究者通过挖掘分析教育大数据，可以量化学习过程、表征学习状态、发现影响因素，从而揭示教育教学规律。在"大数据时代"，高校可以及时掌握教育信息、洞察网络舆情发展，实现校园智能化管理。

以上各个行业的大数据应用表明，大数据技术已经渗透到人们的日常生活中，并正在逐渐改变人们的生活方式。未来，大数据技术与各个应用领域结合将更加紧密，任何决策和研究成果均有可能必须通过数据进行表达，数据将成为驱动各行各业健康、有序发展的重要动力。

### 4.6.5 NoSQL 数据库

随着互联网 Web 2.0 网站的兴起，传统的关系数据库在支持 Web 2.0 网站，特别是超大规模和高并发的 SNS（Social Networking Site，社交网站）类型的 Web 2.0 纯动态网站时已经显得力不从心，暴露了很多难以解决的问题，而非关系数据库则由于其本身的特点得到了非常迅速的发展。NoSQL 数据库的产生就是为了解决大规模数据集合多重数据种类带来的挑战，尤其是大数据应用难题。

### 1. NoSQL 数据库的定义

NoSQL 数据库指的是非关系数据库。NoSQL 是 Not Only SQL 的缩写，NoSQL 数据库是对不同于传统的关系数据库的数据库管理系统的统称。NoSQL 数据库用于超大规模数据的存储。这些类型的数据存储不需要固定的模式，无须多余操作就可以横向扩展。它打破了长久以来关系数据库与ACID 理论大一统的局面。NoSQL 数据库存储不需要固定的表结构，通常也不存在连接操作，在大数据存取上具备关系数据库无法比拟的性能优势。

### 2. NoSQL 数据库的特点

关系数据库作为应用广泛的通用型数据库，具有强大的 SQL 功能和事务处理的属性。而 NoSQL数据库一般针对特定应用领域，基本上不进行复杂的处理，但它恰恰能弥补关系数据库的不足，主要包括以下 4 个方面的特点。

① 易于数据的分散处理，容易扩展。

② 适合大量数据的写入处理操作和对数据进行缓存处理。

③ 能对特定类型的数据进行高速处理，如数组类型的数据。

④ 能处理海量数据，性能高。

### 3. NoSQL 数据库的分类

NoSQL 数据库是针对特定应用提出的解决方案，这些方案与关系数据库相比，在某些应用场景下表现更好。但是，NoSQL 数据库方案带来的优势，本质上是牺牲 ACID 中的某个或者某几个特性。因此，应将 NoSQL 数据库作为关系数据库的一个有力补充。常见的 NoSQL 数据库主要分为 4 大类。

（1）K-V 存储

K-V 存储的全称是 Key-Value 存储，其中 Key 是数据的标识（与关系数据库中的主键含义一样），Value 就是具体的数据，主要解决关系数据库中无法存储数据结构的问题。Redis 是 K-V 存储的典型代表，它是一款开源的高性能 K-V 缓存和存储系统。Redis 的 Value 是具体的数据结构，包括 string、hash、list、set、sorted set、bitmap 和 hyperloglog 等，所以常常被称为数据结构服务器。

（2）文档数据库

文档数据库最大的特点就是 no-schema，可以存储和读取任意的数据，解决了关系数据库的强shema 约束问题，以 MongoDB 为代表。目前绝大部分文档数据库存储的数据格式是 JSON（或者BSON），因为 JSON 数据是自描述的，无须在使用前定义字段，读取一个 JSON 中不存在的字段也不会导致 SQL 那样的语法错误。文档数据库的 no-schema 特性，给业务开发带来了明显的优势，如下所示。

① 新增字段简单。业务上增加新的字段，无须再像关系数据库一样要先执行 DDL 语句修改表结构，程序代码直接读写即可。

② 历史数据不会出错。对于历史数据，即使没有新增的字段，也不会导致错误，只会返回空值，此时代码进行兼容处理即可。

③ 可以很容易存储复杂数据。JSON 是一种强大的描述格式，能够描述复杂的数据结构。

（3）列式数据库

顾名思义，列式数据库就是按照列来存储数据的数据库，其可解决关系数据库在大数据场景下的 I/O 问题，以 HBase 为代表。与之对应的传统关系数据库被称为"行式数据库"，因为关系数据库是按照行来存储数据的。关系数据库按照行来存储数据，主要包括以下两个方面的优势。

① 业务同时读取多个列时效率高，因为这些列都是按行存储在一起的，一次磁盘操作就能够把一行数据中的各个列都读取到内存中。

② 能够一次性完成对一行中的多个列的写操作，保证了针对行数据写操作的原子性和一致性。

否则如果采用列存储，可能会出现某次写操作，有的列成功了，有的列失败了，导致数据不一致。

行式存储的优势在特定的业务场景下才能体现，如果不存在这样的业务场景，那么行式存储的优势也将不复存在，甚至成为劣势，典型的场景就是对海量数据进行统计。例如，计算某个城市体重超重的人员数据，实际上只需要读取每个人的体重这一列并进行统计，而行式存储即使最终只用一列，也会将所有行数据都读取出来。如果单行用户信息有 1KB，其中体重数据只有 4B，行式存储还是会将整行 1KB 数据全部读取到内存中，这是明显的浪费。而如果采用列式存储，每个用户只需要读取 4B 的体重数据，I/O 将大大减少。

除了节省 I/O，列式存储还具备更高的存储压缩比，能够节省更多的存储空间。普通的行式数据库一般压缩比在 3：1 到 5：1，而列式数据库的压缩比一般在 8：1 到 30：1，因为单个列的数据相似度相比行来说更高，能够达到更高的压缩比。

（4）全文搜索引擎

传统的关系数据库通过索引来达到快速查询的目的，但是在全文搜索的业务场景下，索引也无能为力，主要体现在以下两个方面。

① 全文搜索的条件可以随意排列、组合，如果通过索引来满足，则索引的数量会非常多。

② 全文搜索的模糊匹配方式，索引无法满足，只能用 LIKE 查询，而 LIKE 查询是整表扫描，效率非常低。

全文搜索引擎的技术原理被称为"倒排索引"（Inverted Index），也常被称为反向索引、置入档案或反向档案，是一种索引方法，其基本原理是建立单词到文档的索引。之所以被称为"倒排索引"，是和"正排索引"相对的，"正排索引"的基本原理是建立文档到单词的索引，全文搜索引擎解决了关系数据库的全文搜索性能问题。全文搜索引擎以 Elasticsearch 为代表。全文搜索引擎的索引对象是单词和文档，而关系数据库的索引对象是键和行，两者的术语差异很大，不能被简单地等同起来。因此，为了让全文搜索引擎支持关系数据的全文搜索，需要做一些转换操作，即将关系数据转换为文档数据。目前常用的转换方式是将关系数据按照对象的形式转换为 JSON 文档，然后将 JSON 文档输入全文搜索引擎进行索引。

# 本章小结

本章首先介绍了数据、数据库、数据库管理系统和数据库系统等概念，以及数据模型和典型的关系数据库产品，然后介绍了关系数据库标准语言 SQL。通过说明数据处理操作的不同类型，引入了数据仓库和数据挖掘的概念，并介绍了数据挖掘的常用方法和经典案例。最后介绍了大数据产生的背景、特征、关键技术，并探讨了大数据的应用场景。

# 习题

1. 什么是数据和信息？说出二者的区别。
2. 数据库技术的发展经历了哪些阶段？各个阶段的特点是什么？
3. 试述关系模型中常见的几种术语。
4. SQL 具有哪 4 个方面的功能？
5. 数据仓库有哪些特征？
6. 简述数据挖掘概念及其常见的方法。
7. 大数据是如何形成的？
8. 大数据有哪些特征？

# 第5章 计算机网络

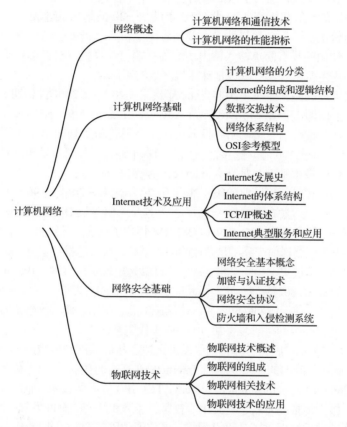

本章首先介绍计算机网络的形成和发展、技术基础、性能指标、网络分类和组成，探讨3种交换方式——电路交换、报文交换、分组交换的原理和各自的优缺点，介绍网络体系结构，尤其是 Internet 的网络协议、典型应用；在构建网络信息化社会过程中，网络信息安全的作用越来越重要，接下来介绍网络传输中常见的攻击手段，采用的各种加密和认证技术的工作原理和实施方法，以及防火墙和入侵检测技术；当今的计算机网络正在从传统的互联网向物联网发展和过渡，最后介绍物联网的定义和特性、相关技术、网络组成和典型的应用。

## 5.1 网络概述

将不同地理位置的计算机相互连接在一起使之能够互相通信，称为"网络互联"；在其基础上连接覆盖全世界的"网络互联"叫作互联网。从来没有任何一项技术像互联网这样，在短短数十年间，对人类社会的方方面面产生如此之大的影响。互联网技术可谓对人类影响极大的技术之一。

### 5.1.1 计算机网络和通信技术

在介绍网络的概念和功能之前，首先来看一下计算机网络的发展历史。

1. 计算机网络的发展史

计算机网络形成于 20 世纪 50 年代，是在计算机技术和通信技术的共同作用下产生和发展的。计算机网络的形成和发展，经历了从简单到复杂、从单机系统到多机系统再到复杂网络系统的过程。

（1）面向终端的计算机网络（20 世纪 50 年代初—20 世纪 60 年代中期）

早期的计算机主机昂贵，数量稀少，使用者比主机多。借助于通信线路和多用户的分时操作系统，将众多用户使用的具有简单输入输出功能的终端与计算机主机连接起来，使用户可以通过本地终端远程访问使用主机系统，可以说是计算机网络的雏形。

（2）多主机互连的网络阶段（20 世纪 60 年代末—20 世纪 70 年代中期）

1969 年，美国国防部高级研究计划局（Advanced Research Project Agency，ARPA）建成了一个具有 4 个节点的实验性分组交换网络并投入运行和使用。随后几年，ARPA 网的物理节点迅速增加到 50 多个，主机数量超过 100 台，连接区域由美国本土通过卫星、海底电缆扩展到了欧洲。ARPA 网奠定了计算机网络的技术基础，是当今 Internet 的先驱和前身。

（3）开放式标准化计算机网络阶段（20 世纪 70 年代末—20 世纪 90 年代中期）

在 1983 年，ISO 正式颁布了称为"开放系统互连参考模型"（Open Systems Interconnection Reference Model，OSI-RM）的国际标准 ISO 7498。OSI-RM 规定了互连的计算机系统之间的通信协议，并规定了凡是遵从该协议的网络通信产品都是开放的网络系统，极大地推动了网络标准化的进程。

与此同时，网络发展史上另一个重要的里程碑就是出现了局域网。1980 年 2 月美国电气电子工程师学会组织颁布的 IEEE 802 系列标准，极大地推动了局域网的发展。局域网通信距离有限，网络拓扑结构规范、协议简单，使局域网联网容易、传输速率高、使用方便、价格低廉，深受用户青睐。

（4）网络互连与高速网络阶段（20 世纪 90 年代末至今）

进入 20 世纪 90 年代后，计算机网络发展迅速，从局域网到城域网再到广域网，网络规模逐步扩大。为了实现更大范围的资源共享，Internet 便应运而生。借助于传输控制协议/互联网协议（Transmission Control Protocol/Internet Protocol，TCP/IP）等网络技术，它已成为世界上最大的国际性计算机互联网，极大地推动着科学、文化、教育、经济和社会的全面发展。同时 Internet 大规模接入推动了接入技术的发展，促进了计算机网络、电信通信网与有线电视网的"三网融合"。

进入 21 世纪后，通信技术和网络技术进一步发展，出现了许多新技术：以太网技术、光以太网技术、软交换技术；移动通信方面的 3G/4G/5G 和 Wi-Fi 等，极大地提高了网络性能，完善了网络应用的体验；Internet 应用中数据采集与录入从手动方式逐步升级到自动方式，通过射频识别（Radio Frequency Identification，RFID）、二维码、图像识别及各种类型的传感器与传感网技术，能够方便、自动地采集各种物品与环境信息，拓宽了人与人、人与物、物与物之间更为广泛的信息交互，促进了物联网（Internet of Things，IoT）技术的形成与发展。

2. 计算机网络的定义和功能

从计算机网络的发展历程来看，计算机网络是利用通信设备和线路把地理上分散的多个具有独立功能的计算机系统连接起来，在功能完善的网络软件支持下进行数据通信，实现资源共享、互操作和协同工作的系统。在网络中，每台计算机的地位是相等的，都具有自己的软硬件系统，能够独立运行，没有谁控制谁的问题。

计算机网络包括以下一些基本的功能。

（1）数据通信

数据通信是指在计算机之间互相传送数据，这是网络最基本的功能。例如用户通过 E-mail 在网络上收发电子邮件；通过文件传送协议（File Transfer Protocol，FTP）上传、下载服务器上的文件；通过微信发语音消息和传输照片文件等。

（2）资源共享

资源共享是指网络用户可以在权限范围内共享网络中各台计算机所提供的共享资源，包括软件、硬件和数据资源等，这种共享不受地理位置的限制，资源共享可提高资源的利用率。例如通过网络共享打印的方式，不同的网络用户可以共享同一台打印机，远程打印各自的文件；通过网络文件系统，可以像访问本地磁盘上的文件一样读写和运行网络共享文件；现代的数据库系统软件都支持网络远程访问，就像访问本地的数据库文件一样，如我们可以在手机上通过小程序查询快递，也是通过访问远程服务器上的数据库文件（共享数据）来实现的。

（3）分布式处理和均衡负荷

利用网络技术可以实现计算机系统的分布式数据存储和计算。在计算机网络中，由于每台计算机需要处理的任务不同，那么就可能出现忙闲不均的现象，有的计算机可能任务过重，单靠自己处理不过来。可以通过网络调度来协调工作，将部分工作转交给其他"空闲"的计算机来完成，以此均衡任务负荷，提高整个系统的利用率和处理响应速度。

（4）提高安全可靠性

在计算机网络中，资源可以存放在多个地点（计算机），并且用户可以通过多种途径（网络路径或数据通路）访问网络资源。一旦网络中某台计算机出现故障，故障计算机的任务或资源就可以交由其他计算机来完成，不会出现单机故障而使整个系统瘫痪的现象。如果网络某个路径（数据通路）出现问题走不通，网络还可以依赖其他路径继续访问，提高了系统的整体安全性和可靠性。

**3. 数据通信与计算机网络**

数据通信是实现计算机网络的基础，计算机网络的底层（物理层和数据链路层）就是依赖数据通信技术实现的，因此学习数据通信对于理解网络工作的原理有必要。

数据通信是按照通信协议，利用传输技术在功能单元之间传输数据信息，从而实现计算机与计算机之间、计算机与数据终端之间、数据终端与数据终端之间的信息交互而产生的一种通信技术。它涉及数据通信模型、数据编码技术、数据传输技术、数据通信的交换方式、多路复用与多址通信、数据通信的差错控制等方面。

如图 5-1 所示，一个数据通信系统可包含三大部分：源系统（发送端）、传输系统（传输网络）和目的系统（接收端）。

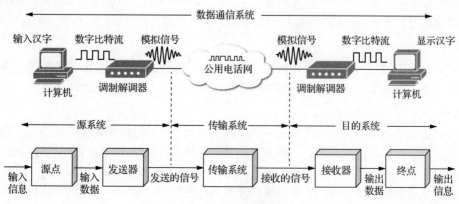

图 5-1　数据通信系统

源系统一般包括源点（信源）和发送器（调制器）。其中，源点设备产生要传输的数据，如计算机里录入的文字、声音、图像信息等，由于计算机是电子数字式计算机，这些信源信息都是二进制的数字比特流（是数字信号，也称基带信号）；发送器的作用是将源点的数字信号进行编码、调制，将之变成适合远距离传输的模拟信号（称为带通信号）后，再通过传输系统发给目的系统。

相应地，目的系统也包括接收器（解调器）和终点（信宿）两部分。接收器和发送器的作用相反，它把来自传输线路上的模拟信号进行解调，还原出发送端产生的原始数据（二进制的数字比特流）；终点设备获取接收器传送来的数字比特流，然后把信息显示输出。

实际上，图 5-1 所示两端的计算机和调制解调器，往往同时具备源系统和目的系统的功能，也就是两端既可以作为源系统发送数据，也可以作为目的系统接收数据，这在通信上叫作全双工通信，微信的视频通话属于此类。如果信息只能从左端（源系统）发往右端（目的系统），即只能有一个方向的通信而没有反方向的，这就是单工通信，典型的如无线广播、有线电视等系统。如果通信的方向是双向的，但规定自身发送的时候不能接收，接收的时候不能发送，也就是收发不能同时进行，则称为半双工通信，如对讲机通信系统。

许多情况下，我们使用"信道"这一名词，它和传输线路并不等同。信道一般用来表示向某一个方向传送信息的媒体，一条通信线路上往往包含多条信道，如同有线电视的同轴电缆线上同时传送多个电视节目（电视频道）一样。

图 5-1 所示中间的传输系统，可以是简单的传输线缆，也可以是复杂的网络，甚至是无线的通信网络，上面传输的往往是经过调制后的带通信号。关于信号传输的知识可参阅二维码中的内容。

## 5.1.2　计算机网络的性能指标

计算机网络的性能指标是从不同的方面来量度计算机网络的性能，主要包括以下几种。

### 1. 速率

网络技术中的速率指的是数据的传输速率，它也称为数据速率（Data Rate）或者比特率（bit Rate）。速率是计算机网络中最重要的性能指标。速率的单位是 bit/s。如同存储容量的 bit 单位一样，bit/s 的单位较小，往往应用更大的单位，如 kbit/s、Mbit/s、Gbit/s、Tbit/s 等。

### 2. 带宽

对于模拟信号，带宽指的是该信号所具有的频带宽度，也就是频率的范围。例如传统的语音电话线路，标准带宽是 3.1kHz（从 300Hz 到 3.4kHz，即语音的主要频率范围），这时带宽的单位是赫兹（Hz）。

在计算机网络中，带宽用来表示网络中某通道传输数据的能力，因此网络带宽表示在单位时间内网络中的某信道所能通过的"最高数据量"，这时，网络带宽的单位就是速率的单位 bit/s。一条通信链路的带宽越宽，其单位时间内所能传输的最高数据量就越大，带宽的极限就是信道的容量极限。

### 3. 吞吐量

吞吐量表示在单位时间内通过某个网络（信道、接口、设备等）的实际的数据量。带宽相当于网络额定的速率，吞吐量是网络实际速率的测量值，吞吐量往往和带宽不相等。

### 4. 时延

时延是指数据从网络的一端传送到另一端所需的时间。时延是很重要的性能指标，有时也称为延迟或迟延。时延由多种因素造成，一般来说由发送时延、传播时延、处理时延、排队时延等部分组成。因此，单纯地提高带宽、降低发送时延，并不一定能减少整个网络的时延。

另外，时延带宽积、往返时间、利用率也是常见的网络性能指标。实际的计算机网络还要考虑一些诸如成本、质量、标准、可靠性、兼容性、扩展性等方面的特征。

# 5.2　计算机网络基础

计算机网络基础知识，包括网络的分类、网络的组成和结构、数据交换技术、网络体系结构、OSI 参考模型等。

## 5.2.1　计算机网络的分类

计算机网络有多种分类方法，常见的分类方法如下。

### 1. 按照网络的使用者进行分类

按照网络的使用者进行分类，可分为公用网和专用网。公用网是指电信公司出资建造的大型网络，所有愿意按照电信公司的规定缴费的人都可以使用该网络，也被称为公众网；某个部门为满足本单位的特殊业务工作的需要而建立的网络，称为专用网，这种网络一般不向本单位以外的人提供服务，如军队、铁路、银行、电力等系统一般有自己的专用网。

### 2. 按照网络的覆盖范围进行分类

按照网络的覆盖范围由小至大，可分为个域网（Personal Area Network，PAN）、局域网（Local Area Network，LAN）、城域网（Metropolitan Area Network，MAN）和广域网（Wide Area Network，WAN）。一般连接用户计算机身边 10m 之内的计算机、打印机、智能手机、智能手环等数字终端设备的网络被称为个域网；覆盖 10m~10km 的网络称为局域网；覆盖 10km~100km 的网络称为城域网；覆盖 100km 以上范围的网络称为广域网。

（1）个域网

个域网多采用无线通信技术，更准确的说法应该是 WPAN（Wireless Personal Area Network，无线个域网），在协议、通信技术上与局域网存在较大的差别。近年，无线通信在人们的生活中扮演越来越重要的角色，近距离无线通信技术正在成为关注的焦点，也意味着个域网的日渐成熟。近距离无线通信技术包括 IrDA 红外技术、蓝牙、Wi-Fi、ZigBee、超宽带（Ultra WideBand）、近场通信（Near Field Communication，NFC）等，它们都有其立足的特点，或基于传输速率、距离、耗电量的特殊要求，或着眼于功能的扩充性，或符合某些单一应用的特别要求等，但是没有一种技术可以完美到足以满足所有的应用需求。

（2）局域网

局域网是最常见、应用最广的一种网络。所谓局域网，就是在局部地区范围内的网络。局域网在计算机数量配置上没有太多的限制，少的可以只有两台，多的可达几百台。

局域网的特点是连接范围窄、用户数少、配置容易、传输速率高。IEEE 的 802 标准委员会定义了多种主要的局域网：以太网（Ethernet）、令牌环（Token Ring）网、光纤分布式数据接口（Fiber Distributed Date Interface，FDDI）网、异步传输方式（Asynchronous Transfer Mode，ATM）网以及无线局域网（Wireless Local Area Network，WLAN）。

（3）城域网

这种网络一般来说是在一个城市，但不在同一地理小区范围内的计算机互连。MAN 与 LAN 相比扩展的距离更长，连接的计算机数量更多，在地理范围上可以说是 LAN 的延伸。在一个大型城市或都市地区，一个 MAN 通常连接多个 LAN，如连接政府机构的 LAN、医院的 LAN、电信公司的 LAN、公司企业的 LAN 等。由于光纤连接的引入，MAN 中高速的 LAN 互连成为可能。

（4）广域网

这种网络也称为远程网，所覆盖的范围比城域网更广，它一般是不同城市之间的 LAN 或者 MAN 互连，覆盖地理范围可达几千千米。因为距离较远，信息衰减比较严重，同时连接的用户多，总出口带宽有限，所以用户的传输速率一般较低。

目前从局域网到城域网、广域网，很多技术都是相通的。尤其是万兆以太网、光以太网等高速局域网技术，使局域网、城域网、广域网之间的界限越来越模糊。

### 3. 按照传输介质进行分类

按照传输介质分类可分为有线网络和无线网络。其中有线网络可分为双绞线网络、同轴电缆网络、光纤网络；无线网络可分为红外网络、微波网络、卫星网络等。

图 5-2 所示是常见的几种有线网络的传输线缆。

同轴电缆　　　　双绞线　　　　光纤

图 5-2　同轴电缆、双绞线和光纤

### 4. 按计算机网络拓扑结构进行分类

网络拓扑结构是抛开网络电缆的物理连接来讨论网络系统的连接关系，一般指网络中通信线路和节点之间的几何排列形式，或网线与节点之间排列所构成的几何图形。它能表示出网络服务器、工作站、网络设备的网络配置和互相之间的连接。

计算机网络的核心问题是如何将数据从源主机通过网络核心可靠地送达目标主机。一个计算机网络中具有多台主机，首先需要保证数据可以在任意两台主机之间通信传输，也就是保证所有通信主机的网络连通性。在此前提之下，再考虑不同的网络拓扑结构其性能、成本、可靠性等特性。

在网络方案设计过程中，网络拓扑结构是关键问题之一，是建设计算机网络的首步，也是实现各种网络协议的基础，它对网络性能、系统可靠性与通信费用都有重大影响。了解网络拓扑结构的有关知识对于网络系统集成具有指导意义。

计算机网络拓扑结构一般可以分为星形、环形、树形、网状形、总线型和混合型等，如图 5-3 所示。

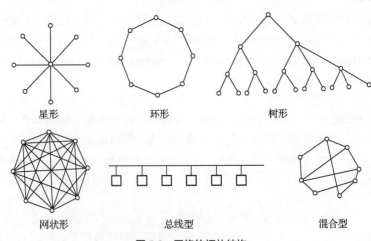

星形　　　　　　环形　　　　　　树形

网状形　　　　　　总线型　　　　　　混合型

图 5-3　网络的拓扑结构

关于网络的拓扑结构基础知识请参阅二维码。

**5. 核心网、边缘网、接入网**

随着计算机网络规模越来越大，其主机数量成千上万，为确保连通性和网络性能，不可能采用任意两个主机直连的方式（成本、复杂度太高），而是将网络分成核心网和边缘网（包括接入网），核心网采用数据交换的方式，负责数据通信和传输；通过接入网和边缘网将大量的用户计算机接入核心网，并提供资源共享服务。

互联网拓扑结构很复杂，但从其工作方式上来看，也可以分为两大部分，如图 5-4 所示。

边缘部分由所有连接在互联网上的主机组成。这部分是用户直接使用的，用来进行通信（传送数据）和资源共享。

核心部分由大量网络和连接这些网络的路由器组成。这部分是为边缘部分提供服务的（提供连通性和数据交换功能）。

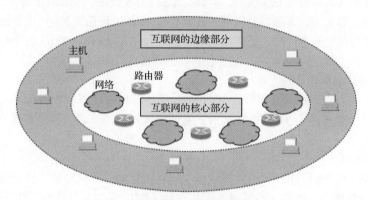

图 5-4　互联网的边缘网和核心网

在边缘网的端系统之间（不同的主机之间）的通信模式通常可分为两大类：客户机/服务器模式（C/S 模式）和对等网络模式（P2P 模式），如图 5-5 所示。

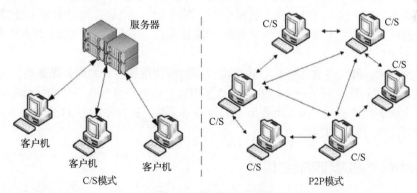

图 5-5　C/S 模式和 P2P 模式

（1）客户机/服务器模式

C/S 模式在互联网上是最常见、最传统的方式，如在网上发送邮件，需要通过客户端程序登录到自己的邮件服务器，填写好邮件内容后发送到收件人的邮箱服务器上，对方再通过客户端接收查看邮件；使用云盘，需要通过网盘客户端程序连接云盘服务器，才能查看网盘中的内容，以及上传和下载文件。

客户机（Client）和服务器（Server）是指通信中所涉及的两个应用进程。C/S 模式所描述的是进程之间服务和被服务的关系，往往是客户机进程向服务器进程提出服务请求，服务器进程向客户机提供服务。

客户机程序运行后，在通信时主动地向远程服务器（服务器进程）发起通信（服务请求），因此，客户机程序必须知道服务器的地址和服务进程（对应于 TCP/IP 的 Socket 地址和端口号）。由于客户机可以把数据的存储、计算、处理等操作放到服务器上进行，需要时让服务器提供服务即可，客户机本身就不需要特殊的硬件和很复杂的操作系统，这才有了"瘦客户"的理念和做法。

服务器程序是一种专门用来提供某种服务的程序，可同时处理多个远程或本地客户的请求。服务器程序运行后不断地监听端口，被动地等待并接收来自各地的客户机的通信请求，因此，服务器程序并不需要知道客户机程序的地址。与客户机相反，服务器一般需要强大的硬件和高级的操作系统支持。

当客户机与服务器的通信关系建立之后，通信可以是双向的，双方都可以收、发数据。

还有一种特殊的或者升级的 C/S 模式，是 B/S 模式。B/S 就是"Browser/Server"的缩写，即"浏览器/服务器"模式。B/S 模式是随着互联网的发展，在 Web 出现后兴起的一种网络结构模式。这种模式采用浏览器作为统一的客户端，使用超文本传送协议（HyperText Transfer Protocol，HTTP）规范了浏览器、服务器之间的通信协议，让核心的业务处理在服务器上完成，并往往在服务器上提供动态的 Web 服务以及数据库访问支持。

当用户（浏览器）想要访问数据时，会向 Web 服务器发送请求，Web 服务器接收请求后会访问数据库，将数据结果转换为 HTML 文本形式发送给客户机浏览器，浏览器再将之解析后显示到界面上。

（2）对等网络模式

对等网络（Peer to Peer，P2P）模式指两台主机在通信时并不区分哪一台是服务请求方哪一台是服务提供方。只要两台主机都运行了对等连接软件（P2P 软件），它们就可以进行平等的、对等的连接通信。这时，双方都可以下载对方已经存储在硬盘中的共享文件，因此这种工作方式也称为 P2P 模式。

实际上，P2P 模式在本质上仍然是客户机/服务器模式，只是对等连接中的每一台主机既是客户机同时又是服务器。P2P 模式可以支持大量对等用户同时工作（高达几百万个），因此 P2P 模式应用的范围很广，包括文件分发（如迅雷下载、电驴下载）、实时音视频会议/直播、数据库系统、网络服务支持等。

以视频点播为例，和 C/S 模式不同，P2P 模式不需要使用集中式的媒体服务器，而所有的音频/视频文件都是在普通的互联网用户之间传输的。这相当于有很多分散在各地的媒体服务器（其实就是用户自己的主机）向其他用户提供所要下载的音视频文件，这种 P2P 文件分发的方式解决了集中式媒体服务器可能出现的瓶颈问题。

### 5.2.2　Internet 的组成和逻辑结构

Internet 是由分布在世界各地的广域网、城域网、局域网通过路由器等互连而成的。从网络结构角度去看，Internet 是一个结构复杂并且在不断变化的网际网。同时，Internet 并不由任何一个国家组织或者国际组织来运营，而由一些私营公司分别运营各自的部分。用户接入与使用各种网络服务都需要经过因特网服务提供者（Internet Service Provider，ISP）提供。大型 ISP 向 Internet 管理机构申请了大量的 IP 地址（Internet Protocol Address，互联网协议地址），铺设了大量的通信线路，购置了高性能的路由器与服务器，组建了 ISP 网络；小型 ISP 可以向电信公司租用通信线路，为用户提供接入服务。ISP 一般是根据流量向用户收费。只要用户向 ISP 提出申请并缴纳一定费用后，ISP 就会为用户提供接入服务，并以动态或静态的方式提供 IP 地址。Internet 的逻辑结构如图 5-6 所示。

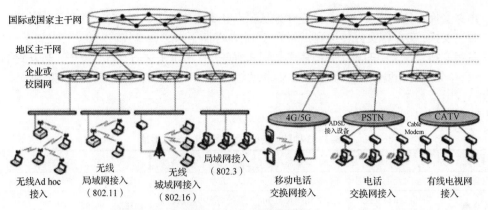

图 5-6　Internet 的逻辑结构

由此可以看出，大量的用户计算机与移动终端设备通过 802.3 标准的局域网、802.11 标准的无线局域网、802.16 标准的无线城域网、无线自组网（Ad hoc）或者公用电话交换网（Public Switched Telephone Network，PSTN）、无线移动通信网（4G/5G）以及有线电视（Cable Television，CATV）网接入本地的企业网或者校园网；企业网或者校园网汇聚到作为地区主干网的宽带城域网，宽带城域网通过城市宽带出口连接到国际或国家主干网；大型主干网由大量分布在不同地理位置、通过光纤连接的高端路由器构成，提供高带宽的传输服务。国际或国家主干网组成 Internet 的主干网。

### 5.2.3　数据交换技术

前面已经提到，随着计算机网络规模越来越大，往往分成核心网和边缘网（包括接入网）两部分，核心网主要依赖路由器，采用数据交换的方式负责数据通信和传输，是整个网络工作的核心。

数据交换的过程，也就是为任意两个终端设备建立数据通信临时互连通路的过程。网络的数据交换方式有两种基本的形式：电路交换和存储转发交换。其中存储转发交换还可以分为报文交换和分组交换，在计算机网络中，采用的是分组交换技术。关于 3 种交换方式的工作原理和交换过程可参阅二维码相关内容。

图 5-7 所示为电路交换、报文交换和分组交换 3 种交换的主要区别。A、D 分别是源点和终点，B、C 是在 A 和 D 之间的中间节点，3 种交换方式在数据传送阶段的主要特点如下。

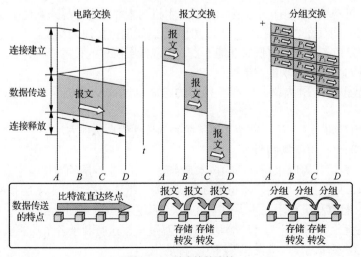

图 5-7　3 种交换的比较

- 电路交换：整个报文的比特流连续地从源点 *A* 直达终点 *D*，好像在一个管道中传送。
- 报文交换：整个报文先传送到相邻节点，全部存储下来之后查找转发表，转发到下一个节点。
- 分组交换：报文中的单个分组传送到相邻节点，存储下来之后查找转发表，转发到下一个节点。由于一个分组的长度往往小于整个报文的长度，因此，分组交换比报文交换的时延小，具有更好的灵活性。

表 5-1 所示为 3 种数据交换方式的优点、缺点对比。

表 5-1　3 种数据交换方式的优点、缺点对比

| 交换方式 | 优点 | 缺点 |
| --- | --- | --- |
| 电路交换 | 传输时延小，实时性好，交互性好，技术简单，容易实现 | 信道利用率低，有呼损 |
| 报文交换 | 采用存储转发技术，信道利用率高，不同类型的终端可以通信，无呼损 | 时延大，费用高 |
| 分组交换 | 可靠性高，传输时延小，信道利用率高，通信环境灵活 | 技术复杂，数据传输时延不等 |

## 5.2.4　网络体系结构

为了完成计算机间的通信合作，人们给每台计算机的功能划分了明确的层次，并规定了同层次进程间通信的协议，以及相邻层之间的接口和服务。这些层次（Layer）结构、同层进程间的通信协议（Protocol）以及相邻层之间的接口（Interface）就统称为网络体系结构（Network Architecture）。

计算机网络由多台主机组成，主机之间需要不断地交换数据。要做到有条不紊地交换数据，每台主机都必须遵守一些事先约定好的通信规则。协议就是一组控制数据交换过程的通信规则，这些规则明确地规定所交换数据的格式和时序。这些为网络数据交换制定的通信规则、约定与标准被称为"网络协议"。

计算机网络系统结构非常复杂，发起通信的计算机需要告诉网络节点如何识别接收端计算机；要明确接收端计算机文件的格式是否与其兼容，如果不兼容，收发双方至少有一方要进行格式转换，如果兼容，则要知道接收端计算机是否已经做好接收、存储文件的准备；如果数据在传输过程中出现错误、重复或丢失，或者网络中某个节点出现故障，应当有可靠的措施来保证接收端计算机最终能够收到正确的文件；等等。所有这些功能都由一个程序来完成显然是不现实的。在计算机网络体系结构中，采用了分层的思想和方法，将复杂的系统或问题逐步往下分解为若干比较容易处理的子系统或者子问题，交给下层来处理或者解决。

在分层的计算机网络体系结构中，接口是同一主机内相邻的上下层之间用来交换信息的连接点。同一主机的相邻层之间存在明确规定的接口，相邻层之间通过接口来交换信息；低层通过接口向高层提供服务，只要接口条件不变、低层功能不变，实现低层协议的技术变化，就不会影响整个系统，以此方便实现系统的兼容性和功能性扩展。

借助于分层思想和采用协议、层次、接口的方法构建的计算机网络体系结构，具有如下的优点。

① 各层之间相互独立。上层不需要知道下层的具体结构和实现方法，它只关心和相邻下层之间的接口如何调用，即可获得所需的服务。

② 灵活性好。各层都可以采用合适的技术来实现，如果某一层的实现技术发生了变化，软件升级到了更新的版本，只要这一层的功能与接口保持不变，就不会影响其他各层和整个系统。

③ 易于实现和标准化。由于采用了规范的层次结构去组织网络功能和协议，因此可以将复杂的网络通信过程，逐步分解、划分为有序的动作和交互过程，这有利于各个功能模块的设计与实现，使整个网络系统变得容易设计、实现和模块化、标准化。

## 5.2.5　OSI 参考模型

在 OSI 出现之前，计算机网络中存在众多的体系结构，其中以 IBM 公司的系统网络体系结构（System Network Architecture，SNA）和 DEC 公司的数字网络体系结构（Digital Network Architecture，DNA）最为著名。为了解决不同体系结构网络的互连问题，ISO 于 1974 年发布了著名的开放系统互连参考模型 OSI-RM（Open System Interconnection Reference Model）文件（ISO 7498 国际标准），并在 1983 年正式成为国际标准。

计算机网络是一个异常复杂的系统，通信双方要做到准确、快速地交换数据，就必须遵守一些事先约定好的规则与标准。OSI-RM 标准制定过程中采用的方法是将整个庞大而复杂的问题抽象划分为若干个不同的层次，划分层次的原则如下。

① 网中各节点都有相同的层次。

② 不同节点的同等层次具有相同的功能。

③ 同一节点相邻层次之间通过接口通信。

④ 每一层使用下层提供的服务，并向其上层提供服务。

⑤ 不同节点的同等层按照协议实现对等层之间的通信。

OSI 参考模型把网络通信的工作分为 7 层，它们由低到高分别是物理层（Physical Layer）、数据链路层（Data Link Layer）、网络层（Network Layer）、传输层（Transport Layer）、会话层（Session Layer）、表示层（Presentation Layer）和应用层（Application Layer），如图 5-8 两侧所示。第一层到第三层属于 OSI 参考模型的低 3 层，负责创建网络通信连接的链路；第四层到第七层为 OSI 参考模型的高 4 层，具体负责端到端的数据通信。每层实现一定的功能，每层都直接为其上层提供服务，并且所有层次都互相支持，而网络通信则可以在发送端自上而下或者在接收端自下而上双向进行。当然并不是每一通信都需要经过 OSI 参考模型的全部 7 层，有的甚至只需要双方对应的某一层即可。物理接口之间的转接，以及中继器与中继器之间的连接就只需在物理层中进行即可；而路由器与路由器之间的连接则只需经过网络层往下的 3 层。总的来说，双方的通信是在对等层次上进行的，不能在不对等层次上进行通信。

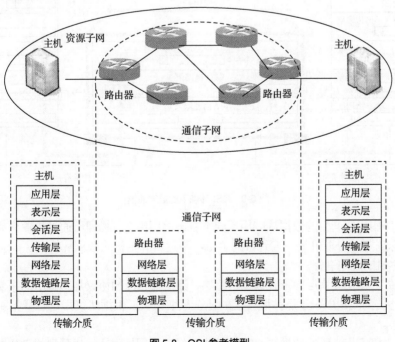

图 5-8　OSI 参考模型

OSI 参考模型各层的主要功能如表 5-2 所示。

表 5-2　OSI 参考模型中各层的主要功能

| 序号 | 名称 | 功能特性简介 | 传输单元 |
|---|---|---|---|
| 7 | 应用层 | 作为用户应用进程的接口,负责应用管理、用户信息的语义表示,并进行语义匹配和执行应用程序等 | 数据单元 |
| 6 | 表示层 | 负责通信系统之间的数据格式转换、数据加密与解密、数据压缩与解压恢复 | 数据单元 |
| 5 | 会话层 | 提供一个面向用户的连接服务,负责维护会话主机之间连接的建立、管理和终止,以及数据交换和数据传输同步 | 数据单元 |
| 4 | 传输层 | 屏蔽低层数据通信的细节,为不同计算机的进程通信提供可靠的端到端(End-to-End)连接与数据传输服务 | 报文(Message) |
| 3 | 网络层 | 通过路由选择算法为分组交换方式选择适当的传输路径,实现流量控制、拥塞控制与网络互连的功能 | 分组/包(Packet) |
| 2 | 数据链路层 | 建立数据链路连接,采用差错控制和流量控制等方法,在不可靠的物理链路上实现可靠的数据传输 | 数据帧(Frame) |
| 1 | 物理层 | 利用物理传输介质为通信的主机之间建立、管理和释放物理连接,实现比特流的透明传输,尽可能屏蔽物理介质和设备的差异 | 位(bit) |

有了 OSI 参考模型,那么在 OSI 环境中进行数据传输的过程,就变成了图 5-9 所示的样子。从中可以看出以下几点

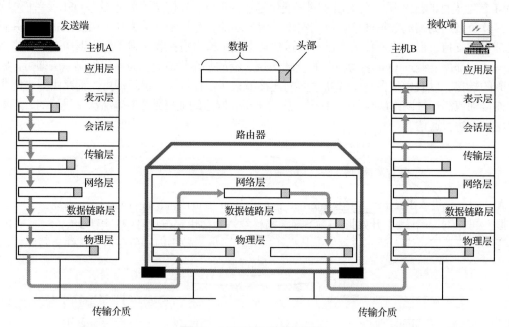

图 5-9　OSI 环境下的数据通信

① 源主机应用程序产生的数据从应用层向下纵向逐层传送,物理层通过传输介质横向将表示数据的比特流传送到下一台主机,一直到目的主机。到达目的主机的数据从物理层向上逐层传送,最终传送到目的主机的应用进程。

② 源主机的数据从应用层向下到数据链路层,逐层按相应的协议加上各层的报头。目的主机的数据从数据链路层到应用层,逐层按照各层的协议读取报头,根据协议规定解释报头的意义,执行协议规定的动作。

③ 尽管源主机应用进程的数据在 OSI 环境中,经过多层处理才能送到目的主机的应用进程,但

是整个处理过程对用户是"透明的"。OSI 环境中各层执行网络协议的硬件或软件自动完成，整个过程不需要用户介入，对于应用进程，数据好像是"直接"传送过来的。

# 5.3　Internet 技术及应用

Internet 是一组全球信息资源的总汇，它以相互交流信息资源为目的，是一个信息资源和资源共享的集合。Internet 并非一个具有独立形态的网络，是由全世界范围内众多计算机网络连接而成的网络集合体。无论用户或网络处于世界何处，具有多大的规模，只要遵循共同的通信协议 TCP/IP，便可以连接至 Internet。

## 5.3.1　Internet 发展史

1969 年，Internet 的前身 ARPA 网正式建成。当时，ARPA 网的初衷主要是用于军事目的。1983 年，ARPA 网已连接 300 多台计算机。1984 年，ARPA 网开始分解成两个网络：一个仍叫作 ARPA 网，它主要用作民用科研网；另一个为军用计算机网络 MILNET。1986 年，美国国家科学基金会（National Science Foundation，NSF）建立了国家科学基金网（NSFNET）。它是一个三级计算机网络，其中包括主干网、地区网和校园网，覆盖了全美国主要的大学和研究所。NSFNET 后来接管了 ARPA 网，并将其更名为 Internet。当时 NSFNET 的主干网的数据传输速率只有 56kbit/s。在 1989—1990 年，NSFNET 主干网的数据传输速率提高到 1.55Mbit/s，即 T1 的速率，并且成为 Internet 中的主干网。1990 年，鉴于 ARPA 网的实验任务已经完成，在历史上起过重要作用的 ARPA 网就正式宣布关闭。

20 世纪 80 年代中后期，基于 NSFNET 的 Internet 主要应用于科学研究。20 世纪 90 年代，Internet 开始应用于商业目的。1993 年，Internet 主干网的数据传输速率提高到 45Mbit/s。1996 年，其主干网的数据传输速率为 155Mbit/s，随后逐步提高到 1Tbit/s。

20 世纪 90 年代初期，欧洲核子研究组织（CERN）开发的万维网 WWW 为在 Internet 上存储、发布和交换超文本的图文信息提供了强有力的工具。1993 年，美国伊利诺依大学国家超级计算机中心开发成功了网上浏览工具 Mosaic，其进而发展成 Netscape，使 Internet 用户可以使用 Mosaic 或 Netscape 自由地在 Internet 浏览和下载 WWW 服务器上发布和存储的各种软件与文件，WWW 与 Netscape 的结合，引发了 Internet 发展的新高潮。各种商业机构、企业、机关团体、军事、政府部门和个人开始大量进入 Internet，并在 Internet 上大做 Web 主页广告，进行网上商业活动，一个网络上的虚拟空间（Cyberspace）开始形成。美国国家科学基金会也宣布从 1995 年开始，不再向 Internet 注入资金，使其完全进入商业化运作，从而正式拉开了世界范围内的争夺信息化社会领导权与制高点的"战争"。计算机科学技术也由此而进入了以网络为中心的历史性新时期。

21 世纪初，移动 Internet、宽带码分多路访问（Wideband Code Division Multiple Access，WCDMA）的移动通信网络、三维 Internet、波分复用（Wavelength Division Multiplexing，WDM）或 IP over DWDM（密集波分复用，Dense Wavelength Division Multiplexing）的光 Internet、全光 Internet、可编程 Internet 等高性能 Internet 技术取得更大的进展。Internet 在网络管理、安全性、可靠性、服务质量（Quality of Service，QoS）保证等方面有了更大的改进，其应用规模进一步扩大，应用水平也不断提高。

1994 年 4 月，我国使用 64kbit/s 的数字数据网（Digital Data Network，DDN）专线接入 Internet，标志着我国被国际上正式承认为第 77 个接入 Internet 的国家。同年 5 月，中国科学院高能物理研究所设立了我国的第一个万维网服务器。同年 9 月，中国公用计算机互联网 CHINANET 正式启动。目前，我国建造并使用的 5 个规模较大的全国范围内的公用计算机网络如下。

① 中国电信互联网 CHINANET（也就是原来的中国公用计算机互联网）。

② 中国联通互联网 UNINET。

③ 中国移动互联网 CMNET。

④ 中国教育和科研计算机网 CERNET。

⑤ 中国科技网 CSENET。

2004 年 2 月，我国的第一个下一代互联网的主干网 CERNET2 实验网正式开通，其核心节点大部分采用了我国自主研制、具有自主知识产权的世界上先进的 IPv6 核心路由器，核心节点之间的传输速率可达 2.5Gbit/s～10Gbit/s，主干网传输速率达到 2.5Gbit/s～5Gbit/s，地区网传输速率达到 155Mbit/s～2.5Gbit/s，覆盖全国 200 多座城市，连网的大学、教育机构和科研单位超过 1300 个，用户超过 1800 万人，成为世界上最大的国家级公益性计算机互联网。我国是继美国 Internet2 之后，全球第二个开通 100GB 线路国家级学术网络。这标志着我国在 Internet 的发展过程中，已经逐步达到了世界先进水平。

中国互联网络信息中心（China Internet Network Information Center，CNNIC）每年分两次公布我国互联网的发展情况，可在其网站上查看以往公布的报告。据《中国互联网络发展状况统计报告》，截至 2021 年 6 月，我国网民规模达 10.11 亿（其中手机网民规模达 10.07 亿），较 2020 年 12 月增长 2175 万，互联网普及率达 71.6%，形成了全球规模最大、应用渗透最强的数字社会，互联网应用和服务的广泛渗透构建起数字社会的新形态：8.88 亿人看短视频、6.38 亿人看直播，短视频、直播正在成为全民新的生活方式；8.12 亿人网购、4.69 亿人叫外卖，人们的购物方式、餐饮方式发生了明显变化；3.25 亿人用在线教育、2.39 亿人用在线医疗，在线公共服务进一步便利民众。

## 5.3.2 Internet 的体系结构

ISO 虽然在 1983 年推出了整套的 OSI-RM 国际标准，但是在此之前 Internet 已经抢占了全世界大部分的市场，很多厂商没有再投入生产符合 OSI 标准的产品，因而现今规模最大、覆盖全世界的 Internet 并没有采用 OSI 体系标准，TCP/IP 这个由市场、厂商产生的标准成为现行的网络体系标准，OSI 体系标准仅仅获得了理论研究上的一些成果。

TCP/IP 体系结构采用了 4 层的层级结构（图 5-10 中间所示），这 4 层分别为应用层、传输层、网络层和网络访问层。其中网络访问层相当于 OSI 模型中的数据链路层和物理层合并而成，网络访问层并没有重新定义新标准，而是有效利用原有数据链路层和物理层标准。

OSI-RM 的结构清晰、概念清楚、理论完整、功能明确，但它过于复杂而不实用；TCP/IP 体系结构在产业应用中

| OSI模型 | TCP/IP 模型 | 五层模型 |
|---|---|---|
| 应用层 | 应用层 | 应用层 |
| 表示层 | | |
| 会话层 | | |
| 传输层 | 传输层 | 传输层 |
| 网络层 | 网络层 | 网络层 |
| 数据链路层 | 网络访问层 | 数据链路层 |
| 物理层 | | 物理层 |

图 5-10　3 种模型对比

得到了广泛的认可，成为实际的执行标准，但是从实质上讲，它只有上 3 层结构，最下面的网络访问层并没有具体内容。因此，在理论学习上和在学术界里常常采取折中的办法，综合 OSI-RM 和 TCP/IP 的优点，使用一种五层协议的体系结构（图 5-10 最右边所示），这种结构只是为了介绍网络原理而设计，实际应用中还是 TCP/IP 的 4 层结构。

五层模型中，5 层的主要功能如下。

### 1. 应用层

应用层是五层体系结构的最高层，是在功能上和用户最接近的一层。它的作用是通过通信双方应用进程之间的交互来向双方提供相应功能的服务，应用进程就是指当前主机中正在运行的程序。不同的服务提供不同的网络功能，不同的应用层协议提供不同的网络应用，在应用层有很多我们熟知的应用层协议，如 HTTP、FTP、SMTP（Simple Mail Transfer Protocol，简单邮件传送协

议）等。

### 2. 传输层

传输层的作用是向通信双方应用层的会话或者说正在交互的应用层进程提供端到端的数据传输和数据控制服务。传输层的服务不针对特定某一个应用层应用，多个应用层进程可以同时使用传输层的服务，同样传输层也可以将经过复用的数据分别交付给不同的上层进程。传输层主要的协议有TCP、UDP（User Datagram Protocol，用户数据报协议）。

### 3. 网络层

网络层的作用是向不同的主机之间提供数据通信的服务，即将数据从源端经过若干个中间节点传送给目的端。网络层将传输层产生的报文封装成分组，并选择合适的路由，通过网络中的路由器一步步将分组传递给目的主机。互联网上使用的网络层协议是 IP，故互联网的网络层也常常叫作网际层或者 IP 层。

### 4. 数据链路层

数据链路层的作用是将源自网络层的分组封装成帧，并可靠地传输到相邻节点。从网络层看来，数据流总是从一个主机到达另一个主机或路由器，但实际中数据是经过一段段的链路进行传送的，这一段段的链路由各种节点设备连接（如路由器、交换机），要达到这一目的就要使用不同的数据链路层协议，解决封装成帧、数据传输、差错管理、流量控制、链路管理等问题。数据链路层常用的协议有PPP（Point to Point Protocol，点对点协议）、CSMA/CD（Carrier Sense Multiple Access with Collision Detection，带冲突检测的载波监听多路访问）协议、FR（Frame Relay，帧中继）协议等。

### 5. 物理层

物理层是五层模型的底层，它的作用是在不同的传输介质（如双绞线、同轴电缆、光缆、无线信道）上透明地传输数据。物理层传输的数据单位是 bit。为了实现在传输数据时对信号、接口和传输介质的定义，物理层规定了机械特性、电气特性、功能特性、规程特性 4 种特性，对接线器的形状和尺寸、引线数目和排列，电压的范围，信号的来源、作用，操作过程，包括各信号线的工作顺序和时序进行了定义。物理层的协议有很多，如 10BASE2、10BASE5、100BASE-TX、DSL、SONET/SDH、EIA RS-232、USB、Bluetooth 等。

## 5.3.3　TCP/IP 概述

TCP/IP 是 Internet 发展的基础，所谓的 TCP/IP，实际上是一个协议族（一组协议），其中 TCP和 IP 是两个最重要的协议。IP 称为互联网协议，属于网络层，用来给各种不同的局域网和通信子网提供统一的互连平台；TCP 称为传输控制协议，属于传输层，用来为应用程序提供端到端的通信和控制功能。

TCP/IP 支持多种网络访问层（物理层和数据链路层）协议，如常见的局域网 Ethernet、Token Bus、Token Ring 等，这些协议和标准都遵循 IEEE 802 标准。在网络层，TCP/IP 包含的协议主要是 IP、ICMP（Internet Control Message Protocol，互联网控制报文协议）、IGMP（Internet Group Management Protocol，互联网组管理协议）、ARP（Address Resolution Protocol，地址解析协议）。在传输层，TCP/IP 包含的协议主要是 TCP、UDP。

### 1. IP

前面已经介绍过分组交换技术，IP 就是用来进行分组交换的，它实现了两个基本的功能：分组和寻址。分组和寻址都是用 IP 数据报头部的一个字段来实现的。网络只能传输一定长度的数据报，而当待传输的数据报文长度超出这一限制时，就需要用分组功能来将其分解为较小的数据包。在数据包头部包含有源端地址、目的端地址以及一些其他信息，可以对 IP 数据报进行寻址。

IP 有两个很重要的特性：非连接性和不可靠性。非连接性是指经过 IP 处理过的数据包是相互独立的，每个包都可以按照不同的路径传输到目的地，也就是说每个包传输的路由可以完全不同，因而其抵达的顺序可以不一致，先传送的包不一定先到达目的地；不可靠性是指 IP 没有提供对数据流在传输时的可靠性控制。它是一种不可靠的"尽力传送"的数据报类型协议。它没有重传机制，对底层的子网也没有提供任何纠错功能，用户数据报可能会发生丢失、重复甚至失序到达。对于一些不重要的或者非实时的数据传输，可以采用不可靠的传输方式，否则需要可靠性传输。因此，单靠 IP 是不够的，需要在 IP 基础上，再利用 ICMP 提供的出错信息或出错状况，配合上层的 TCP，才能提供可靠传输。

（1）IP 地址概述

在 TCP/IP 网络中，不管是局域网还是广域网，计算机之间基本依靠 TCP/IP 实现端到端的通信，TCP/IP 已经成为计算机之间通信的标准。网络层的数据单位是数据包，数据先被打包再进行传输，这个数据包具体要被投递到哪个方向就依靠数据包中封装的地址来决定。如果是 IP 封装的数据包，则数据包内要有源 IP 地址和目标 IP 地址。就好像你要给你的一个朋友写信一样，如果你想要把这封信邮递到你朋友的手里，你需要写上你的地址和你朋友的地址，这样对方才可以收到信。

（2）IP 地址结构

IP 地址由 32 位二进制数组成，每 8 位用"."隔开。转换成十进制数来表示即点分十进制记法，如 10.6.1.7。

IP 地址的 32 位二进制数据，相当于 4 个字节（1 个字节是 8 位）的二进制数据。对于单个字节的二进制数，如果第一位是 1，其他位均为 0，则相等的十进制数是 128。如果 8 位都是 1，则等于十进制数 255。如果 8 位都是 0，则等于十进制数 0。

32 位 IP 地址分为网络号和主机号。网络号和主机号的位数随地址类的不同而变化。每一个登录 Internet 的主机都会被分配一个全网唯一的 IP 地址，网络中数据从一台入网主机传输到另一入网主机，即从一个 IP 地址到另一个 IP 地址。

网络号（主机位全为零）用于标识 IP 地址所处的网段，如果通信双方的网络号不同则说明二者不在同一个网络中，需要由路由器来进行数据包的投递。网络号部分的二进制数不可以全为 1 或 0。

主机号（主机位的值）用于标识同一网段内的不同计算机的地址，主机号部分的二进制数同样也不可以全为 1 或 0。如果主机号全为 0 则代表本网段的网络号，全为 1 则代表本网段的广播地址。

（3）IP 地址分类

IP 地址共分为 5 类，依次是 A 类、B 类、C 类、D 类、E 类，如图 5-11 所示。其中在互联网中最常使用的是 A、B、C 三大类；而 D 类主要用于广域网，作用是用于多播；E 类地址是保留地址，主要用于科研。

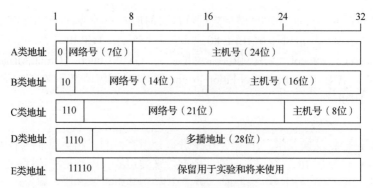

图 5-11　IP 地址的分类

（4）子网与子网掩码

为了解决 IP 地址空间利用率低、两级 IP 地址不灵活的缺点，人们在二级 IP 地址中增加了"子网号"字段，形成了三级 IP 地址的概念。子网延伸了 IP 地址的网络部分，以允许将一个网络分解为一些逻辑段（子网），这样将两级 IP 地址（IP 地址：网络号+主机号）变化为三级 IP 地址（IP 地址：网络号+子网号+主机号）。在同一网络号中，路由器将这些不同的子网看成截然不同的网络，并且在它们中间分配路由。这更易于管理大型网络，以及隔离网络不同部分之间的通信。默认情况下，网络主机只能与同一网络上的其他主机进行通信，因此通信隔离是可能的。路由器本质上是一个带有多个接口的计算机，每个接口连接在不同的网络或子网上。路由器内部的软件执行在网络或子网之间中继通信的功能。为达到这个目的，它用源网络上的地址通过一个接口接收数据包，并且通过连接到目的网络的接口中继这个数据包，从而实现不同网络之间的通信。

（5）私有地址

考虑到 IP 地址的紧缺性以及网络的安全性，一个机构内并不需要把所有的主机都直接接入 Internet（这会浪费大量的公有地址，也不够安全），机构内的主机更多的时候是内部之间互相通信的机会多一些，这就可以将机构内部的局域网络分配成私有地址。IP 地址按使用用途分为私有地址和公有地址两种，所谓私有地址就是只能在局域网内使用、广域网中是不能使用的，私有地址如表 5-3 所示。私有地址的主机不能直接访问 Internet，由网关（路由器）把私有地址转换为对外的公有地址，才可以访问 Internet。公有地址是在广域网内使用的地址，但在局域网也同样可以使用，除了私有地址以外的地址都是公有地址。

表 5-3　私有地址

| 类别 | 地址块 | 地址范围 |
| --- | --- | --- |
| A | 1 | 10.0.0.0～10.255.255.255 |
| B | 16 | 172.16.0.0～172.31.255.255 |
| C | 256 | 192.168.0.0～192.168.255.255 |

对于私有地址，需要注意以下几点。

① 如果 IP 地址是私有地址，那么路由器就会认为这是一个内部网络使用的私有地址，不会向 Internet 转发该分组。

② 如果一个组织出于安全因素考虑，建立专用网络，其内部 IP 地址都是私有地址，需要转发分组到 Internet（公有地址）时，可以通过网络地址转换（Network Address Translation，NAT）技术来实现私有地址和公有地址之间的转换。

（6）IPv6

解决 IP 地址耗尽问题的根本措施就是采用具有更大地址空间的 IPv6 技术，IPv6 是 Internet Protocol Version 6 的缩写。IPv6 是因特网工程任务组（Internet Engineering Task Force，IETF）设计的用于替代 IPv4 的下一代 IP，采用 128 位固定长度的地址方案。

IPv4 技术的最大问题是网络地址资源有限。从理论上讲，IPv4 技术可使用的 IP 地址有 43 亿个，其中美国占有约 30 亿个，而人口最多的亚洲只有不到 4 亿个，我国只有 3000 多万个。2011 年 2 月，IPv4 的地址已经耗尽，ISP 已经申请不到新的 IP 地址了。

谷歌公司 IPv6 用户统计数据显示，截至 2020 年，全球 IPv6 用户数已达 10 亿，有约 31%的上网用户通过 IPv6 网络访问谷歌网站和应用，全球 IPv6 部署率达 24.61%，且每年呈持续稳步上升的趋势。IPv6 用户数量排名前十位的国家和地区，依次是印度、美国、中国、巴西、日本、德国、墨西哥、越南、英国、法国。

在一系列政策的推动下，我国 IPv6 规模部署工作取得了显著成效，截至 2021 年 10 月，IPv6 活跃用户达到 5.457 亿，IPv6 终端活跃连接数高达 14.918 亿，已位居全球第一。

如果说 IPv4 实现的只是人机对话，而 IPv6 则扩展到任意事物之间的对话。它不仅可以为人类服务，还将服务于众多硬件设备，如家用电器、传感器、远程照相机、汽车等。它将实现无时不在、无处不在、深入社会每个角落的真正的宽带网，而且它所带来的经济效益将非常巨大。

IPv6 具有以下几个优势。

① IPv6 具有更大的地址空间。IPv4 中规定 IP 地址长度为 32 位，即有 $2^{32}-1$ 个地址；而 IPv6 中 IP 地址的长度为 128 位，即有 $2^{128}-1$ 个地址。

② IPv6 使用更小的路由表。IPv6 的地址分配一开始就遵循聚类（Aggregation）的原则，这使路由器能在路由表中用一条记录（Entry）表示一片子网，大大减小了路由器中路由表的长度，提高了路由器转发数据包的速度。

③ IPv6 增加了增强的组播（Multicast）支持以及对流的控制（Flow Control），这使网络上的多媒体应用有了长足发展的机会，为服务质量控制提供了良好的网络平台。

④ IPv6 加入了对自动配置（Auto Configuration）的支持。这是对 DHCP（Dynamic Host Configuration Protocol，动态主机配置协议）的改进和扩展，使网络（尤其是局域网）的管理更加方便和快捷。

⑤ IPv6 具有更高的安全性。使用 IPv6 网络的用户可以对网络层的数据进行加密并对 IP 报文进行校验，极大地增强了网络的安全性。

目前互联网处在 IPv4 向 IPv6 的过渡期，为了确保 IPv6 兼容 IPv4，可以采用双协议栈和隧道技术两种策略。

双协议栈就是在主机和路由器上安装使用 IPv4 和 IPv6 两套协议，这样可以确保和 IPv4 的系统通信时，使用 IPv4 协议；和 IPv6 的系统通信时，使用 IPv6 协议。

隧道技术的特点就是：两个 IPv6 的主机互相通信时（中间的网络有 IPv4），在 IPv6 数据报要进入 IPv4 网络的时候，把 IPv6 数据报再封装成为 IPv4 数据报，这样可以在 IPv4 的系统中进行数据转发，就好像 IPv6 数据报在 IPv4 网络的隧道中传输一样；当 IPv4 数据报离开 IPv4 网络中的隧道时，再把数据部分（原来的 IPv6 数据报）交给 IPv6 网络去处理，直到最终目的主机。

2. UDP/TCP

传输层的主要功能是实现分布式进程通信，它是实现各种网络应用的基础。网络层的 IP 地址标识了主机、路由器的位置信息；路由选择算法可在网络中选择一个由源主机-路由器、路由器-路由器、路由器-目的主机的多段"点对点"链路组成的传输路径；IP 通过这条传输路径完成 IP 分组数据的传输。传输层协议利用网络层所提供的服务，在源主机的应用程序与目的主机的应用进程之间建立"端到端"的连接，实现分布式进程通信。另外，传输层对分组丢失、线路故障进行检测，并采取相应的差错控制措施，以满足分布式进程通信对服务质量的要求。

传输层要解决的一个重要问题是进程标识，在网络环境中，标识一个进程必须同时使用 IP 地址和端口号（可理解为主机上的进程号）。在网络术语中，采用套接字（Socket）来表示 IP 地址和进程对应的端口号，记作 socket=IP 地址：端口号。在 TCP/IP 中，端口号的数值取 0～65535 之间的整数，不同数值的端口号和应用进程一一对应，其中 0～1023 为熟知端口号，由 IANA（Internet Assigned Numbers Authority，Internet 编号管理局）统一分配；1024～49151 为注册端口号，需要在 IANA 上登记注册，以防冲突；49152～65535 是临时端口号，由用户进程自行定义，不会和 IANA 上存在的端口号冲突。例如常见的 HTTP 的端口号是 8080 或 80。

人们设计 UDP 的主要原则是协议简单，运行快捷。UDP 的主要特点如下。

① UDP 是一种无连接的、不可靠的传输层协议。

UDP 在传输报文之前不需要在通信双方之间建立连接，因此减少了协议开销和传输延迟。UDP

对报文除了提供一种可选的校验和外，几乎没有提供其他的保证数据传输可靠性的措施。如果 UDP 检测出收到的分组出错，它就会丢弃这个分组，既不确认，也不通知发送端和要求重传。

② UDP 是一种面向报文的传输服务。UDP 对应用程序提交的报文既不合并，也不拆分，而是保留原报文的长度与格式，直接加上 UDP 的头部，构成一个传输层报文之后就向下交给 IP 网络层。

UDP 的特点，使 UDP 在视频点播、简短的交互式应用、多播与广播的场景中得到了广泛应用。

TCP 的特点主要如下。

① 支持面向连接的传输服务。

UDP 是一种可满足最低传输要求的传输层协议，而 TCP 则是一种功能完善的传输层协议。应用程序在使用 TCP 进行传送数据之前，必须在源进程端口和目的进程端口之间建立一条 TCP 传输连接。每个 TCP 传输连接使用双方端口号来标识；每个 TCP 连接为通信双方的一次进程通信提供服务。

② 支持字节流的传输。

TCP 在传输过程中将应用程序提交的数据看成一连串的、无结构的字节流。流（Stream）相当于一个管道，从一端放入什么内容，从另一端就可以照原样取出什么内容，中间不会出现丢失、重复和乱序的数据情况。

③ 支持全双工通信。

TCP 允许通信双方的应用程序在任何时候发送数据。

④ 支持同时建立多个并发的 TCP 连接。

应用程序可以根据需要，支持一个 TCP 服务器和多个 TCP 客户端同时建立连接；也可以支持一个 TCP 客户端与多个 TCP 服务器同时建立多个连接。

⑤ 支持可靠的传输服务。

TCP 是一种可靠的传输服务协议，它使用滑动窗口和确认机制检查数据是否安全和完整地到达，并且提供拥塞控制功能。TCP 支持可靠数据传输的关键是对发送和接收的数据进行跟踪、确认与重传。TCP 建立在不可靠的网络层 IP 之上，一旦 IP 及以下层出现传输错误，TCP 只能不断地进行重传，试图解决传输中出现的问题。

## 5.3.4　Internet 典型服务和应用

Internet 的服务和应用众多，这里以浏览器、搜索引擎、电子邮件为例，做简要介绍。

### 1. 浏览器

Internet 的普及包括众多的应用服务，其中 WWW 是最突出、最吸引人的应用服务。今天 WWW 几乎成了 Internet 的代名词。通过它用户可以阅读新闻、查询资料，乃至和远方的用户实现声音和图像的交互。

WWW 的全称为 World Wide Web，简称 Web，中文名称为万维网。它是一种建立在 Internet 上的全球性的、交互的、动态的、跨平台的、分布式的图形信息系统，是一个大规模、在线式的信息（文本、图片、声音和动画等）存储环境，是已连网服务器的集合。这些服务器按照指定的协议和格式共享资源和交换信息。用户可以通过被称作 Web 浏览器（Web Browser）的交互式应用程序来查找。有关于 WWW 的知识可以参阅二维码相关内容。

Web 浏览器是 PC 上经常使用到的客户端程序，功能是实现客户机进程与指定 URL（Uniform Resource Locator，统一资源定位符）的服务器进程的连接，发出请求报文，接收需要浏览的文档，向用户显示网页的内容等。

常见的网页浏览器包括 Internet Explorer、Edge、Opera、Firefox、Maxthon、Safari 及 Chrome 等。Internet Explorer（简称 IE）是微软公司推出的一款 Web 浏览器，原称 Microsoft Internet Explorer

（IE6 版本以前）和 Windows Internet Explorer（IE7、IE8、IE9、IE10、IE11 版本）。2015 年 3 月微软放弃 IE 品牌，转而在 Windows 10 上用 Microsoft Edge 取代了 IE。

Chrome 是由谷歌公司开发的一款设计简单、高效的 Web 浏览工具，特点是简洁、快速。Chrome 支持多标签浏览，每个标签页面都在独立的"沙箱"内运行，在提高安全性的同时，一个标签页面的崩溃也不会导致其他标签页面被关闭。此外，Chrome 基于强大的 JavaScript V8 引擎，提高了浏览器内部 JavaScript 执行的性能，这是之前其他 Web 浏览器所没有的。

### 2. 搜索引擎

搜索引擎是指通过网络搜索软件或网络登录等方式将互联网上大量的页面内容收集到本地，经过加工处理，从而能够对用户提出的各种查询做出响应，并为用户提供检索服务以达到网络导航的目的。搜索引擎提供的导航服务已经成为 Internet 上非常重要的网络服务，搜索引擎站点被誉为"网络门户"，成为人们获取 Internet 信息资源的主要检索工具和手段，也成了网络信息检索工具的代名词。著名的搜索服务网站如国外的 Google、Bing、Yahoo，国内的百度、搜狗、搜搜、360 搜索等。

搜索引擎按其工作方式主要可分为 3 种，分别是全文搜索引擎（Full Text Search Engine）、目录索引类搜索引擎（Index/Directory Search Engine）和元搜索引擎（Meta Search Engine）。

（1）全文搜索引擎

全文搜索引擎是名副其实的搜索引擎，国外具代表性的有谷歌（Google），国内著名的有百度（Baidu）。它们都是通过从互联网上提取的各个网站的信息（以网页文字为主）而建立的数据库中，检索与用户查询条件匹配的相关记录，然后按一定的排列顺序将结果返回给用户，因此它们是"真正的搜索引擎"。

从搜索结果来源的角度，全文搜索引擎又可细分为两种：一种是拥有自己的检索程序，俗称"蜘蛛/爬虫"（Spider）程序或"机器人"（Robot）程序，并自建网页数据库，搜索结果直接从自身的数据库中调用，如上面提到的搜索引擎；另一种则是租用其他引擎的数据库，并按自定的格式排列搜索结果，如 Lycos 引擎。

（2）目录索引搜索引擎

目录索引虽然有搜索功能，但在严格意义上算不上真正的搜索引擎，仅仅是按目录分类的网站链接列表而已。用户完全可以不用进行关键词（Keywords）查询，仅靠分类目录也可找到需要的信息。其中最具代表性的是 Yahoo。

（3）元搜索引擎

元搜索引擎在接收用户查询请求时，同时在其他多个引擎上进行搜索，并将结果返回给用户，著名的元搜索引擎如 360 网站提供的 360 搜索。在搜索结果排列方面，有的直接按来源引擎排列搜索结果，有的则按自定的规则将结果重新排列组合。

### 3. 电子邮件

电子邮件（E-mail）服务是目前很常见、应用很广泛的一种互联网服务。通过电子邮件，人们可以与 Internet 上的任何人交换信息。电子邮件因快速、高效、方便及价廉，得到了广泛的应用。

电子邮件的发送和接收过程需要遵循专门的电子邮件协议。目前，电子邮件系统所采用的协议最常用的是 POP3 和 SMTP。POP（Post Office Protocol，邮局协议）目前是第 3 版，一般用于收信。SMTP 一般用于发信。此外还有 IMAP（Internet Message Access Protocol，互联网邮件访问协议）、MIME（Multipurpose Internet Mail Extensions，多用途互联网邮件扩展）协议等。

E-mail 像普通的邮件一样，也需要地址，它与普通邮件的区别在于它采用电子地址，相当于用户在邮局租用了一个信箱。所有在 Internet 上有信箱的用户都有自己的一个或几个电子邮件地址（E-mail Address），并且这些地址都是唯一的。邮件服务器就根据这些地址，将电子邮件传送到相应用户的信箱中。就像普通邮件一样，用户能否收到 E-mai1，取决于是否取得了正确的电子邮件地址，这个地址需要先向邮件服务器申请注册。

电子邮件地址分为两个部分，其典型格式为：收件人邮箱名@邮件服务器域名。

收件人邮箱名又称为用户名，是管理员或用户自己定义的邮箱标识，由字符串组成的。符号@读作 "at"。邮件服务器域名是提供电子邮件服务的服务商名称，它指明了邮件服务器所在主机。它们都是唯一的，从而保证了邮件地址的唯一性。

一个电子邮件地址可以是字母、数字、下画线等字符组合而成的，如 admin123@***.com。

其中 admin123 是用户所申请的邮箱账号，即用户名；***.com 是邮件服务器域名。这个电子邮件地址表示名称为 admin123 的用户在 ***.com 主机上有一个邮箱。

要收发电子邮件，用户除了需要一个电子邮件地址外，还需要通过 Web 浏览器登录到相应的邮件服务器上收发电子邮件。用户也可以在自己的计算机上运行一个电子邮件客户端软件，这样操作起来更方便和快捷，尤其对一些需要处理来自不同邮箱大量邮件的用户。比较常用的电子邮件客户端有 Foxmail、Thunderbird、网易邮箱大师等。

# 5.4　网络安全基础

党的二十大报告明确提出，推进国家安全体系和能力现代化，坚决维护国家安全和社会稳定，强化网络、数据等安全保障体系建设。随着计算机和网络技术的飞速发展，信息网络安全已经成为社会发展的重要保证。信息网络安全涉及国家的政府、军事、文教等诸多领域，存储、传输和处理的许多信息是政府宏观调控决策、商业经济信息、银行资金转账、股票证券、能源资源数据、科研数据等重要的信息。其中有很多是敏感信息，甚至是国家机密，所以难免会吸引来自世界各地的各种人为攻击（如信息泄露、信息窃取、数据篡改、计算机病毒等）。

通常利用计算机犯罪很难留下犯罪证据，这也大大刺激了计算机高技术犯罪案件的发生。计算机犯罪率的迅速增加，使各国的计算机系统特别是网络系统面临很大的威胁，并成为严重的社会问题之一。因此，信息安全，特别是作为基础和主体的网络安全特别受到各国的重视。

## 5.4.1　网络安全基本概念

计算机网络在信息传输方面面临两大类威胁，即被动攻击和主动攻击，如图 5-12 所示。

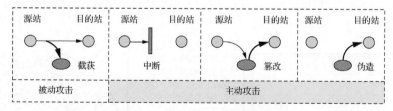

**图 5-12　被动攻击与主动攻击示意**

被动攻击是指攻击者从网络上窃听他人的通信内容，通常把这类攻击称为截获。在被动攻击中，攻击者只是窃听、观察和分析数据（可能是在网络中的任何层面）而不去干扰信息流（对方察觉不到）。

主动攻击通常有如下几种形式。

① 篡改。攻击者故意篡改网络上传送的报文，这也包括彻底中断传送的报文，甚至是把完全伪造的报文传送给接收方。这种攻击方式有时也称为更改报文流。

② 恶意程序。恶意程序包括计算机病毒、网络蠕虫、木马、后门、流氓软件等，这类恶意程序或者恶意传播阻塞网络，或者利用漏洞入侵系统、盗取信息，或者劫持浏览器、乱弹广告、恶意收集用户个人信息等。

137

③ 拒绝服务（Denial of Service，DoS）。拒绝服务指攻击者向互联网上的某个服务器不停地发送大量分组数据，使该服务器无法提供正常服务，甚至完全瘫痪。如果从互联网上的成百上千个网站集中攻击一个网站，则称为分布式拒绝服务（Distributed Denial of Service，DDoS）。

对付被动攻击，可以采用数据加密技术，使窃听者理解不了信息内容；对付主动攻击，可以采取适当的措施加以检测对方身份，需要将加密技术和适当的鉴别技术相结合。

一个安全的计算机网络，应该能够应对以上所述的各种攻击，设法达到理想的目标：保证保密性、端点鉴别、信息的完整性、运行的安全性。

保密性就是只有信息的发送方和接收方才能懂得信息的内容，而信息的窃听者则看不懂所截获的信息。保密性是网络安全通信的最基本要求，也是对付被动攻击必须具备的功能。

安全的计算机网络必须能够鉴别信息的发送方和接收方的真实身份。现在频频出现的网络诈骗，很多就是由于在网络上不能鉴别出对方的真实身份。端点鉴别在应对主动攻击时是非常重要的。

信息的保密性和完整性是不同的概念。即使能够确认发送方的身份是真实的，并且所发的信息都经过了加密，我们依然不能认为网络是安全的，因为信息有可能被中途篡改过。因此确认所收到的信息是完整的，内容没有被他人篡改过，这就是确认信息的完整性。在应对主动攻击时，保证信息的完整性和端点鉴别同样重要，因此，在谈到鉴别时，往往既要鉴别对方的身份，又要鉴别信息的完整性。

为了应对恶意程序和 DoS，确保计算机系统和网络运行的安全性，必须对访问网络的权限加以控制，并规定每个用户的访问权限。

## 5.4.2 加密与认证技术

数据加密的基本过程就是对原来为明文的文件或数据按某种加密算法进行处理，使其成为不可读的编码，通常称为"密文"，使其只能在输入相应的密钥之后才能显示出本来内容，通过这样的途径来达到保护数据不被非法窃取、阅读的目的。该过程的逆过程为解密，即将该编码信息转化为原来数据的过程。

加密是从古至今防范信息泄露最常用的手段，"置位"与"易位"是加密的基本原理。加密算法是相对稳定的，可以把加密算法视为常量，而密钥视为变量。如果事先约定好规则，对每一个新的信息改变一次密钥（一次一密），或者定期更换密钥，就可以提高系统安全性。

恺撒密码属于一种"置位"密码，它将一组明文字母用另一组伪装（"置位"后的）的字母来表示，如图 5-13 所示。

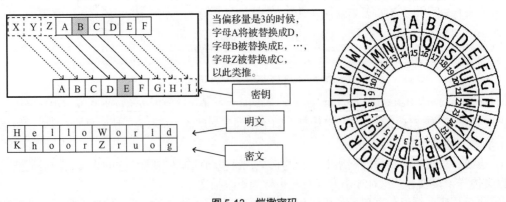

图 5-13 恺撒密码

恺撒密码的密钥就是明文与密文的字母对应表，按图 5-13 中偏移量 3 的字母对应表，明文

"HelloWorld"将被加密为密文"KhoorZruog"。密文解密时，也要按照此密钥（加密密钥和解密密钥相同），反过来将密文字母还原。图 5-13 所示的密钥是单字母表替换，字母 A 可以被替换为 A～Z 中某一个，字母 B 可以被替换为 B～Z 中的某一个，字母 C 可以被替换为 C～Z 中的某一个，以此类推，单字母替换的密钥数量总共有 $26! = 4×10^{26}$ 个。表面上该密码系统很安全，但实际上如果统计密文中各个字母出现的频率，就很容易找到相应的明文字母，从而破解系统。

### 1. 数据加密模型

加密技术可以分为密钥和加密算法两部分，现代密码学的一个基本原则是"一切秘密寓于密钥之中"。在设计加密系统时，加密算法可以是公开的，真正需要保密的是密钥。

抽象来看，加密算法是用来加密的数学函数，解密算法就是用来解密的数学函数，密文是明文经过加密算法运算之后的结果，通过解密算法还可以将密文解密还原为明文，这样就构造出来一个数据加密模型，如图 5-14 所示。这里，加密过程相当于是一个含有参数 Ke 的数学变换，即

$$C = E_{Ke}(P)$$

其中，$P$ 是未加密的明文信息，$C$ 是加密后的密文信息，$E$ 是加密算法，参数 Ke 是加密密钥。密文 $C$ 是明文 $P$ 使用密钥 Ke，经过加密算法 $E$ 运算之后得到的结果。

与之相似，解密过程相当于是一个含有参数 Kd 的数学变换，解密结果 $P$（即明文 $P$）是密文 $C$ 使用解密密钥 Kd，经过解密算法 $D$ 运算之后得到的结果。即

$$P = D_{Kd}(C)$$

如果加密后的密文在网络传输过程中，被窃听者截获，由于窃听者不知道相应的密钥与解密算法，就很难把密文还原为明文，从而保证了应对被动攻击的系统安全。

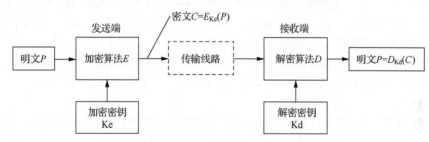

图 5-14　数据加密模型

对于同一种加密算法，密钥的位数越长，破译的难度也就越大，安全性也就越高。但是过长的密钥位数，会造成正常的加密和解密过程消耗更多的时间，带来一些不利的影响。因此，密钥长度应适度，考虑到"没人愿意做亏本的买卖"，选择适当长度的密钥，使破译密钥所需的代价（时间、金钱成本等价值）比该密钥所保护的信息本身价值还要大得多，就可认为够安全了。

### 2. 两类密码体制

密码体制从原理上可分为两大类，即私密密钥密码体制和公开密钥密码体制。

（1）私密密钥密码体制

私密密钥密码体制又称为对称密钥密码体制，即加密密钥 Ke 与解密密钥 Kd 是相同的密码体制。私密密钥系统的保密性主要取决于密钥的安全性，它存在通信双方之间如何确保密钥安全交换的问题。密钥在双方之间的传递和分发必须通过安全通道进行，如果被第三方获取就会造成失密，在公共网络上使用明文传递密钥是不安全、不可靠的。

私密密钥密码体制在实际应用中除了要设计出满足安全性要求的加密算法，还必须解决好密钥的产生、分配、传输、存储和销毁等多方面问题。由于通信对象的多元性，导致了一个用户必须拥有多个不同对象的密钥，方可安全可靠地进行通信。如果网络中 $N$ 个用户之间需要进行加密通信，

就需要 $N \times (N-1)$ 个私密密钥。

典型的对称加密算法有 DES 和 IDEA。

DES（Data Encryption Standard，数据加密标准）加密算法是一种对数据进行分组加密的算法，在加密前将明文分成长度为 64 位的分组，使用的密钥长度也是 64 位（有效密钥长度为 56 位，有 8 位用于奇偶校验），得到的密文分组长度也是 64 位。DES 加密算法的缺点是不能提供足够的安全性，因为其密钥容量只有 56 位。在 DES 加密算法之后又出现了 IDEA（International Data Encryption Algorithm，国际数据加密算法），IDEA 使用 128 位密钥，因而安全性更高。

（2）公开密钥密码体制

公开密钥密码体制，又称为非对称密钥密码体制，其最大特点是采用不同的加密、解密密钥。在公开密钥密码体制下，加密算法 $E$ 和解密算法 $D$ 都是公开的，每个用户都拥有两把密钥，一个公钥 Ke 公开用于加密，一个私钥 Kd 自己专用用于解密，两个密钥是成对出现的，但不能通过公钥 Ke 计算得到私钥 Kd。

和私密密钥密码体制相比，公开密钥密码体制具有如下特点。

① 人们可以将公钥公开，谁都可以使用，而私钥只有解密人自己知道。不需要进行密码交换（各用户之间无须交换各自的私钥），可以大大简化密钥的管理，网络中 $N$ 个用户之间的通信加密，仅需要 $N$ 对密钥，数量比私密密钥的要少很多。

② 在公开密钥密码体制中，公钥可以用来加密，也可以用来解密；同样，私钥可以用来解密，也可以用来加密。

③ 由于采用了两个密钥，并且从理论上可以保证要从公钥和密文中分析得出明文和解密的私钥在计算上是不可行的。那么多个用户 B、C、D、…都可以使用 A 用户的公钥 $Ke_A$ 进行加密通信，接收方 A 用户使用自己的私钥 $Kd_A$ 解密，则可以实现多个用户发送密文，只能由一个持有解密私钥的用户解读，即便传输中被截取窃听也是不可解密的信息。

④ 如果以 A 用户的私钥 $Kd_A$ 作为加密密钥，而以该用户的公钥 $Ke_A$ 作为解密密钥，则可以实现由一个用户 A 加密的消息被多个用户（大家都有公钥 $Ke_A$）解读，这样可用于数字签名（身份认证，防止抵赖）。

可以把上述的③和④过程结合起来，既实现数字保密通信的同时又完成数字签名，如图 5-15 所示。

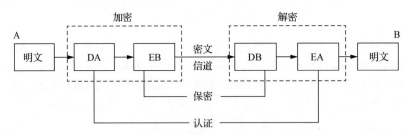

图 5-15　非对称密钥体制的认证（数字签名）与保密

EA 和 EB 分别是 A 和 B 的加密钥（或公开钥），DA 和 DB 分别是 A 和 B 的解密钥（或专用钥、私钥）。一个明文若要从 A 传输到 B，先要用 A 的专用密钥加密（又称签名），再用 B 的公开钥加密，然后传送到接收方 B；B 在接收后，首先用专用密钥解密，再用 A 的公开密钥认证。这一信息传递过程，不仅保护了信息的安全，又使接收方对信息的发送方为 A 确信无疑。

典型的非对称加密算法有 RSA 算法、Elgamal 算法、背包算法、Rabin 算法、D-H 算法、ECC（Elliptic Curve Cryptosystem，椭圆曲线密码体制）算法等。关于 RSA 算法的介绍可参阅二维码相关内容。

### 3. 鉴别技术

鉴别（Authentication）是网络安全中一个很重要的过程。鉴别是要验证通信的对方的确是自己所要通信的对象，而不是其他的冒充者，并且所传送的报文是完整的，没有被他人篡改过。从定义上可以看出，鉴别包含两种：实体鉴别和完整性鉴别。实体鉴别也就是端点鉴别，能够识别出对方的真实身份，以防冒充；完整性鉴别就是鉴别收到信息的完整性、是否被篡改，以防篡改。

（1）实体鉴别

实体鉴别，它只在和对方通信会话的过程里验证一次。最简单的实体鉴别如图 5-16 所示。A 向远端的 B 发送带有自己身份 A（如名字、ID 等）和口令的报文，并且使用双方约定好的共享对称密钥 $K_{AB}$ 进行加密，B 收到此报文后，用共享对称密钥 $K_{AB}$ 进行解密，从而鉴别了实体 A 的身份（B 认为只有 A 才知道 A 的口令以及密钥 $K_{AB}$）。

实际上，这种简单的鉴别方式是有漏洞的。例如，窃听者 C 可以截获 A 发给 B 的报文，C 并不需要破译这个报文，而直接把这个报文转发给 B（C 甚至可以把 C 的 IP 地址改成 A 的地址，也就是 IP 欺骗，伪装得更像 A），使 B 误以为 C 就是 A；然后 B 就向伪装成 A 的 C 发送报文。这种攻击方式叫作重放攻击（Replay Attack）。

为了应对重放攻击，可以使用不重数（Nonce），也就是一个不重复使用的大随机数，即"一次一数"，在鉴别过程中使用不重数可以使 B 能够把重复的鉴别请求和新的鉴别请求区分开，如图 5-17 所示。

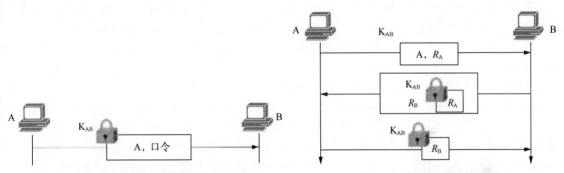

图 5-16　仅使用对称密钥传送鉴别实体身份的报文　　　　图 5-17　使用不重数进行鉴别

A 首先用明文向远端的 B 发送包含自己身份 A 和一个不重数 $R_A$ 的报文。B 收到后，用两者的共享对称密钥 $K_{AB}$ 对不重数 $R_A$ 加密，同时附带上自己的不重数 $R_B$，组成报文返回给 A。A 收到 B 返回的报文后，用两者的共享对称密钥 $K_{AB}$ 先解密还原 $R_A$，如果和自己的 $R_A$ 一致，证明 B 的身份正确，对 $R_B$ 加密后再返回给 B。同样地，B 用两者的共享对称密钥 $K_{AB}$ 解密还原 $R_B$，如果和自己的 $R_B$ 一致，证明 A 的身份正确。经过两边的互相认证，从而鉴别双方的实体身份。由于每次会话时的不重数 $R_A$ 和 $R_B$ 都在变化，每次鉴别时都需要双方将收到的不重数重新用共享对称密钥 $K_{AB}$ 加密计算一次（窃听者即使截获了不重数，没有共享密钥也无法加密），所以很好地应对了重放攻击。

（2）完整性鉴别

完整性鉴别，也就是报文的完整性鉴别（简称报文鉴别）。它对每一个收到的报文都要鉴别，判断是否被篡改，在技术上主要是通过密码散列函数（Cryptographic Hash Function）来实现的。

设想如下的问题，报文原文"HelloWorld"从 A 传送给 B（中途可能会被篡改，内容变化），如何让 B 知道自己收到的报文是正确的，没有被篡改过？这个问题的解决方法类似于网络数据链路层的差错检测。我们可以在原报文"HelloWorld"后面加上 1 个字节的鉴别检测字段 Check，为了方便读者理解和计算，该字段的值等于原报文中各个字符的 ASCII 值之和对 256 求余，因此

$$Check=(72+101+108+108+111+87+111+114+108+100)\% \ 256=1020 \ \% \ 256=252$$

　　将原报文和加密后的 Check 字段（加密后窃听者无法修改 Check 字段）一起发给 B，如果在传输过程中，原报文内容被篡改过，变成了"HelloKitty"，那么 B 收到的是{"HelloKitty"，$E(252)$}，其中的 $E(252)$ 代表的是 Check 字段加密后的密文。

　　B 通过解密，知道这次传输的报文 Check 值应该是 252，收到的报文是"HelloKitty"，B 重新鉴别 Check，如下。

$$Check=(72+101+108+108+111+75+105+116+116+121)\% 256=1033 \% 256=9 \neq 252$$

　　收到报文的 Check 值并不等于原报文的 Check 值，因此，B 就知道原报文内容被篡改过了。

　　上述的例子中，鉴别检测字段 Check 是一个函数，它能够把长度、内容可变的字符串映射输出为长度固定且较短的值，但是我们会发现这个函数不够好，很容易让窃听者找到规律，并让篡改的内容和原报文都取得同样的值（这被称为"碰撞"），如修改为"HdlloWorle"。实际的密码散列函数往往很复杂，这里只是用一个简单的例子来形象说明。

　　密码散列函数的特点如下。

　　① 散列函数（也称为哈希函数）的输入长度可以很长，但其输出长度则是固定的，并且较短。散列函数的输出叫作散列值，简称散列。

　　② 由于散列函数输出长度固定，输出的组合是有限的，而输入长度可以很长，输入的组合（可视为无限）要比输出的组合多得多，所以不同的散列值其输入肯定是不同的，但不同的输入却可能得出相同的散列值。

　　③ 密码散列函数的重要特点就是：要找到两个不同的报文，它们具有相同的散列值，在计算上是不可行的，这也就是说，密码散列函数实际上是一种单向函数（由输出找到输入是不可行的）。

　　这就告诉我们，如果原报文{$X,H(X)$}被截获，那么窃听者也无法伪造或篡改出另一个明文 $Y$，使 $H(Y)=H(X)$。因此，散列函数 $H(X)$ 可以用来保证明文 $X$ 的完整性。

　　典型的实用的密码散列函数有 MD5 和 SHA-1、SHA-2、SHA-3。MD5 由美国密码学家罗纳德·李·维斯特（Ronald Linn Rivest）设计，于 1992 年公开，用以取代老的 MD4 算法。MD5 可以产生出一个 128 位（16 字节）的散列值（Hash Value），用于确保信息传输完整一致。SHA-1 由美国国家安全局设计，并由美国国家标准技术研究院发布为联邦信息处理标准（Federal Information Processing Standards，FIPS）。SHA-1 可以生成 160 位（20 字节）散列值，散列值通常的呈现形式为 40 个十六进制数。现在 MD5 和 SHA-1 已经不够安全，逐渐被 SHA-2 和 SHA-3 替代。

　　我国的王小云教授（现山东大学、清华大学教授，中国科学院院士）多年从事密码理论及相关数学问题的研究。从 2004 年起，她提出了密码散列函数的碰撞攻击理论，即模差分比特分析法，能够快速找到包括 MD5、SHA-1 在内的 5 个国际通用散列函数的碰撞方法，颠覆了"密码散列函数的逆向变换是不可能的"的这一传统观念。她将多年积累的密码分析理论的优秀成果深入应用到密码系统的设计中，先后设计了多个密码算法与系统，为国家密码重大需求解决了实际问题，为保护国家重要领域和重大信息系统安全发挥了极大作用。

### 5.4.3　网络安全协议

　　网络安全协议是营造网络安全环境的基础，是构建安全网络的关键技术。常见的网络安全协议有网络认证协议 Kerberos、安全外壳（Secure Shell，SSH）协议、安全电子交易（Secure Electronic Transaction，SET）协议、安全套接字层（Secure Socket Layer，SSL）协议、互联网络层安全协议（Internet Protocol Security，IPSec）等，这里介绍 IPSec 和 SSL。

　　1．IPSec

　　IPSec 由 IETF 制定，面向 TCMP，它为 IPv4 和 IPv6 协议提供基于加密安全的协议。IPSec 的主要功能为加密和认证，为了进行加密和认证，IPSec 还需要有密钥的管理和交换的功能，以便为加密和认证提供所需要的密钥并对密钥的使用进行管理。IPSec 的工作原理类似于包过滤防火墙，可以看作对包过滤防火墙的一种扩展。当接收到一个 IP 数据包时，包过滤防火墙使用其头部在一个规则表中进行匹配。当找到一个相匹配的规则时，包过滤防火墙就按照该规则制定的方法对接收到的 IP 数据包进行处理，这里的处理工作只有两种：丢弃或转发。IPSec 通过查询 SPD（Security Policy Database，安全策略数据库）决定对接收到的 IP 数据包的处理方法。但是 IPSec 不同于包过滤防火墙的是，对 IP 数据包的处理方法除了丢弃、直接转发（绕过 IPSec），还有一种，即进行 IPSec 处理（也就是对 IP 数据包进行加密和认证）。正是这新增添的处理方法提供了比包过滤防火墙更进一步的网络安全性。

2. SSL

SSL 是网景（Netscape）公司 1994 年开发的基于 Web 应用的安全协议。SSL 协议指定了一种在应用程序协议（如 HTTP、Telnet、NNTP 和 FTP 等）和 TCP/IP 之间提供数据安全性分层的机制，它为 TCP/IP 连接提供数据加密、服务器认证、消息完整性及可选的客户机认证。

1995 年网景公司把 SSL 转交给 IETF，希望能够把 SSL 进行标准化。于是 IETF 在 SSL 3.0 的基础上设计了传输层安全协议（Transport Layer Security，TLS），为所有基于 TCP 的网络应用提供安全数据传输服务。现在很多浏览器都已经使用了 SSL 和 TLS，在"IE 浏览器"→"工具"→"Internet 选项"→"高级"中可以看到使用的 SSL 和 TLS，如图 5-18 所示。

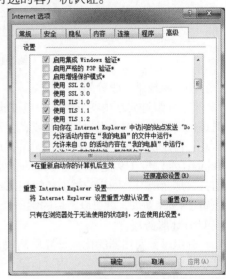

图 5-18　在 IE 浏览器中使用的 SSL 和 TLS

应用层使用 SSL 最多的就是 HTTP，但 SSL 并非仅限用于 HTTP，而是可以用于任何应用层的协议。例如，SSL 也可以用在 IMAP 邮件存取的鉴别和数据加密。当使用普通不加密的浏览器查看网页时，HTTP 就直接使用 TCP 连接，这时 SSL 不起作用。但使用信用卡进行网上支付、要输入信用卡密码时，就需要使用安全的浏览器。这时，应用程序 HTTP 就调用 SSL 对整个网页进行加密，网页上会提示用户，同时网址栏原来显示 http 的地方，变成了 https。https 的"s"代表 security，表明现在使用的是提供安全服务的 HTTP。TCP 的 HTTPS 端口号是 443，而不是 HTTP 时的 80 端口号。这时在发送方，SSL 从 SSL 套接字接收应用层的数据（如 HTTP 报文），对数据进行加密，然后把加密后的数据送往 TCP 套接字；在接收方，SSL 从 TCP 套接字读取数据，解密后，通过 SSL 套接字把数据交给应用层。因此，HTTPS 方式比 HTTP 方式有更高的安全性。

### 5.4.4　防火墙和入侵检测系统

恶意用户或者软件通过网络对计算机系统的入侵或攻击已经成为当今计算机安全最严重的威胁。用户入侵包括利用系统漏洞进行未授权登录，或者授权用户非法获取更高级别权限等。软件入侵方式包括通过网络传播病毒、蠕虫和特洛伊木马，还包括阻止合法用户正常使用服务的拒绝服务攻击等。针对这些入侵或者攻击可以使用入侵检测技术和防火墙技术来防范。

防火墙（Firewall）就像单位里的门卫一样，要求来访者报上自己的姓名、来访目的和拜访的人是谁等，虽然手续烦琐，但提高了系统安全性。防火墙是确保内部网络安全的第一道关卡，却不可能阻止所有的入侵行为，所以系统的第二道关卡是入侵检测系统（Intrusion Detection System，IDS），通过对进入网络的分组进行深度分析和检测发现疑似入侵行为，并进行报警以便进一步采取应对措施。

### 1. 防火墙

防火墙是一种特殊的路由器，用来连接两个网络并控制两个网络之间相互访问的规则，它包括用于网络连接的软件和硬件以及控制访问的策略，用于对进出的所有数据进行分析，并对用户进行认证，从而防止有害信息进入受保护的网络，为网络提供安全保障。图 5-19 中，互联网这边是防火墙的外面，而内联网这边是防火墙的里面。一般把防火墙里面的网络称为"可信的网络"，而把防火墙外面的网络称为"不可信的网络"。

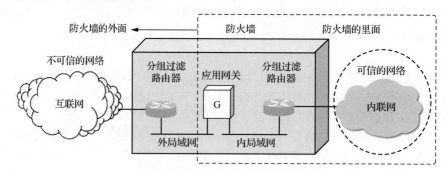

图 5-19    防火墙在互连网络中的位置

防火墙技术一般分为以下两类。

① 分组过滤路由器（也称为包过滤）。这是一种具有分组过滤功能的路由器，它根据过滤规则对进出内部网络的分组执行转发或者丢弃（即过滤）。过滤规则是基于分组的网络层或运输层首部的信息，可以使用源/目的 IP 地址、源/目的端口、协议类型（TCP 或 UDP）等。例如，端口号 23 是 Telnet，端口号 119 是新闻网 Usenet，如果在分组过滤器中将所有目的端口号为 23 的入分组都进行阻拦，那么所有外网用户就不能使用 Telnet 登录到内网的主机上；如果不希望内部员工在上班期间去看 Usenet 新闻，就可以将目的端口号为 119 的出分组进行阻拦，使其无法发送到互联网，不能连接 Usenet 服务器。

分组过滤路由器的优点是简单高效，且对用户是透明的。但不能对高层数据进行过滤，如不能禁止某个用户对某个特定应用进行某个特定的操作，不能支持应用层用户鉴别等。这些功能需要使用应用网关技术来实现。

② 应用网关（也称为代理服务器）。它在应用层通信中扮演报文中继的角色。每一种网络应用需要对应一个应用网关。在应用网关中，可以实现基于应用层数据的过滤和高层用户身份鉴别。所有进出网络的应用程序报文都必须通过应用网关，当某应用客户进程向服务器发送一份请求报文时，先发送给应用网关，应用网关可在应用层打开该报文，查看该请求是否合法，如果请求合法，应用网关以客户进程的身份将请求报文转发给原始服务器；如果不合法，报文则被丢弃。例如，一个邮件网关在检查每一个邮件时，可以根据邮件的发件人信息或者邮件的其他信息，甚至是邮件报文的内容（如"毒品""枪支"等关键字），来确定该邮件是否能通过防火墙。

通常可以将这两种技术组合使用，如图 5-19 所示。

### 2. 入侵检测技术

实际上防火墙不可能阻止所有的入侵行为，所以有必要针对已经入侵但还没有造成危害或者在造成更大危害之前，及时检测到入侵，以便采取应对措施，把危害降低到最小。IDS 对进入网络的分组执行深度检查，当观察到可疑分组时，向网络管理员发出告警甚至执行阻断操作。IDS 可以检测到多种网络攻击活动，包括网络映射、DoS、端口扫描、蠕虫和病毒、系统漏洞攻击等。

IDS 一般可分为基于特征的 IDS 和基于异常的 IDS 两种。

基于特征的 IDS 维护一个所有已知攻击标志性特征的数据库，每个特征是一个与某种入侵活动相关联的规则集（由网络管理员或者网络安全专家来制定），这些规则可能基于单个分组的头部字段值或者数据中特定内容的数据串，或者与一系列的分组有关。当发现有匹配特征数据库规则的分组或者分组序列时，IDS 就认为检测到了入侵行为。基于特征的 IDS 只能检测已知的攻击，对于未知的攻击则无效。

基于异常的 IDS 可以通过观测正常运行的网络流量，学习正常流量的统计特性和规律，当检测到网络中流量的某种统计规律不符合正常情况时，就认为发生了入侵行为。基于异常的 IDS 在技术实现上比较困难。

IDS 存在"漏报"和"误报"的情况。如果漏报率比较高，则会检测到较少的入侵，给人安全的假象；如果调整规则，使漏报率降低，则会造成误报率的提高，加大网络管理员的工作量。

### 3. 蜜罐技术

蜜罐（Honeypot）是一个包含漏洞的诱骗系统，通过模拟一个主机、服务器或者其他网络设备，给攻击者提供一个容易攻击的目标（替身），用来被攻击和攻陷，从而保护真正的网络目标（真身）。

蜜罐技术可以分为端口监控器、欺骗系统、多欺骗系统。端口监控器是一种简单的蜜罐，它负责监听攻击者的目标端口。端口监控器通过端口扫描发现有企图入侵者就尝试连接，并记录连接过程的所有情况。欺骗系统在端口监控器的基础上模拟一种入侵者需要的网络服务，像一个真实系统一样与入侵者进行交互。多欺骗系统可以模拟多种入侵所需的网络服务或者多种操作系统。

# 5.5 物联网技术

物联网应用十分广泛，各种产品千差万别，从大家习以为常的射频识别刷卡支付到现在"科技感"十足的无人机灯光秀，从智能公交车站牌、智能路灯到无人商店、共享单车，从智能电表、智能手环到智慧农业、智慧医疗……物联网的行业跨度非常大，以至于让大家对物联网的定义产生了困惑。当物联网有如此多的应用实例和可能性时，人们很难在脑海中对之形成清晰的定义。

## 5.5.1 物联网技术概述

物联网的英文为"Internet of Things"，简称 IoT，由该名称可见，物联网就是"物物相连的互联网"。从网络结构上看，物联网就是通过 Internet 将众多信息传感设备与应用系统连接起来并在广域网范围内对物品身份进行识别的分布式系统。

目前较为公认的物联网的定义如下

通过射频识别装置、红外感应器、卫星定位系统、激光扫描器等信息传感设备，按约定的协议，把任何物品与互联网相连接，进行信息交换和通信，以实现智能化识别、定位、跟踪、监控和管理的一种网络。

当每个而不是每种物品能够被唯一标识后，利用识别、通信和计算等技术，在互联网基础上构建的连接各种物品的网络，就是人们常说的物联网。

一般认为，物联网具有以下的三大特征。

（1）全面感知

利用射频识别、传感器、二维码等技术随时随地获取物体的信息。

（2）可靠传递

通过无线网络与互联网的融合，将物体的信息实时、准确地传递给用户。

（3）智能处理

利用云计算、数据挖掘以及模糊识别等人工智能（AI）技术，对海量的数据和信息进行分析和处理，对物体实施智能化的控制。

物联网是在互联网的基础上发展起来的，在网络通信的基本原理、网络体系结构的组成、研究方法、网络核心技术和网络安全技术等方面两者基本上是共通的。但物联网与互联网两者还有以下的不同。

① 物联网提供行业性、专业性与区域性服务，是网络技术在社会各行业各领域应用上的进一步渗透和升级。

互联网的应用服务，主要是全球用户之间的信息交互与共享，如传统的电子邮件、WWW 浏览服务、搜索引擎服务，以及现在很流行的即时通信、视频点播、视频会议、网络音乐、基于位置的服务等，这些服务是面向普通大众的，有"通用"的性质。而物联网更侧重于智能工业制造、智慧农业、智能电网、智能交通、智能家居、智慧医疗、智能能源与环保、智能安防、智能建筑等九大行业应用，面向行业、专业、区域性的应用领域，具有"专用"的性质。

② 物联网的数据主要是自动产生的。

互联网上的信息，如传输的文本、图像、音视频等数据主要是通过计算机、手机、摄像机等设备以人工的方式生成的；物联网上的信息，如温度、湿度、压力、位置、视频、ID 等数据，则主要是通过各种传感器、射频识别标签等感知设备，自动产生和传输的。例如手机上的摄像头，如果需要视频聊天，那么就需要发起视频通话请求，在对方同意后，才能打开摄像头传输视频数据；而在物联网中，网络监控摄像头通电后，就会自动打开，采集图像并编码压缩，推送视频流数据给网络服务器，整个过程并不需要人为操作和干预。

③ 物联网是可反馈、可控制的闭环系统。

在互联网中，我们一直坚持"自主"的思想，不希望受到系统自身、他人、其他组织的约束和限制。例如，我们可以随时加入一个微信群，也可以随时退出该微信群；可以在任何时间、任何地点浏览学校的网站主页，不想浏览的时候就随时退出。在淘宝等商城中搜索商品时，也只是搜索出来一些经过排序的信息列表，或者系统进一步推荐个人喜欢的商品或者店铺，系统并没有自作主张，替我们来做决定在哪一家购买。

但是对于物联网的应用系统，如城市道路智慧交通应用系统中，通过底层的摄像头、埋地线圈等传感器感知车流量等信息，借助中间层的网络中心进行信息传输，将信息数据转储到数据存储和处理中心，并在应用支撑中心里进行数据的进一步处理、分析、挖掘，最终在应用层上做出指挥调度、管理决策和对底层的反馈控制。例如根据车流量的情况进行交通信号控制，根据道路施工、天气状况、拥堵情况发布诱导信息给司机等。

可以认为，互联网和物联网的重要区别是：互联网一般提供的是开环的信息服务，而物联网主要提供闭环的控制服务，典型的物联网应用系统都是可反馈、可控制的。

## 5.5.2　物联网的组成

尽管物联网系统结构复杂，不同物联网应用系统的功能、规模差异很大，但是它们必然存在很多内在的共性特征。我们可以借鉴成熟的计算机网络体系结构模型的研究方法，将物联网系统分层研究。

一般认为，物联网的体系架构由感知层、网络传输层、应用层组成。感知层主要实现智能感知功能，包括信息采集、捕获和物体识别；网络传输层主要实现信息的传送和通信；应用层则主要包括各类具体应用，如监控服务、智能电网、工业监控、绿色农业、智能家居、环境监控、公共安全等。有的学者认为，应该在网络传输层和应用层之间再加上一个平台支撑层，这样就分为 4 层：感知层、网络传输层、平台支撑层、应用层，如图 5-20 所示。

图 5-20 物联网 4 层体系架构

### 1. 物联网感知层

感知层是物联网的基础，是联系物理世界与虚拟信息世界的纽带。感知层的功能主要是识别物体、感知环境和采集信息。

感知层主要用于采集物理世界中发生的物理事件和数据，包括各类物理量、标识、音频、视频数据。物联网的数据采集涉及传感器、射频识别、多媒体信息采集、二维码和实时定位等技术。传感器网络组网和协同信息处理技术实现传感器、射频识别等数据采集技术所获取数据的短距离传输、自组织组网以及多个传感器对数据的协同信息处理过程。

### 2. 物联网网络传输层

物联网的感知层往往是一些嵌入式设备构成的传感器节点、网络终端等小型设备，自身的计算和存储能力非常有限，通过感知层获取到的数据，长期存储在自身节点中往往是不现实的，因此需要通过网络传输层，将数据传输到其他地方。

在分析网络传输层的结构时，人们引入了接入层、汇聚层与核心交换层的概念。接入层通过各种接入技术，连接最终用户设备；汇聚层汇聚接入层的用户流量，实现数据路由、转发与交换；核心交换层为物联网提供一个高速、安全与保证服务质量的数据传输环境。汇聚层与核心交换层的网络通信设备与通信线路就构成了传输网。

物联网接入层相当于计算机网络 OSI 参考模型中的物理层与数据链路层。射频识别标签、传感器与接入层设备构成了物联网感知网络的基本单元。接入层网络技术类型可以分为两类：无线接入与有线接入。无线接入技术有无线局域网、无线个人区域网技术与移动通信网中的机器到机器（Machine to Machine，M2M）通信等。有线接入主要有现场总线网接入、电力线接入、电视电缆与电话线接入等。

物联网汇聚层的基本功能是：汇聚接入层的用户流量，进行数据分组传输的汇聚、转发与交换；根据接入层的用户流量，进行本地路由、过滤、流量均衡、优先级管理，以及安全控制、地址转换、流量整形等处理；根据处理结果把用户流量转发到核心交换层或在本地进行路由处理。汇聚层的网络技术也可以分为无线与有线两类。无线网络技术主要有无线个人区域网、无线局域网、无线城域网、2G/3G/4G/5G 移动通信的 M2M 通信，以及专用无线通信技术。有线网络技术主要有局域网、工业现场总线网标准，以及电话交换网技术。

核心交换层为物联网提供高速、安全与具有服务质量保障能力的数据传输环境。物联网技术并不拒绝 IP 网络技术，但对 IP 网络的安全性要求更高。目前物联网核心交换层分为 3 种基本结构：IP 网、非 IP 网和混合结构。物联网研究的非 IP 网主要是指移动通信（2G/3G/4G/5G）传输网与专用无线通信网（ZigBee 等），在实际使用中必然会出现 IP 网和非 IP 网互连的混合结构，而实现 IP 网与非

IP 网互连的关键网络设备是网关（Gateway）。

### 3. 物联网平台支撑层

物联网平台支撑层可为设备提供安全、可靠的连接通信能力，向下连接海量设备，支撑数据上报至云端，向上提供云端应用程序接口（Application Program Interface，API），服务端通过调用云端 API 将指令下发至设备端，实现远程控制。当前的物联网平台支撑层往往通过云平台（云计算技术）来构建，主要包含物联网终端设备接入、设备管理、安全管理、消息通信、监控运维以及数据应用等功能。

常见的国内物联网云平台有中国移动物联网开放平台 OneNET、阿里云 IoT、华为 IoT 物联网平台（Ocean Connect）等。

### 4. 物联网应用层

物联网应用层可以对感知层采集的数据进行计算、处理和知识挖掘，从而实现对物理世界的实时控制、精确管理和科学决策。

物联网应用层的核心功能围绕两个方面：一是"数据"，应用层需要完成数据的管理、处理和挖掘；二是"应用"，仅仅管理、处理和挖掘数据还远远不够，必须将这些数据与各行业应用实际相结合。

物联网的特点是多样化、规模化和行业化。物联网可以用于智能电网、智能交通、智能物流、智能数字制造、智能建筑、智能农业、智能家居、智能环境监控、智慧医疗保健、智慧城市等领域。物联网体系结构的行业应用层由多样化、规模化的行业应用系统构成。

## 5.5.3 物联网相关技术

早期的物联网结构简单，往往只涉及两个或多个设备之间在近距离内的数据传输，多采用有线方式，如 RS323、RS485、CAN 等。考虑到设备的位置可随意移动的方便性，后期更多的是使用无线方式。物联网中采用的无线通信技术很多，包括短距离通信的 Wi-Fi、ZigBee、Bluetooth（蓝牙）、NFC、UWB（Ultra-Wideband，超宽带）等技术，以及远距离广域网通信的 LoRa、NB-IoT、LTE Cat 0/1、移动通信 2G/3G/4G/5G 等技术。

### 1. ZigBee 技术

ZigBee 是底层（物理层和媒体接入控制层）基于 IEEE 802.15.4 标准的低速、短距离、低功耗、双向无线通信技术的局域网通信协议，又称蜂舞协议。ZigBee 的特点是近距离、低复杂度、自组织（自配置、自修复、自管理）、低功耗、低传输速率。ZigBee 主要用于传感控制（Sensor and Control），可工作在 2.4GHz（全球流行）、868MHz（欧洲流行）和 915 MHz（美国流行）3 个频段上，分别具有最高 250kbit/s、20kbit/s 和 40kbit/s 的传输速率，单点传输距离在 10～75m 的范围内。ZigBee 是可由 1 个到 65535 个无线数传模块（节点）组成的无线数传网络平台，在整个网络范围内，各个 ZigBee 网络数传模块之间可以相互通信，从标准的 75m 距离进行无限扩展。ZigBee 节点非常省电，其电池工作时间可以长达 6 个月到 2 年，在休眠模式下可达 10 年。

ZigBee 协议栈紧凑且简单，具体实现的硬件需求很低，8 位微处理器 89C51 即可满足要求，全功能协议软件只需要 32KB 的 ROM，最小功能协议软件只需要大约 4KB 的 ROM。ZigBee 协议支持动态路由机制，当网络节点发生故障时，能够快速收敛自愈。目前，支持 3 种主要的自组织无线网络类型，即星形结构、网状结构和簇状结构。ZigBee 网络容量大，支持 16 位和 64 位两类地址空间。

ZigBee 技术经过多年的发展，技术体系已相对成熟，并且形成了一定的产业规模。在最新标准方面，应用层是 2016 年发布的 ZigBee 3.0，网络层规范是 ZigBee Pro 2017；芯片方面，早已能够规模生产基于 IEEE 802.15.4 的网络射频芯片和新一代的 ZigBee 射频芯片（将单片机和射频芯片整合在一起）；在应用方面，已广泛应用于工业、农业、家庭和楼宇自动化、医学、道路指示/安全行路等众多领域。

ZigBee 技术适用于短距离范围内的数据传输，要实现远距离的数据传送需要通过网关设备与现有的 IP 网络连接。

2G、Wi-Fi、蓝牙、ZigBee 这几种无线传输标准的比较如表 5-4 所示。

表 5–4　几种无线传输标准的比较

| 比较项 | 2G（GPRS/GSM/CDMA） | Wi-Fi（802.11b） | 蓝牙（802.15.1） | ZigBee（802.15.4） |
|---|---|---|---|---|
| 应用重点 | 广泛范围（语音通话、短信、数据） | Web 应用、图像、语音等传输 | 有线电缆替代品 | 检测和控制等传感网 |
| 占用的硬件资源 | 16MB 以上 | 1MB 以上 | 250KB 以上 | 4KB～128KB |
| 电池寿命/天 | 1～7 | 0.5～5 | 1～7 | 100 以上 |
| 网络大小 | — | 32 | 7 | 255/65000 |
| 带宽/（kbit/s） | 64 以上 | 11000 以上 | 720 | 20～250 |
| 传输距离/m | 1000 以上 | 1～100 | 1 以上 | 1～100 |
| 特点 | 覆盖面大、质量可靠 | 灵活 | 价格便宜、方便 | 自组网可靠、低功耗、价格便宜 |

## 2. 6LoWPAN 技术

IPv6 作为下一代网络协议，具有丰富的地址资源，支持动态路由机制，可以满足物联网对通信网络在地址、网络自组织以及扩展性方面的要求。但是由于 IPv6 协议栈过于庞大、复杂，不能直接应用到传感器设备中，需要对 IPv6 协议栈和路由机制进行相应的精简，以满足对网络低功耗、低存储容量和低传送速率的要求。目前有多个标准组织进行相关研究。

为满足低功耗、弱计算能力和有损耗的无线网络环境下网络自组织需求，需要对 IPv6 路由机制进行改进，IETF 6LoWPAN 和 Roll 工作组制定了将 IPv6 网络技术应用于低功耗、低传输速率的无线传感器网络的相关技术标准 6LoWPAN（IPv6 Over Low Power Wireless Personal Area Networks，低功耗无线个人区域网上的 IPv6）。6LoWPAN 技术具有无线低功耗、自组织网络的特点，是物联网感知层、无线传感器网络的重要技术，ZigBee 新一代智能电网标准中 SEP 2.0 已经采用 6LoWPAN 技术。

## 3. LoRa 和 NB–IoT 技术

物联网的快速发展对无线通信技术提出了更高的要求，专为低带宽、低功耗、远距离、大量连接的物联网应用而设计的 LPWAN（Low Power Wide Area Network，低功耗广域网）也快速兴起。NB-IoT 与 LoRa 是其中的典型代表，也是最有发展前景的两个低功耗广域网通信技术。表 5-5 对这两种技术方案进行了比较。

表 5–5　NB–IoT 和 LoRa 技术方案的比较

| 比较项 | NB-IoT | LoRa |
|---|---|---|
| 技术特点 | 蜂窝通信 | 线性扩频 |
| 网络部署 | 与现有蜂窝基站复用，运营商和云数据中心掌管数据 | 独立建网，用户自己掌管数据 |
| 频段 | 运营商频段，授权频段 | 150MHz～1GHz，非授权频段 |
| 传输距离 | 远距离（基站覆盖范围） | 远距离（1km～20km） |
| 传输速率 | 200kbit/s | 0.3kbit/s～50kbit/s |
| 连接节点数量 | 200K/cell | 200K/hub～300K/hub |
| 终端电池寿命 | 约 10 年 | 约 10 年 |
| 产业联盟 | 3GPP 主导，2016 年 | 美国 Semtech 公司主导，2015 年 |

NB-IoT 和 LoRa 都可以应用在远距离智能电表（自动抄表）、智慧农业、智慧交通、智慧加工与制造、智能建筑、物流跟踪等领域，应用前景广泛。

## 4. 5G 技术

第五代移动通信技术（5th Generation Mobile Networks，5G）是最新一代蜂窝移动通信技术，也是 4G（LTE-A、WiMax）、3G（UMTS、LTE）和 2G（GSM）的延伸。5G 的性能目标是高数据传输速率、减少延迟、节省能源、降低成本、提高系统容量和大规模设备连接。

5G 的关键技术：基于 OFDM（Orthogonal Frequency Division Multiplexing，正交频分复用）优化的波形和多址接入、实现可扩展的 OFDM 间隔参数配置、OFDM 加窗提高多路传输效率、灵活的框架设计、先进的新型无线技术（大规模天线阵列、毫米波、频谱共享、先进的信道编码技术）、超密集异构网络、网络的自组织、网络切片、内容分发网络、设备到设备通信、边缘计算、软件定义网络和网络虚拟化。

### 5. 无线传感网技术

无线传感器网络（Wireless Sensor Network，WSN）就是由部署在监测区域内大量的廉价微型传感器节点组成，通过无线通信方式形成的一个多跳的自组织的网络系统，其目的是协作地感知、采集和处理网络覆盖区域中被感知对象的信息，并发送给观察者。传感器、感知对象和观察者构成了无线传感器网络的 3 个要素。

WSN 通常包括传感器节点（Sensor Node）、汇聚节点（Sink Node）和管理节点。大量传感器节点随机部署在监测区域内部或附近，能够通过自组织方式构成网络。传感器节点监测的数据沿着其他传感器节点逐跳地进行传输，在传输过程中监测数据可能被多个节点处理，经过多跳后路由到汇聚节点，最后通过互联网或卫星到达管理节点。用户通过管理节点对传感器网络进行配置和管理，发布监测任务以及收集监测数据。

无线传感器网络增强了人们信息获取的能力，将客观世界的物理信息同传输网络连接在一起，能应用于军事国防、工农业控制、城市管理、生物医疗、环境检测、抢险救灾、危险区域远程控制等领域。

### 6. 物联网应用层协议

HTTP 是典型的 C/S 模式，由客户端主动发起连接，向服务器请求数据。该协议最早是为了适用 Web 浏览器的上网浏览场景而设计的，目前在 PC、手机等终端上应用广泛，但并不适用于物联网场景。其在物联网场景中有如下三大弊端。

① 由于必须由设备（如浏览器客户端）主动向服务器发送数据，造成服务器难以主动向设备推送数据。

② 安全性不高。

③ 不同于传统网络用户交互终端（如 PC、手机），物联网场景中的设备多样化，往往是一些嵌入式设备，这些设备的计算力和存储资源都十分有限，复杂的应用如 HTTP 实现、XML/JSON 数据格式的解析等，是不可能实现的。

主流的物联网应用层协议有 MQTT、DDS、AMQP、REST/HTTP、CoAP 等。这些应用层协议大多支持"Pub/Sub"机制，即通过消息的发布/订阅，实现双向的信息传输。

## 5.5.4 物联网技术的应用

物联网应用领域广泛，这里以农产品质量溯源为例，来介绍物联网实际应用的情况。

"民以食为天"，食品安全受到各国重视。食品质量溯源系统，最早是 1997 年欧盟为应对"疯牛病"问题而建立的。这套系统覆盖食品生产基地、食品加工企业、食品终端销售等整个食品产业链条的上下游，通过专用硬件设备实现信息共享，服务于最终消费者。一旦食品质量在消费者端出现问题，可以通过食品标签上的溯源码进行联网查询，查出全部流通信息，明确事故方相应的法律责任。

构建基于物联网的食品质量安全溯源系统，如图 5-21 所示，其涉及如下几个关键环节。

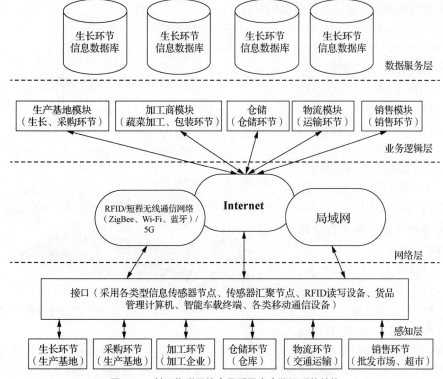

图 5-21 基于物联网的食品质量安全溯源系统结构

## 1. 通过 RFID 技术完成食品信息采集

利用 RFID 和无线传感网技术，技术人员在原料产地搭建传感器网络，为产品植入标签和传感器，将产品生长过程中的所有数据信息，通过网络上传到服务器后台数据库。这样，在产品的每个生长阶段，系统针对每件货品的安全性、食品成分来源以及库存控制，提供合理决策，实现食品安全预警机制。RFID 技术贯穿于食品安全始终，包括生产、加工、流通、消费各个环节，以保证向社会提供优质的放心食品。一旦发现有安全问题，可以通过该食品的 ID 进行溯源，找到问题的发生地，如图 5-22 所示。

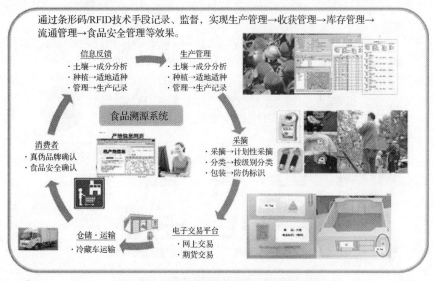

图 5-22 通过 RFID 技术完成食品信息的采集

### 2. 利用无线传感网技术，确保全程实时监控

为了实时地监控农产品生产、加工、流通全程的动态，技术人员可以充分利用无线传感网技术，将检测区域内的所有微型传感器节点组织连接起来，能够及时便捷地感知、采集和处理检测网络覆盖区域内被监控的农产品的信息。检测人员一旦发现了某些数据异常，便可以及时进行处理。图 5-23 所示为一个利用无线传感网技术构建的智慧农业监控系统。

### 3. 物流跟踪定位技术确保运输过程信息透明

技术人员在物流运输、存储环节，运用卫星定位技术及室内定位技术等跟踪定位技术，可以有效解决物流过程中的难以实现实时准确跟踪和定位

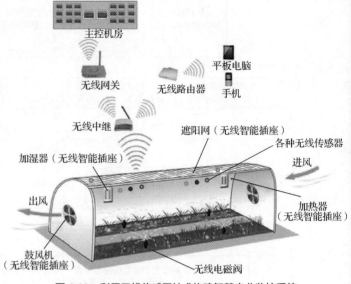

图 5-23　利用无线传感网技术构建智慧农业监控系统

的难题。卫星定位技术通过地球同步卫星与地面信号接收机，实时反映某一农产品运输车辆所在的具体地理位置信息，进而确定运输车辆的运行状况，实现对运输过程的全透明监控和管理；卫星定位技术在室内环境中往往是不能使用的（接收不到卫星信号），为此，可以利用移动通信的基站定位技术、Wi-Fi 定位技术、RFID 定位技术、无线传感网定位技术等，实现非卫星定位环境（如仓储、商场等）下的定位和跟踪。图 5-24 所示为一个冷链温湿度监控系统的示意，综合采用 Wi-Fi、RFID、卫星定位等技术确保冷冻产品的质量达标。

图 5-24　冷链温湿度监控系统示意

# 本章小结

通过本章的学习，读者应该了解计算机网络的基础知识、技术发展及应用，学习利用计算机和网络来解决、处理学习和生活中的一些需求及问题。本章通过介绍网络技术基础、性能指标、数据交换方式，让读者对网络的工作原理有基本的认识；通过介绍计算机网络的组成与分类及网络常用的传输介质与设备，使读者了解计算机网络的基础概念；通过介绍互联网的产生、发展及计算机网络体系结构、互联网常用应用，使读者了解网络前 30 年的飞速发展；通过讲述无线网络、网络安全问题、物联网应用，使读者了解计算机网络在现今发展的新技术、新趋势。受篇幅限制，很多方面不能一一阐述，建议读者在学习本章的过程中多参考其他资料。

# 习题

1. 计算机网络的定义是什么？
2. 计算机网络有哪些分类？
3. 什么是数据交换？常见的有哪些方式？
4. 介绍几种常用的网络传输介质与设备，它们分别有什么特点？
5. 五层模型的网络体系结构与其他两种对比有何不同？
6. IP 地址常分为几类？各自的范围是什么？
7. 常见的攻击手段有哪些？分别可通过什么方式应对？
8. 密码体制的两大分类是什么？

# 06 第6章 数字媒体技术

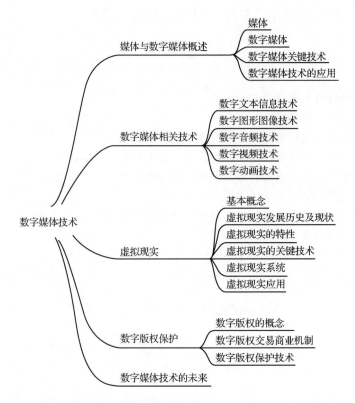

文字、图像、视频、音频等各式各样的数字信息，都属于数字媒体的范畴。本章主要介绍数字媒体技术的概念和应用，要求读者掌握平面设计、视频、动画、虚拟现实方面的常用技术和基本概念，理解各种类型技术的应用范围，并掌握基础应用的方法。

## 6.1 媒体与数字媒体概述

随着计算机技术的发展，数字媒体作为计算机应用领域的一个典型的新兴和交叉学科在此过程中也迅猛发展起来，并迅速影响和改变人们对于媒体分工和流程的认识，促进人类社会进步。

### 6.1.1 媒体

媒体是传播信息的媒介。它是指人借助用来传递信息与获取信息的工具、渠道、载体、中介物或技术手段，也指传送文字、声音等信息的工具和手段。

国际电信联盟（International Telecommunications Union，ITU）从技术角度将媒体分为感觉媒体、表示媒体、显示媒体、存储媒体和传输媒体。

### 1. 感觉媒体

感觉媒体指的是能直接作用于人们的感觉器官，从而能使人产生直接感觉的媒体。如文字、声音、图形、图像、动画、视频等。

### 2. 表示媒体

表示媒体指的是传输感觉媒体的中介媒体，即用于数据交换的编码。如图像编码（JPEG、MPEG等）、文本编码（ASCII、GB 2312—1980 等）和音频编码等。

### 3. 显示媒体

显示媒体指的是用于通信中使电信号和感觉媒体之间产生转换用的媒体。如输入输出设备，包括键盘、鼠标、显示器、打印机等。

### 4. 存储媒体

存储媒体指的是用于存放表示媒体的媒体。如纸张、磁盘、U 盘等。

### 5. 传输媒体

传输媒体指的是用于传输某种媒体的物理媒体。如双绞线、电缆、光纤等。

## 6.1.2　数字媒体

数字媒体，指的是以二进制数的形式记录、处理、传播、获取信息的载体。而数字媒体技术，主要是基于计算机技术、互联网技术等网络信息技术，依托二进制方式对信息介质开展数字化处理的技术，主要由数字处理技术、多媒体技术、网络传输技术等构成，可实现对数据信息的传输、存储、记录和呈现。

数字媒体技术是数字技术与媒介有机结合的产物，主要具有以下特征属性。

### 1. 数字化

数字化指的是数字媒体技术可借助数字化技术，对复杂庞大的数据信息予以整合处理，并通过有序的数字形式进行呈现。数字化不仅可为数据信息的整理、存储创造极大便利，还可显著提升数据的严密性及安全性。

### 2. 交互性

通过网络，不同用户之间可实现高效便捷的信息交换，由此赋予了数字媒体技术交互性的特征。包含数字媒体技术的网络世界，为不同信息之间的传输创造了极大便利，且大幅提升了信息传输的质量、效率。

### 3. 趣味性

数字媒体技术为人们提供了数字游戏、数字视频、数字电视等多种形式的娱乐空间，给人们的日常生活增加了无限的趣味和娱乐选择。

### 4. 集成性

数字媒体技术包含十分复杂的数字化媒体形式，需要一个特定的集成模式为复杂庞大的数据信息整合处理工作提供支持，由此展现了数字媒体技术的集成性特征。

## 6.1.3　数字媒体关键技术

数字媒体的飞速发展极大地冲击了传统媒体，在很大程度上改变了我们的生活、生产方式，也促进了整个社会的进步与发展。当前促进数字媒体发展的关键技术有数据压缩技术、采集与存储技术、信息检索技术、流媒体技术及虚拟现实技术等。

### 1. 数据压缩技术

随着计算机软硬件的发展，数字媒体朝着高分辨率、高速度的方向发展，数字化后的信息数据量巨大，为了存储和传输如此巨大的数据需要较大的硬件设备和网络带宽。

以视频为例，现在手机的摄像头大都能达到数千万像素，一张照片的数据量能够达到 10MB 左右，一个 90min 的无任何压缩的 PAL（Phase Alternation Line，逐行倒相）制视频的数据量为：

$$10 \times 25 \times 60 \times 90/1024/1024 = 1.287（TB）$$

但目前无论是硬件技术，还是网络带宽都满足不了这样的播放要求。因此，以压缩方式存储和传输数字媒体信息是唯一的解决方法。压缩方法可分为无损压缩与有损压缩两类。

无损压缩也称无失真压缩，即压缩前和解压缩后的数据完全一样。它的特点是能百分之百地恢复原始数据，但压缩比较小，压缩效率低，如常用的哈夫曼编码就是无损压缩。有损压缩也称有失真压缩，有损压缩会减少信息量，损失的信息不能恢复。在数据压缩的过程中会丢失一些人眼和人耳不敏感的图像或音频信息。虽然丢失的信息不可恢复，但是对人的视觉和听觉效果基本没有影响。有损压缩的压缩比较高，常用的有损压缩方法有预测编码、变换编码等。

### 2. 采集与存储技术

随着计算机软硬件技术的发展，数字媒体信息的采集与存储技术有了很大的发展。

图形、图像的获取方式包括扫描仪扫描、数码设备拍摄、软件绘制等。音频素材可通过声卡、音频编辑软件、乐器数字接口（Music Instrument Digital Interface，MIDI）输入设备等方式采集。视频素材可通过数码设备拍摄、模拟信号转换等方式采集。

数据的存储，从早期的光盘存储器发展到现在的各种移动存储设备，如 SD 卡、移动硬盘等。目前，云存储也在加速发展。云存储是一种网络在线存储方式，利用网格技术或分布式文件系统，将数据存储在第三方托管的虚拟服务器上。国内较常见的云存储服务有百度网盘、阿里云盘、腾讯云等。

### 3. 信息检索技术

随着网络技术与数字媒体技术的发展，网络上出现了大量的数字媒体信息，用户如何快速有效地检索与获取数据，引起了广泛关注。传统检索都是基于关键词的检索，不能充分利用图像本身的特征信息。谷歌、百度推出的图片搜索，主要基于图片的文件名来实现检索。而基于图像内容的检索，是根据图像的特征，如颜色、纹理、形状、位置等，从图像库中查找到内容相似的图像，利用图像的可视特征索引，大大地提升了图像系统的检索能力。目前，真正基于内容的图像检索系统有 IBM 公司的 QBIC（Query by Image Content，基于图像内容的查询系统）、通过构造"不变特征"的 SIMBA（Search Images by Appearance，按外观搜索图像系统）等。

### 4. 流媒体技术

流媒体技术是一种新兴的网络多媒体技术，以流的方式在网络上传输数字媒体信息，人们普遍认为这是未来高速宽带网络的主流应用之一。

流媒体在播放前并不需要下载整个文件的全部数据，只要部分数据到达，流媒体播放器就开始播放。之后，流媒体数据陆续"流"向用户端，形成"边传送边播放"的局势，直到传输完毕。这种方式解决了用户在数据下载前的长时间等待问题，更便于存储和网络传输。

流媒体技术广泛用于多媒体新闻发布、在线直播、网络广告、电子商务、视频点播（Video on Demand，VOD）、视频监控、视频会议、远程教学、远程医疗等领域。目前网络上使用较广泛的流媒体软件产品有 RealNetwork 公司的 Real Media、苹果公司的 QuickTime 和微软公司的 Windows Media。

**5. 虚拟现实技术**

虚拟现实技术融合了数字图像技术、计算机图形学、传感器技术等多个技术分支，大大推进了计算机技术和数字媒体技术的发展，后文会具体介绍。

## 6.1.4 数字媒体技术的应用

随着科学技术的不断发展以及人们需求的不断提高，数字媒体技术已经成为现代社会无法忽略的重要技术手段。数字媒体技术应用领域广泛，主要应用于出版、影视、教育、工程、设计、数字城市等。

**1. 出版行业**

出版行业的发展经历了 3 次技术革命：一是活字印刷术的出现；二是激光照排技术的出现；三是以数字媒体技术为主要特征的数字出版技术的出现。数字出版是人类文化的数字化传承，它是建立在计算机技术、通信技术、网络技术、流媒体技术、存储技术、显示技术等高新技术基础上，融合并超越了传统出版内容而发展起来的新兴出版产业。在数字技术和计算机网络技术不断发展的今天，伴随着以信息技术为代表的现代科学技术广泛普及与应用，我国数字出版产业进入蓬勃发展的阶段，对传统出版业产生了重大影响，也给出版行业带来了广阔的发展空间。

**2. 影视行业**

影视行业是互联网时代应用数字媒体技术的重要领域。在影视作品的制作环节，数字媒体技术能够为画面及音效带来有力的支持。不管是根据影视作品需要调整画面色调或制作特效，还是配置声效及背景音乐，都能大幅增强影视作品的画面表现力和声音表现力，进而带给观众更为真实、震撼的观看体验。例如在电影《流浪地球》中，就充分地结合了多媒体技术来展现太阳对地球造成毁灭的画面，展现了科幻效果，也更加真实和贴切，塑造了很好的视觉效果，提升了观众的观影感受，弥补了国产电影很多不足的地方。

除了应用于影视作品的制作环节，数字媒体技术还被应用于影视作品的宣传、发行及传播等各个环节，全面推动了影视行业的创新发展。

**3. 教育行业**

伴随着信息技术与教育教学的深入融合，数字媒体技术在教学领域中得到了广泛的应用，并且逐步转变了传统的教学理念与教学方式。数字媒体技术能够加强数字信息化教学沉浸式体验，提升课程内容整合能力，让教学工作形象生动起来，这更有助于优化学生的认知，提升学生的学习成效。此外，依托于数字媒体技术的远程教学，能够实现图像、图形、文本等全方位的信息传输，能够实现高效化的交流交互，还能够有效减少可能存在的教育资源倾斜的问题，切实保障教育的公平合理性。

**4. 工程行业**

数字媒体技术可以对建筑工程的设计与施工进行三维模拟，也可以对机械的运作过程进行模拟演示。这样既能用于工程投标，也能结合建筑信息模型（Building Information Model，BIM）技术，对整个工程进行管理、监管与维护。图 6-1 所示为地下管网施工设计示意。

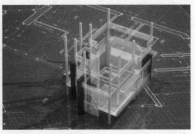

图 6-1 地下管网施工设计示意

#### 5. 设计领域

数字媒体技术在设计领域的应用能够推动传统设计模式的全方位创新。在设计过程中利用数字媒体技术的各种工具和软件进行设计，能够充分利用各种功能提高设计工作效率，摆脱手稿设计的局限性并助力设计水平的提升。而且数字媒体技术能够支持设计作品的有效传播、分享，还能支持不同设计人员以及设计人员和客户之间的有效沟通乃至深度协作，进一步保障设计质量。数字媒体应用技术还能实现对设计作品进行三维建模以及渲染，生成直观、具体的作品模型并呈现出生动的动画效果，进而为设计作品的实际生产、制作等提供依据，也能为作品的进一步调整、改善而提供支持。在工业产品设计中借助数字媒体技术进行三维建模和灯光渲染等，能够直接生成设计作品的成品三维模型甚至呈现不同的动画效果，直观展现作品，及时发现作品设计中的缺陷与不足并加以调整，并为具体的工业产品生产提供依据和支持。

#### 6. 数字城市

伴随着社会经济的持续快速发展，数字城市的建设已经成为现代化城市的主要发展趋势与方向。数字媒体技术的发展以及应用，在很大程度上推动了数字城市的建设。例如依托数字媒体技术，能够实现城市居民相关信息数据的全面收集以及高效整合，能够在很大程度上搭建完善的信息数据库，同时也能够为城市规范以及建设发展等带来更为详尽全面的数据基础。可以说，数字城市的建设与发展离不开夯实的数字基础。只有充分全面地利用数字媒体技术，才能够更好地契合现代人们的实际需求，也才能够推动数字城市的科学发展。

## 6.2 数字媒体相关技术

本节主要介绍数字媒体技术领域的各种综合性应用开发技术，如数字文本信息技术、数字图形图像技术、数字音频技术、数字视频技术、数字动画技术等。

### 6.2.1 数字文本信息技术

文本指的是通过文字、符号的形式表现和传递信息的方式。读者能够通过阅读文本数据中的文字、符号获得信息，文本数据是学习、生活研究资料的主要成分，主要载体形态为图书、报刊、文献、会议论文、学位论文、单位论文、技术报告、产品说明书、网页等。

数字文本指的是纸质的文本转换成计算机能识别的二进制文件，也称为文本数据资源。

数字文本的获取方式包括键盘输入和非键盘输入方式两种。键盘输入指用户可以直接在各种文本编辑软件（如 Word、WPS）中通过键盘输入获得所需的数字文本。非键盘输入包括手写识别、语音识别和光学字符识别（Optical Character Recognition，OCR）。

手写识别是指将在手写设备上书写时产生的有序轨迹信息化转化为汉字内码的过程，实际上是手写轨迹的坐标序列到汉字内码的一个映射过程，是人机交互最自然、最方便的手段。随着智能手机、平板电脑等移动信息工具的普及，手写识别技术进入了规模应用时代。

语音识别要比手写识别复杂得多，它将人类的语音中的词汇内容转换为计算机可读的输入，如按键、二进制编码或者字符序列，所涉及的领域包括信号处理、模式识别、概率论和信息论、发声机理和听觉机理、人工智能等。

光学字符识别（OCR）是指针对印刷文字，用扫描仪或者照相机采用光学的方式将纸质文档中的文字转换成为黑白点阵的图像文件，并通过识别软件将图像中的文字转换成文本格式，供文字处理软件进行进一步编辑加工的技术。衡量一个 OCR 系统性能的主要指标有拒识率、误识率、识别速度、用户界面的友好性、产品的稳定性、易用性及可行性等。现在各种 OCR 软件层出不穷，都能很便捷地帮助用户识别图片中的文字，将之转换成所需要的格式。PC 端软件有汉王 OCR、树洞 OCR、捷速 OCR 等，手机端软件有扫描全能王、迅捷文字识别、名片扫描王、口袋扫描仪等。

## 6.2.2 数字图形图像技术

在数字媒体技术领域，图形（Graphics）一般指用计算机绘制（Draw）的画面，如直线、圆、圆弧、矩形、任意曲线和图表等；而图像（Image）则是指由摄像机或扫描仪等输入设备捕捉的实际场景画面，或是以数字化形式存储的任意画面。图形和图像都是用于对客观存在的物体进行一种相似性的生动的模仿或描述。

1. 基本概念

（1）矢量图

矢量图（Vector Graphics）也就是我们常说的"图形"，是用一系列计算机指令集合来描述或处理的图，指令描述图元的位置、颜色、形状、填色、大小等信息。矢量图常用于设计领域，如计算机辅助设计（Computer Aided Design，CAD）系统中常用矢量图来描述复杂的几何图形，适用于直线以及其他可以用角度、坐标和距离来表示的图。图形任意放大或者缩小后，清晰依旧，如图 6-2 所示。

（2）位图

位图（Bitmap）也就是"图像"，也叫点阵图、像素图，是由像素组合而成的图。像素是位图的最小单元，包含位置与颜色两个属性。图像的质量和清晰度与像素的多少有关，单位长度上的像素越多，也就是分辨率越高，图像越清晰，文件也就越大。位图被过度放大会失真，呈色块状，如图 6-3 所示。

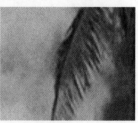

| 图 6-2　矢量图原图和放大图的对比 | 图 6-3　位图原图和放大图的对比 |
|---|---|

矢量图与位图的不同为：矢量图是计算机绘制的，表示现实中不存在的物体；而位图是通过照相、扫描、摄像得到的，也可以通过绘制得到，是对现实世界物体的表现。表 6-1 所示为位图与矢量图的对比。

表 6-1　位图与矢量图的对比

| 对比项 | 位图 | 矢量图 |
|---|---|---|
| 表示方式 | 像素 | 数学公式 |
| 大小 | 一般比较大，画幅越大（像素越多）文件容量越大 | 相对比较小，文件大小与图形复杂程度有关 |
| 清晰 | 过度放大会失真 | 不会失真 |
| 表现形式 | 色彩变化丰富，表现真实物体，适合表现明暗变化和大量细节的人物、风景画面 | 色彩不够丰富，用于设计创作，容易修改、变换 |
| 常用处理软件 | Photoshop | Illustrator |

（3）像素

如果把位图放大数倍后，会发现图像其实是由许多色彩相近的小点所组成的，这些小点就是构成图像的最小单元——像素。每个像素能表现的颜色种类越多，图像能表达的颜色越丰富，真实感就越强。

（4）分辨率

分辨率是度量位图内数据量多少的一个参数，通常表示为每英寸像素（Pixel Per Inch，PPI）和每英寸点（Dot Per Inch，DPI）（1 英寸=2.54 厘米）。图像包含的数据越多，文件就越大，也就能表现更丰富的细节。按应用分类，分辨率可分为显示器分辨率、屏幕分辨率与图像分辨率。

① 显示器分辨率是指计算机显示器本身的物理分辨率，对 CRT 显示器而言，是指屏幕上的荧光点；对 LCD 显示器来说，是指显示屏上的像素，这是在生产制造时加工出来的。显示器分辨率通常用"水平像素数×垂直像素数"的形式表示，如 800×600、1024×768、1280×1024 等，也可以用规格代号表示。LCD 显示器的最佳分辨率也叫最大分辨率，在该分辨率下，LCD 显示器才能显现最佳影像。15 英寸 LCD 的最佳分辨率为 1024×768，17～19 英寸 LCD 的最佳分辨率通常为 1280×1024，更大尺寸的 LCD 拥有更大的最佳分辨率。

② 屏幕分辨率（显示分辨率）是屏幕图像的精密度，是指显示器所能显示的像素有多少。由于屏幕上的点、线和面都是由像素组成的，显示器可显示的像素越多，画面就越精细，同样的屏幕区域内能显示的信息也越多，所以分辨率是个非常重要的性能指标。可以把整个图像想象成一个大型的棋盘，而分辨率的表示方式就是所有经线和纬线交叉点的数目。显示分辨率一定的情况下，显示屏越小图像越清晰，反之，显示屏大小固定时，显示分辨率越高图像越清晰。屏幕分辨率是指实际显示图像时计算机所采用的分辨率，用户可在"控制面板"的"显示"属性的"设置"下根据需要设置"屏幕分辨率"，或右击桌面，在快捷菜单中选择"屏幕分辨率"命令，也可根据需要设置"屏幕分辨率"。屏幕分辨率必须小于或等于显示器分辨率，而显示器分辨率描述的是显示器自身的像素数量，是固有的、不可改变的。

③ 图像分辨率是指在计算机中保存和显示一幅数字图像所具有的分辨率，它和图像的像素有直接的关系。例如，一张分辨率为 640×480 的图片，其像素为 307200，也就是常说的 30 万像素；而一张分辨率为 1600×1200 的图片，其像素为 200 万。图像分辨率表示的是图片在长和宽上占的点数的单位。一张数码图片的长宽比通常是 4∶3。图像分辨率决定图像的质量。对于同样尺寸的一幅图，如果图像分辨率越高，则组成该图的图像像素数目越多，像素也越小，图像越清晰、逼真。如 DPI 为 72 的 1 英寸×1 英寸图像包含 5184 像素，而 DPI 为 300 的 1 英寸×1 英寸图像包含 90000 像素。

（5）颜色模式

颜色模式指的是颜色在计算机中的表达形式，也就是计算机中记录颜色的方式。常用的颜色模式有 RGB 模式、CMYK 模式两种。

① RGB 模式是电子设备中最常用的颜色模式，也叫屏幕显示模式，主要用于扫描仪、投影仪、数码相机、手机等电子设备。RGB 模式由红、绿、蓝 3 种基础色混合产生各种颜色，也叫加色模式。每种颜色用 3 个 0～255 的数字表示，可以表示 $256^3$（约 1678 万）种颜色。如图 6-4 所示，在 Photoshop 编辑颜色面板的右下方红、绿、蓝的数值输入框中分别输入 255、0、0，会看到最终生成的颜色是纯红色。

② CMYK 模式是彩色印刷模式，主要用于印刷。CMYK 代表印刷上用的 4 种颜色，C 代表青色（Cyan），M 代表洋红色（Magenta），Y 代表黄色（Yellow），K 代表黑色（Black）。计算机中在 RGB 模式下编辑的图像颜色和打印出来的颜色会有偏差，因为打印出来的颜色和显示器显示的颜色种类不一样，所以对于需要打印的图像,在计算机中编辑时要选择 CMYK 模式,以尽量减少色差。图 6-5 所示为 CMYK 模式的颜色值设置，当颜色值无法打印的时候，会有"溢色"提示，可根据提示颜色进行更换。

图 6-4　RGB 模式

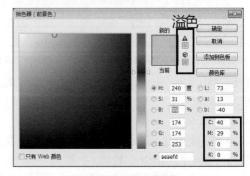

图 6-5　CMYK 模式

此外，还有 HSB 模式、位图模式、灰度模式、索引模式、多通道模式、双色模式等不太常用的颜色模式。

2. 图像的文件格式

图像的文件格式是指记录和存储影像信息的格式。对数字图像进行存储、处理、传播，必须采用一定的图像格式，也就是把图像的像素按照一定的方式进行组织和存储，把图像数据存储成文件就得到图像文件。图像文件格式决定了应该在文件中存放何种类型的信息，文件如何与各种应用软件兼容，文件如何与其他文件交换数据。

常用的图像文件格式有以下几种。

（1）JPEG 格式

JPEG 是 Joint Photographic Experts Group（联合图像专家组）的缩写，JPEG 标准是第一个国际图像压缩标准。JPEG 图像压缩算法能够在提供良好的压缩性能的同时，具有比较好的重建质量，被广泛应用于图像、视频处理领域。现在计算机、手机等很多数码设备都支持该格式的图像文件。JPEG 压缩算法生成的文件的扩展名是.jpg 或.jpeg。

JPEG 压缩技术可以用有损压缩方式去除冗余的图像数据，换句话说，就是可以用较少的磁盘空间得到较好的图像品质。而且 JPEG 是一种很灵活的格式，具有调节图像质量的功能，它允许用不同的压缩比例对文件进行压缩，支持多种压缩级别，压缩比通常在 10∶1 到 40∶1，压缩比越大，图像品质就越低；相反地，压缩比越小，图像品质就越高。同一幅图像，用 JPEG 格式存储的文件大小是其他类型文件的 1/20～1/10，通常只有几十 KB，质量损失较小。JPEG 图片格式的设计目标，是在不影响人类可分辨的图片质量的前提下，尽可能地压缩文件大小。不过它的缺点也很明显，编辑和重新保存 JPEG 文件时，图片质量会下降，而且这种下降是累积性的。例如，微信里面被转发很多次的 JPEG 图片会比原图模糊许多，且泛绿色。

（2）BMP 格式

BMP（Bitmap 位图格式）是 DOS 和 Windows 兼容计算机系统的标准 Windows 图像格式，这种格式的特点是包含的图像信息较丰富，几乎不进行压缩，但由此导致了它与生俱来的缺点是占用磁盘空间过大，一般作为高清图的原始备份。BMP 格式支持 RGB、索引颜色、灰度和位图颜色模式，但不支持 Alpha 通道。BMP 文件图像深度可选 1 位、4 位、8 位及 24 位，位数越大图像效果越好。其生成的图像文件扩展名是.bmp。

（3）GIF 格式

GIF（Graphics Interchange Format，图形交换格式）是一种压缩位图格式，采用 LZW 压缩算法进行编码，用于以超文本标记语言（Hypertext Markup Language）方式显示索引彩色图像，在因特网和其他在线服务系统上得到广泛应用。GIF 是无损的，采用 GIF 格式保存图片不会降低图片质量。但得益于数据的压缩，GIF 格式的图片文件大小要远小于 BMP 格式的图片。文件小是 GIF 格式的优点，同时，GIF 格式还具有支持动画以及透明的优点。但是 GIF 格式仅支持 8bit 的索引色，即在整个图片中，只能存在 256 种不同的颜色。

GIF 分为静态和动态两种，文件扩展名都是.gif。静态文件中只有一张图；动态文件中存储了多张图，会连续播放每张图从而形成动画，网络中有很多简单动画应用的都是这种格式。其他的常见图像格式如表 6-2 所示。

表 6-2　其他常见图像文件格式

| 文件格式 | 文件扩展名 | 说明 |
| --- | --- | --- |
| PNG | .png | 便携式网络传输用的图层文件格式，支持透明背景 |
| PSD | .psd | Adobe Photoshop 带有图层的文件格式 |
| TAPGA | tga | 视频单帧图像文件格式 |
| TIFF | .tif | 通用图像文件格式 |

续表

| 文件格式 | 文件扩展名 | 说明 |
| --- | --- | --- |
| WMF | .wmf | Windows 使用的剪贴画文件格式 |
| AI | .ai | Adobe Illustrator 的矢量图文件格式 |
| CDR | .cdr | CorelDRAW 矢量图文件格式 |

在对图片进行设计与编辑时，通常利用菜单命令"文件"→"保存"来保存为当前软件的源文件格式，如 Photoshop 保存为 PSD 格式，Illustrator 保存为 AI 格式。而采用菜单命令"文件"→"另存为"，则可以保存为当前软件所支持的其他格式，如 Photoshop 可以另存为 JPEG、BMP、PNG、TIFF 等大部分格式，Illustrator 可以另存为 PDF 等。Illustrator 也可以输出 PSD、JPEG 等位图文件。

现在网上能找到的大部分图片素材以 JPEG 文件为主，大部分软件都能进行编辑处理。也有少部分图片打开后不能编辑，主要是因为文件格式不支持，可以通过软件转换格式后进行编辑。有的图片，其颜色模式为不常用的模式，需要修改颜色模式才能使用。

### 3. 图形图像处理软件 Photoshop

Photoshop 简称 PS，是由 Adobe 公司开发和发行的图形图像处理软件。Photoshop 主要用于处理由像素构成的数字图像，使用其众多的编修与绘图工具，可以有效地进行图片编辑工作。Photoshop 功能强大，在图像、图形、文字、视频、出版等各方面都有应用。其操作界面如图 6-6 所示。

图 6-6　Photoshop 操作界面

Photoshop 的主要功能和特点如下。

① 图像编辑：可以对图像做各种变换（放大、缩小、旋转、倾斜、镜像、透视等变形）操作；也可进行复制、去除斑点、修补、修饰图像的残损等。这在婚纱摄影、人像处理制作中有非常大的用处，常用于去除人像上不满意的部分，进行美化加工，得到让人满意的效果。图 6-7 所示主要是对图像中的人物进行了选择、变形等处理。图 6-8 所示是为了凸显秀丽风景，去除了多余的船只。

图 6-7　人物处理

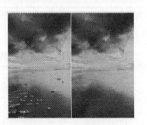

图 6-8　去除杂物

② 图像合成：可以把几幅图像的整体或部分有选择性地合成一幅完整的表达明确意义的图像。Photoshop 提供了很多选择工具和图层混合方式，能够使图像合成得"天衣无缝"。如图 6-9 所示，保护地球的一张宣传海报，将地球、道路、海鸟、汽车、冰山等素材进行了合成，表达了"保护地球"的主题。

③ 校色调色：可方便快捷地对图像的颜色进行色相、明度、饱和度等调整，也可以对图像的色彩进行校正，创造"唯美"的效果，如图 6-10 所示。

图 6-9 图像合成

图 6-10 调整颜色

④ 特效制作：提供了各种特效滤镜，使用滤镜、通道、蒙版与其他工具综合应用可以创造出让人意想不到的效果。如油画、浮雕、石膏画、素描等常用的传统美术技巧都可使用 Photoshop 特效完成，图 6-11 所示为油画特效。

图 6-11 油画特效

⑤ 应用广泛：Photoshop 的应用领域如表 6-3 所示。

表 6–3 Photoshop 应用领域

| 应用领域 | 说明 |
| --- | --- |
| 平面设计 | 海报、传单、画册及各类平面印刷品 |
| 摄影 | 对风景或人物摄影作品进行后期的修饰、调色合成 |
| 影像创意 | 不同对象的合成，创造新的视觉形象，表达新的含义 |
| 网页制作 | 制作各类网站页面，整体设计网页风格等 |
| 后期修饰 | 三维建筑效果图：场景、人物、道具修饰，绘制贴图等 |
| 界面设计 | 用户界面设计 |
| 动画制作 | 处理制作动画素材 |

4. 图形绘制软件

数字图形的编辑软件通常与各个行业相关，如设计行业常用的图形软件有 Illustrator 和 CorelDRAW。

Illustrator 是 Adobe 公司推出的一款矢量图形制作软件，简称 AI。1986 年推出后，经过了 30 多年的发展与改进，已经成为桌面出版业界默认的标准。Illustrator 能提供丰富的像素描绘功能和流畅、方便的矢量绘图功能，最强大的是其钢笔工具，还有线条、样式、符号等丰富的功能，可充分满足设计者的需求，广泛应用于平面广告设计、包装设计、书籍装帧设计、名片设计、网页设计以及排版等方面。Illustrator 与 Photoshop 有着类似的界面，并能与 Photoshop 共享一些插件和功能，能够实现无缝连接；同时它还可以将文件输出为 Flash 格式。CorelDRAW 的功能和 Illustrator 的类似，更适用于图文混排。图 6-12 所示为 Illustrator 界面。

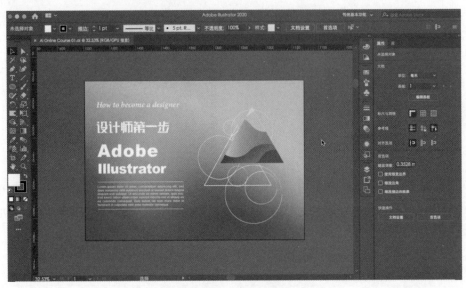

图 6-12　Illustrator 界面

　　另一个常用的矢量绘图软件是美国 Autodesk 公司的 AutoCAD，其可以绘制二维矢量图和基础三维矢量图。AutoCAD 更侧重图像的精度，可通过交互菜单或命令行进行各种操作，通常用于土木建筑、工业制图、工程制图、电子工业、服装设计、装饰装潢等领域。图 6-13 所示为用 AutoCAD 绘制的建筑剖面图。

**5. 移动端图像处理软件**

　　美图秀秀是一款免费影像处理软件，在影像类应用下载排行榜上保持领先。其主要功能如下。

图 6-13　建筑剖面图

　　① 魔法照片：美图秀秀有隐藏玩法，能够使用会动的魔法照片。

　　② 趣味抠图：智能抠图新玩法，一张照片就能穿越多个场景，如玩分身术、变大头娃娃、小人国探险等。

　　③ 视频美化：功能简单易上手，轻松打造独特的风格小视频。

　　④ 全能修图：编辑、边框、贴纸、马赛克等超多美化功能，还能一键抠图添加自定义贴纸，随心所欲驾驭各种风格。

　　⑤ 潮趣拼图：灵活的拼贴方式，照片视频都能拼。

### 6.2.3　数字音频技术

随着计算机技术与网络技术发展，整个音乐行业也发生了翻天覆地的变化，磁带、唱片、CD 都成为过去，网络中到处充满数字音乐。数字音频是以数字化的形式存储的音频文件，相较于传统音频如磁带、唱片等，数字音频最大的优势是可以无限复制、播放，存储方便。以前用户想要自己作曲、配乐需要购买很多设备，而现在只需要一台计算机，安装音频软件就可以了。

**1. 数字音频概述**

数字音频是一种利用数字化手段对声音进行录制、存放、编辑、压缩或播放的技术，它是随着数字信号处理技术、计算机技术、多媒体技术的发展而形成的一种全新的声音处理手段。

计算机中数据是以 0、1 的形式存取的，那么数字音频就是首先将音频转化为电平信号，再将这些电平信号转化成二进制数据保存，播放的时候就把这些数据转换为模拟的电平信号再送到扬声器播出。数字音频具有存储方便、存储成本低廉、存储和传输的过程中没有声音的失真、编辑和处理方便等特点。其采集过程如图 6-14 所示。

图 6-14　音频采集过程

影响数字音频质量的因素主要有 3 个：采样频率、量化位数和声道数。

（1）采样频率

采样就是在连续的声波上每隔一定的时间采集一次幅度值。单位时间内的采样次数就是采样频率，单位为赫兹（Hz）。一般来说，采样频率越高，采集的样本数越多，数字音频的质量越好，但文件越大。

（2）量化位数

量化位数是指用多少个二进制位来表示采样得到的数据。量化位数越高，数字音频的质量越好，但是文件越大。

（3）声道

声道是指在录制或播放声音时，在不同的空间位置采集得到的或回放输出的相互独立的音频信号。在数字音频软件编辑的声音通常包括单声道、双声道和 5.1 声道等几种。

① 单声道：只包含一个声道，是比较原始的声音文件。当通过两个扬声器回放单声道声音信号时，可以明显感觉到声音是从两个扬声器中间传递到耳朵里的。

② 双声道：包含左右两个声道。双声道解决了单声道缺乏对声音定位的问题。声音在录制的时候，被分配到两个单独的声道中，从而具有很好的声音定位效果，听众可以清晰地分辨出各种乐器声音来自何方。

③ 5.1 声道：5.1 声道来源于 4.1 环绕，不同之处在于增加了一个中置单元。这个中置单元负责传送低于 80Hz 的声音信号，在播放音乐时，把声音信号集中在整个声场的中部，以增强整体效果。

**2. 数字音频的文件格式**

数字音频是指一个用来表示声音强弱的数据序列，由模拟声音经抽样、量化和编码后得到。简单地说，数字音频的编码方式就是数字音频格式，我们所使用的不同的数字音频设备一般对应不同的音频文件格式。音频文件一般是在计算机内进行处理、编辑和转换，它可以分为有损压缩格式和无损压缩格式两大类。有损压缩是通过降低音频采样频率与比特率的方式，压缩文件大小。无损压缩可以在 100% 保存原文件的所有数据的同时，将音频文件的体积压缩得更小，并且压缩后的文件可以还原，还原后的文件与源文件大小、码率均相同。常见的数字音频格式有如下几种。

（1）WAV（*.wav）

WAV 是微软公司和 IBM 公司开发的一种波形（Wave）音频文件格式，被 Windows 平台及其应用程序所广泛支持。WAV 格式支持多种压缩算法，支持多种音频位数、采样频率和声道数，软件兼容性好。虽然其音质好，但文件数据量较大，不适合传播，仅适合作为音频编辑的原始素材保存使用。

（2）MP3（*.mp3）

MP3 的全称是动态影像专家压缩标准音频层面 3（Moving Picture Experts Group Audio Layer Ⅲ），是 20 世纪 90 年代开发并常用的有损压缩编码格式。它利用人耳的掩蔽效应对声音进行压缩，使文件在较低的比特率下，尽可能地保持了原有的音质，是目前常用的压缩方式，也是现在网上常见的音频格式，大多数播放器都支持 MP3 格式。MP3 格式的声音文件的压缩比达 10∶1～12∶1，在不小于 128kbit/s 传输速率下，基本保持了原有音质，正是这一特性，使 MP3 的相关产品长盛不衰。

（3）WMA（*.wma）

WMA（Windows Media Audio，Windows 媒体音频）是微软公司开发的一种数字音乐格式，在压缩比和音质方面都超过了 MP3，能在较低的采样频率下获取较高的音质。WMA 的另一个优点是内容提供商可以加入防复制保护，通过内置的版权保护技术，可以限制播放时间和播放次数，甚至限定播放机器等。另外，WMA 格式还支持音频流（Audio Stream）技术，适合网络在线播放和网络广播，为网络音乐广泛传播奠定了基础。

（4）MIDI（*.mid）

MIDI 定义了计算机音乐程序、数字合成器及其他电子设备交换音乐信号的方式，规定了不同厂商的电子乐器与计算机连接的电缆、硬件及设备间数据传输的协议，可以模拟多种乐器的声音。MIDI 文件记录的不是声音信号，而是音色、音符、控制参数等指令，它指示 MIDI 设备用什么音色演奏、演奏哪个音符、用多大音量等。通常 MIDI 音乐用于背景乐，不能模拟人的声音。

3．数字音频编辑软件

音频编辑软件主要用于录音、音频的拆分、混音、降噪等编辑，以 Adobe Audition 为代表。该软件原名为 Cool Edit Pro，被 Adobe 公司收购后，改名为 Adobe Audition。Audition 可提供音频混合、编辑、控制和效果处理功能。图 6-15 所示为 Audition 操作界面。

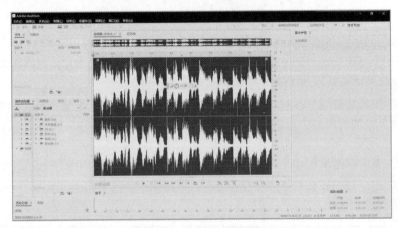

图 6-15　Audition 操作界面

Audition 常用的声音处理功能如下。

① 录音：能录制单声道、双声道、5.1 声道等多种类型的声音。

② 混音：能将多种人声、音乐、声响根据需要进行混音合成。

③ 声音编辑：能调节声音的大小、速度、节奏等。

④ 效果处理：能增加延迟、回声、混响等各种声音效果。

⑤ 降噪：能消除各种噪声。

**4. 移动端音频制作软件**

全民 K 歌是一款由腾讯公司开发的移动端音频制作软件，具有智能打分、专业混音、好友擂台、修音、趣味互动及社交分享等功能。

全民 K 歌是基于用户需求打造的线上唱歌工具，不仅提供了海量版权曲库，还不断迭代 AI 评分、AI 修音等科技，用专业的"音乐工具"吸引广大专业与非专业的"爱唱"人士，打造围绕音乐的社交生态。全民 K 歌由最初的独唱、合唱不断迭代，衍生出很多更具音乐游戏趣味的实时互动功能。凭借与线下一样畅快的唱歌体验和玩法更多的线上互动，全民 K 歌吸引并留住了越来越多的用户。

## 6.2.4　数字视频技术

数字视频是对模拟视频信号进行数字化后的产物，它是现代计算机和移动设备的主要媒体形式之一。了解数字视频的基本概念和文件格式，熟悉数字视频的编辑与处理，将会给我们的工作与生活带来很多方便。

**1. 数字视频简介**

数字视频录制时需要选择电视制式，电视制式是用来实现电视图像或声音信号所采用的技术标准。不同国家制定的标准也有不同。世界上主要使用的电视广播制式有 PAL、NTSC、SECAM 3 种，我国使用 PAL 制式，美国、日本、韩国及东南亚国家等使用 NTSC 制式，法国、俄罗斯则使用 SECAM 制式。

① PAL 制式：该制式由德国于 1967 年提出，分辨率为 720 像素×576 像素，每秒 25 帧，画面的宽高比为 4：3。

② NTSC 制式：该制式是美国制定的电视标准，分辨率为 720 像素×480 像素，每秒 30 帧，画面的宽高比为 4：3 或 16：9。

③ SECAM 制式：该制式是 1966 年由法国研制成功，分辨率为 720 像素×576 像素，每秒 25 帧，画面的宽高比为 4：3。其特点是不怕干扰，彩色效果好，但兼容性差。

不同制式的帧频是不一样的。"帧"是视频和动画中最小单位的单幅画面，一帧就是一幅静止的画面，连续的帧就形成视频、动画。帧频是指每秒播放的画面数。电视制式之间是不兼容的。例如我国使用 PAL 制式，国内销售的数码摄像机都是 PAL 制式的，如果是 NTSC 制式的摄像机拍摄出来的视频，就不能在 PAL 制式的电视机上正常播放。

**2. 常用的视频文件格式**

为了适应储存视频的需要，人们设定了不同的视频文件格式来把视频和音频放在一个文件中，以方便同时回放。数字视频的数据量要远远大于图像与音频，因此更需要对其进行压缩。由于大部分视频在录制时，音视频同步，也会涉及音频压缩。其不同之处在于，视频由一系列图像组成，而相邻的图像具有很大的相关性，有联系的视频帧之间具有大量的冗余信息可以被压缩。

目前常见的视频文件格式有 AVI、MPG、MP4、MOV 等。

① AVI（*.avi）：其含义是 Audio Video Interactive，就是把视频和音频编码混合在一起储存，是较常见的音频视频容器。AVI 属于有损压缩，质量较好，绝大多数的播放器都能使用，但文件较大。AVI 格式限制比较多，只能有一个视频轨道和一个音频轨道（有非标准插件可加入最多两个音频轨道），还可以有一些附加轨道，如文字等。AVI 格式不提供任何控制功能。

② MP4（*.mp4）：MP4 是一套用于音频、视频信息的压缩编码标准，由国际标准化组织（ISO）

和国际电工委员会（International Electrotechnical Commission，IEC）下属的动态图像专家组（Moving Picture Experts Group，MPEG）制定。

MP4 可对不同文件（对象）采用不同的编码格式，选择最适合场景需求的编码解决方案，从而控制文件的大小及视音频的清晰度。MP4 以影像上的个体为变化记录，因此即使在影像变化速度很快、码率不足时，也不会出现方块画面。

③ RM/RMVB（*.rm/*.rmvb）：RM/RMVB 是由 RealNetworks 公司开发的一种音频、视频容器，通常只能容纳 Real Video 和 Real Audio 编码的媒体。它带有一定的交互功能，允许编写脚本以控制播放。尤其是可变比特率的 RMVB 格式，体积很小，很受网络下载者的欢迎。

④ MOV（*.mov）：MOV 即 QuickTime 封装格式，它是苹果公司开发的一种音频、视频文件封装格式，用于存储常用数字媒体类型。由于苹果计算机在专业图形领域具有统治地位，QuickTime 格式基本已成为电影制作行业的通用格式。1998 年，ISO 将 QuickTime 格式作为 MPEG-4 标准的基础。QuickTime 格式可储存的内容相当丰富，除了视频、音频，还可支持图片、文字（文本字幕）等。

3. **数字视频编辑软件 Premiere**

Premiere 是 Adobe 公司推出的一款基于非线性编辑设备的视频音频编辑软件，可以在各种平台下与硬件配合使用，被广泛应用于电视节目、广告制作、电影剪辑等领域，成为 PC 和 Mac 平台上应用非常广泛的视频编辑软件。在普通的微机上，用户使用比较廉价的压缩卡或输出卡也可制作出专业级的视频作品。

Premiere 功能强大，操作简单，制作出来的作品比较精美。它可以提升用户的创作能力和创作自由度，易学、高效。Premiere 具有采集、剪辑、调色、美化音频、字幕添加、输出、刻录等一整套流程，并可与其他 Adobe 系列软件高效集成，使用户足以应对在编辑、制作过程中遇到的各种挑战，满足用户创建高质量作品的要求。Premiere 操作界面如图 6-16 所示。

图 6-16　Premiere 操作界面

（1）Premiere 的主要功能

① 编辑和剪接视频素材：Premiere 以幻灯片的风格播放剪辑，具有变焦和单帧播放能力；使用 TimeLine（时间线）、Trimming（剪切窗）进行剪辑，可以节省编辑时间。

② 制作视频特效：Premiere 提供了强大的视频特效，包括切换、过滤、叠加、运动及变形等。这些视频特效可以混合使用，可以产生非常优秀的特效。

③ 制作视频切换效果：Premiere 的切换选项里提供了 70 多种切换效果，每一个切换选项图标都代表一种切换效果。

④ 音频编辑：用户可以使用 Premiere 给视频配音，并对音频素材进行编辑，调整音频和视频的同步，改变视频特性参数，设置音频、视频编码参数及编码生成各种数字视频文件等。

⑤ 调色功能：Premiere 具有强大的色彩转换功能，能够将普通色彩转换成为 PAL 制式或 NTSC 制式的兼容色彩，以方便用户把数字视频信号转换成模拟视频信号，记录在磁带或刻录在光盘上。

⑥ 制作字幕、图标和其他视频效果。

此外，Premiere 还具有管理方便、采集素材方便、编辑方便、可制作网络作品等优点。

（2）使用 Premiere 制作视频的具体步骤

① 新建项目文件，对文件的基本属性进行设置。

② 导入多媒体素材，把各种图片、视频、音频等素材文件导入项目。

③ 将素材导入序列进行剪辑，根据剧本进行镜头的剪辑。

④ 添加片头标题或字幕，进行文字性说明设计。

⑤ 为时间线中轨道上的素材添加视频特效，为镜头调色。

⑥ 为时间线上的多个素材添加转场效果。

⑦ 添加音频特效。

⑧ 为时间线上的素材进行实时配音。

⑨ 预览并生成作品。

### 4. 移动端视频编辑软件

随着移动媒体的发展，在移动端也有一些小程序能进行数字视频的简单创作，可满足很多没有专业知识的用户的需求。例如，剪映是一款常用的手机视频编辑工具，带有全面的剪辑功能，支持变速，有多种滤镜和美颜的效果，有丰富的曲库资源。剪映操作界面如图 6-17 所示。

## 6.2.5　数字动画技术

动画以其生动形象、简单明了、通俗易懂的特点，深受广大观众的喜爱。一些虚构的、理想的、浪漫的故事都适合以动画的形式表现。随着国人的观赏水平和经济水平的提高，我国动画产业方兴未艾，如今的中国正处在文化产业高速发展的时期，动漫产业是文化产业中发展较为迅速的产业之一。

### 1. 动画概述

动画是由一系列静态图像按照一定的顺序播放而形成，这些静态图像被称为动画的帧。通常情况下，相邻的图像之间差距不大，其内容的变化存在一定的规律。当这些连续的帧按照一定的速度连续播放时，由于眼睛的"视觉暂留"现象，就形成了连贯的动画效果。动画和视频的原理都利用了"视觉暂留"原理，它们的不同之处在于视频是对真实世界的还原，是写实的；而动画是通过对真实世界的想象创作的，更多的是真实世界中不存在的。

图 6-17　剪映操作界面

传统动画是在纸张或赛璐珞片上手工描绘着色，或者利用黏土模型、剪纸、木偶、布偶、泥偶、沙画等方式，再通过拍摄进行一系列的后期制作，制作过程耗时长、工作量大。《大闹天宫》就是我国传统手绘动画的代表作，如图 6-18 所示。传统动画也可分为平面传统动画和立体传统动画，由皮影戏演化而来的剪纸动画就是平面传统动画的一种，图 6-19 所示就是剪纸动画《狐狸送葡萄》。

水墨动画是我国艺术家独创的动画艺术新品种，它以中国画的水墨技法作为人物造型和环境空间造型的表现手段，运用动画拍摄的特殊处理技术把水墨画形象和构图逐一拍摄下来，通过连续播放形成浓淡、虚实的水墨影像动画效果。《小蝌蚪找妈妈》就是水墨动画作品的典型代表，如图 6-20 所示。

图 6-18 《大闹天宫》

图 6-19 《狐狸送葡萄》

图 6-20 《小蝌蚪找妈妈》

当计算机技术发展到一定阶段时，动画的制作技术也发生了变化。1971 年，被称为"计算机动画之父"的内斯托尔·布特尼克（Nestor Burtnyk）提出了"计算机产生关键帧动画"技术，并开发了 MSGEN 二维动画制作系统，从此数字动画技术进入快速发展期，出现了众多优秀动画作品，如《美女与野兽》《花木兰》等。

随着三维技术的发展，数字动画有了更多的表现形式。三维动画可以让导演更加灵活地将思想表现出来，一些现实拍摄中不可能出现的镜头都可以在三维动画中表现出来。例如长期与迪士尼合作的皮克斯动画工作室，出品了很多经典动画片，如《玩具总动员》系列、《机器人总动员》《飞屋环游记》等；还有梦工厂公司，知名作品有《怪物史莱克》系列、《马达加斯加》系列、《功夫熊猫》系列等。

随着网络的飞速发展，也产生了网络动画。网络动画不仅是动画，还包含很多交互，动画和交互相辅相成，给人们带来新的体验和视觉冲击。21 世纪初流行的 Flash 动画，让众多动画爱好者都能体会做动画的乐趣。随着 HTML5 的普及，"H5 动画"又逐渐开始流行。

2. 二维动画软件

提到二维动画软件，我们首先想到的可能是 Flash。但随着移动设备替代 PC 成为上网主体，Flash 也由于各种原因逐渐被淘汰。目前常见的二维动画制作软件有 Adobe Animate CC、TOONZ、RETAS PRO、Toon Boom Harmony、Anime Studio、TVP Animation Pro 等。下面以 Adobe Animate CC 为例介绍二维动画软件。

Adobe Animate CC（简称 Animate）是一个可以快速制作简单动画的软件，易学易用。Animate 的前身就是曾经大名鼎鼎的 Flash，它不仅是一个可以制作动画的工具，更重要的是，它的脚本语言 Actionscript 可以添加交互，还提供了制作 HTML5 和 WebGL 动画文件的功能。图 6-21 所示为 Animate 操作界面。

图 6-21　Animate 操作界面

Animate 的特点如下。

① 简单易用。Animate 界面非常友好，功能强大，而且基本动画的制作非常简便，普通用户通过学习基本都能掌握。

② 基于矢量图形。Animate 动画主要基于矢量图形，而且存储在库中的资源可以重复使用。Animate 文件比较小，且无限缩放不会变形，保证了画面质量。

③ 流式传输。Animate 动画采用流媒体播放技术，可以边下载边播放。

④ 强大的交互能力与多媒体整合能力。用户利用脚本完全可以实现高级交互功能，且能够实现对视频、声音、图像、图形等多种媒体的整合。

Animate 可以制作的动画类型如下。

① 逐帧动画。逐帧动画指的是动画的每一帧都要由设计者手动完成，这些帧称为关键帧。在逐帧动画中，关键帧的对象可以使用 Animate 软件绘制，也可以是从外部导入的图形、图像。逐帧动画主要适合变形比较细致的动画，但是比较费时、费力，绘画难度高，如前些年流行的"火柴人"小动画就是逐帧动画。

② 补间动画。补间动画指的是设计者只负责过渡动画的首尾两个关键帧的制作，关键帧之间的过渡由计算机自动计算完成。补间动画包括补间形状动画和传统补间动画等。补间形状动画能够制作对象的形状发生变化的动画，如由圆形变成矩形。传统补间动画能够制作对象属性（位置、大小、角度、颜色、透明度等）发生变化的动画，如小球的跳跃动画。

③ 遮罩动画。遮罩动画指的是通过遮罩层来有选择地显示被遮罩层上的动画，类似通过望远镜观看景色。遮罩层仅仅起到控制显示范围的作用，被遮罩层的物体才是我们看到的，看到的内容多少是由遮罩层决定的。利用遮罩动画可设计出各种意想不到的动画，如常用的"百叶窗"特效。

④ 引导动画。引导动画指的是通过路径约束物体的运动轨迹的动画。引导动画首先需要制作补间动画，在引导层绘制曲线作为补间动画的运动路径，引导层的路径是看不到的。引导动画经常用来制作有规律的运动，如太阳升起、蝴蝶飞舞等动画。

⑤ 交互动画。交互动画指的是通过脚本语言 ActionScrip 来制作的具有一定交互功能的动画。通过脚本语言既可以实现动画的各种跳转控制，也可以制作很多复杂的效果，如大雪纷飞等动画。

Animate 的动画形式有很多，很多时候会根据需要综合运用几种动画。例如制作蝴蝶飞舞的动画：翅膀的运动是逐帧动画；身体的运动是传统补间动画；固定轨迹需要引导动画；控制动画的播放会用到脚本语言，是交互动画。

**3. 三维动画软件**

三维动画大家都不陌生，近年来优秀的动画片也有很多。大型动画片公司如皮克斯和梦工厂，在制作动画的时候会使用自己开发的工具，每制作一部动画片都会开发一些新工具以制作出令人满意的动画效果，而这些工具是不对外发行的。目前市场上流行的三维制作软件有 3ds Max、Maya、ZBrush、Softimage、Cinema 4D、LightWave 3D、Blender、Modo 等。下面以 3ds Max、Maya、ZBrush 为例介绍三维动画制作软件。

（1）3ds Max

3ds Max 诞生于 1996 年，2005 年被 Autodesk 公司收购。3ds Max 能够快速进行三维建模和制作纹理贴图，拥有丰富的动画制作工具。除了基本的渲染，3ds Max 的立体摄像机能够创建三维内容，可以直接在云中进行渲染。它能创建复杂的粒子模拟，模拟逼真的动力学刚体；能对骨骼应用解算器，可创建栩栩如生的布偶模拟；能创建逼真的布料和类似布的模拟；能准确地预测灯光与建筑的交互作用，实现更具可持续性的设计。

3ds Max 有丰富的教学资源，有众多辅助插件，使用方便，广泛应用于广告、影视、工业设计、建筑设计、三维动画、多媒体制作、游戏、辅助教学及工程可视化等领域。特别是三维建筑设计主要就是使用 3ds Max。3ds Max 操作界面如图 6-22 所示。

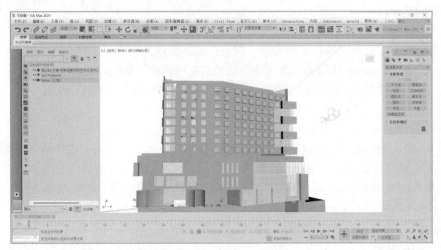

图 6-22　3ds Max 操作界面

（2）Maya

Maya 诞生于 1983 年，2005 年被 Autodesk 公司并购。Maya 多应用于专业的影视广告、角色动画、电影特技等，以三维角色动画设计为主。Maya 有 NURBS、POLYGON 和 SUBDIVISON 3 种建模工具；有能用于数字雕塑的画笔；在动画方面有非线性动画编辑器、强大的角色皮肤连接功能及高级的变形工具，可以产生复杂、细致、真实的场景；有完整的粒子系统及胶片质量效果的交互式渲染；还有 Mel 脚本语言。Maya 操作界面如图 6-23 所示。

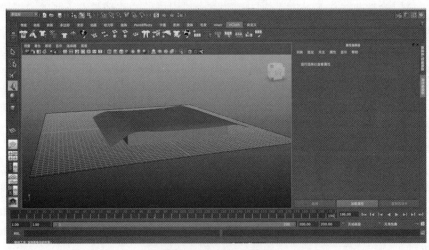

图 6-23　Maya 操作界面

与 3ds Max 相比，Maya 更加开放、灵活，在电影行业应用较多。

（3）ZBrush

ZBrush 是专业动画制作领域里面较重要的建模材质的辅助工具，可以配合 3ds Max 和 Maya 进行建模，也被称作三维角色雕刻软件。

ZBrush 在创建模型的时候和传统泥塑相似，简单有趣。设计师可以通过手写板或者鼠标来控制 ZBrush 的立体笔刷工具，自由自在地雕刻出现在自己头脑中的形象。ZBrush 细腻的笔刷可以塑造出皱纹、发丝、青春痘、雀斑之类的皮肤细节，包括这些微小细节的凹凸模型和材质，还可以把这些复杂的细节导出为法线贴图和低分辨率模型。这些法线贴图和低分辨率模型可以被各种大型三维软件（如 3ds Max、Maya、Softimage、XSI、LightWave 3D 等）识别和应用。

**4. 三维动画制作流程**

三维动画制作流程主要有前期（剧本、分镜）、中期（模型、绑定、动画）、后期（特效、灯光渲染、合成）、输出等环节，主要步骤如下。

第一步：剧本与分镜设计。三维动画的剧本和分镜与二维动画的类似，主要目的是将每个镜头的内容、镜头的运动、对白等信息描述清楚，以便团队成员能够顺利分工合作。

第二步：模型制作。模型需要根据角色设定进行制作，现在动画片的模型制作不单使用一个三维软件，通常都会搭配其他造型软件进行快速创作。如先用 ZBrush 进行粗模设计，再将模型导入三维软件中进行更精细的调整。

第三步：绑定。绑定是三维动画制作流程中的一个重要环节，模型制作好以后需给模型添加骨骼和控制器，给骨骼分配好权重后才能由动画师进行三维动画制作。

第四步：动作设计。动作设计通常有两种方式。一种方式是由动画师通过三维软件制作，在时间轴关键帧中，操纵骨骼一点点调整动作，这种方式要求动画师有丰富的经验，能够将动作调整得自然顺畅。另一种方式是通过动作捕捉设备，将表演者的动作甚至面部表情都采集到计算机中，这些动作可以和模型绑定，这样模型就可以完成同样的动作。用这种方法制作出来的动作更加真实、自然，但是好的动作捕捉系统价格较昂贵，所以这种方式仅在一些大制作的电影中使用。

第五步：灯光材质设计。三维动画的后期制作中，灯光渲染是一个重要步骤，简单的灯光使用软件自带的渲染器即可，但是对于复杂的场景常常会使用专业的渲染软件进行渲染。

第六步：特效与合成。各类光影、爆炸等特效，需要使用三维软件和后期特效软件一起来完成，如使用 After Effects、Combustion 等进行合成处理，并发布最终视频文件。

# 6.3　虚拟现实

虚拟现实是一项融合了计算机图形学、数字图像处理、多媒体技术、计算机仿真技术、传感器技术、显示技术及网络并行处理等分支信息技术的综合性信息技术。

## 6.3.1　基本概念

虚拟现实的英文是 Virtual Reality（VR）。Virtual 的意思是虚拟的，这里指由计算机创造出的虚拟环境；而 Reality 的意思为真实、现实，这里指与现实无异的体验。虚拟现实正是由计算机创造出的让人感觉与真实世界无异的虚拟环境，曾经被称作"灵境"技术。

虚拟现实通过计算机技术创建虚拟环境，人们通过辅助设备可以和虚拟世界中的景物进行交互，让人产生身临其境的感觉。如图 6-24 所示，用户通过 VR 眼镜观看虚拟世界，通过手中的交互设备控制虚拟世界的操作，沉浸在虚拟的世界中。

说到虚拟现实 VR，我们就会联想到增强现

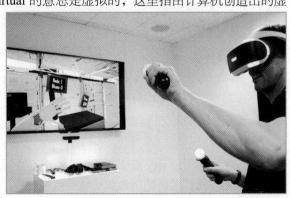

图 6-24　VR 眼镜用户操作

实（Augmented Reality，AR）与混合现实（Mixed Reality，MR）。AR 是 VR 的延伸，是在真实世界中增加虚拟的信息，属于"锦上添花"。用户既能看到真实世界，又能看到虚拟事物。MR 是 AR 的升级，强调虚拟世界与真实世界的无缝衔接，强调真实与虚拟的共存、共享与互动，属于"实幻交织"，用户很难分辨真实世界与虚拟世界。

## 6.3.2　虚拟现实发展历史及现状

从虚拟现实概念出现，到 2016 年虚拟现实元年开启，虚拟现实发展经历了 3 个阶段。

（1）萌芽研发期（20 世纪 30—70 年代）

1935 年，作家斯坦利·温鲍姆（Stanley Weinbaum）在他的小说中描述了一款虚拟现实的眼镜，被认为是世界上率先提出虚拟现实概念的人。

1960 年，电影摄影师莫顿·海林（Morton Heiling）发明了一款名为 Sensorama Stimulator 的仿真模拟器，这被认为是第一个 VR 设备。

1968 年，被称为"计算机图形学之父"的计算机科学家伊万·萨瑟兰（Ivan Sutherland）设计了一款头戴式 VR 显示器"达摩克利斯之剑"（Sword of Damocles）。

（2）民用探索期（20 世纪 70 年代至 2012 年）

1987 年，计算机科学家杰伦·拉尼尔（Jaron Lanier）创造了术语"Virtual Reality"（虚拟现实），并制作出第一款真正投放市场的 VR 商业产品，但因价格问题未能广泛推广。

1991 年，首款消费级 VR 设备 Virtuality 1000CS 上市。

1993 年，出现带耳机的 VR 眼镜原型，然而由于技术问题未能成功。

1995 年，第一台可以显示 3D 图形的便携式游戏机上市。但由于技术原因，这款游戏机会带来严重的晕动症，1 年后此款设备停止生产。

（3）商用发展期（2012 年至今）

2012 年，一家新成立的公司傲库路思（Oculus）开启了 VR 设备的众筹计划。这个计划可以让消费者以比较低廉的价格购买到大视场角、低延迟的便携式 VR 沉浸体验设备。之后，HTC、索尼、三星等厂商也陆续开始开发 VR 产品，引发了 VR 的热潮。

2016 年被称为 VR 元年，从这一年开始，VR 进入高速发展期。我国的虚拟现实行业市场规模也发展迅速，阿里巴巴、腾讯、百度、华为、小米等互联网企业和优酷、爱奇艺等内容平台均已开始布局 VR。当然，虚拟现实的发展也面临技术演进轨道与产业生态尚未定型、底层基础与关键性技术的研发投入不足、产业链发展短板尚待补足、产业结合度不足等问题。

## 6.3.3　虚拟现实的特性

### 1. 沉浸性

沉浸性是虚拟现实的主要特征，就是让用户成为并感受到自己是计算机系统所创造环境中的一部分，虚拟现实的沉浸性取决于用户的感知系统，当使用者感知到虚拟世界的刺激时，包括触觉、味觉、嗅觉、运动感知等，便会产生思维共鸣，造成心理沉浸，感觉如同进入真实世界。

### 2. 交互性

交互性是指用户对模拟环境内物体的可操作程度和从环境得到反馈的自然程度，使用者进入虚拟空间，相应的技术让使用者跟环境产生相互作用，当使用者进行某种操作时，周围的环境也会做出某种反应。如使用者接触到虚拟空间中的物体，那么使用者手上应该能够感受到，若使用者对物体有所动作，物体的位置和状态也应改变。

### 3. 多感知性

多感知性表示计算机技术应该拥有很多感知方式，如听觉、触觉、嗅觉等。理想的虚拟现实应该具有一切人所具有的感知功能。由于相关技术，特别是传感技术的限制，目前大多数虚拟现实技术所具有的感知功能仅限于视觉、听觉、触觉、运动等几种。

### 4. 构想性

构想性也称想象性，使用者在虚拟空间中，可以与周围物体进行互动，可以拓宽认知范围，创造客观世界不存在的场景或不可能发生的环境。构想可以理解为使用者进入虚拟空间，根据自己的感觉与认知能力吸收知识，发散拓宽思维，创立新的概念和环境。

### 5. 自主性

自主性是指虚拟环境中物体依据物理定律动作的程度。如当受到力的推动时，物体会向力的方向移动，或翻倒，或从桌面落到地面等。

## 6.3.4　虚拟现实的关键技术

### 1. 动态环境建模技术

虚拟环境的建立是虚拟现实的核心内容。动态环境建模技术的目的是获取实际环境的三维数据，并根据应用的需要，利用获取的三维数据建立相应的虚拟环境模型。三维数据的获取可以采用 CAD技术（有规则的环境），而更多的环境则需要采用非接触式的视觉建模技术，两者的有机结合可以有效地提高数据获取的效率。

### 2. 实时三维图形生成技术

三维图形的生成技术已经较为成熟，其关键是如何实现"实时"生成。为了达到实时的目的，至少要保证图形的刷新率不低于 15 帧/秒，最好高于 30 帧/秒。在不降低图形的质量和复杂度的前提下，如何提高刷新频率是该技术的研究内容。

### 3. 立体显示和传感器技术

虚拟现实的交互能力依赖立体显示和传感器技术的发展。现有的虚拟现实技术还远远不能满足系统的需要，例如，数据手套有延迟大、分辨率低、作用范围小、使用不便等缺点；虚拟现实设备的跟踪精度和跟踪范围也有待提高。

### 4. 应用系统开发工具

虚拟现实应用的关键是寻找合适的场合和对象，即如何发挥想象力和创造力。选择适当的应用对象可以大幅度地提高生产效率、降低劳动强度、提高产品开发质量。为了达到这一目的，必须研究虚拟现实应用系统的开发工具。例如，虚拟现实系统开发平台、分布式虚拟现实技术等。

### 5. 系统集成技术

由于虚拟现实中包含大量的感知信息和模型，因此系统的集成技术起着至关重要的作用。集成技术包括信息的同步技术、模型的标定技术、数据转换技术、数据管理模型、识别和合成技术等。

## 6.3.5　虚拟现实系统

一个完整的虚拟现实系统由数据库系统、应用软件系统、以高性能计算机为核心的 **VR Ready** 计算机、输入输出设备（与用户交互）等功能单元构成，如图 6-25 所示。其中，输入设备以视觉系统、

图 6-25　虚拟现实系统的构成

听觉系统、身体方位姿态跟踪设备为核心，输出设备以味觉、嗅觉、触觉与力觉反馈系统为核心。

### 1. 虚拟现实系统的主要功能单元

（1）数据库

数据库用来存放虚拟现实世界所有对象模型的相关信息。开发者通过数据库实现对虚拟对象数据的保存、调用、更新及分类管理。三维实时数据库技术是虚拟现实系统在数据表达上的关键技术。

（2）应用软件系统

应用软件系统为虚拟现实应用提供工具及平台等技术支持；为虚拟现实内容开发者提供底层引擎，辅助其对各类开发对象的几何模型、物理模型、行为模型进行加工管理；建立管理虚拟世界数据库等。目前较受开发者欢迎的应用软件有 Unity、Unreal Engine（虚幻引擎）、MultiGen Creator、VEGA、Virtool、EON Studion、VRP 等。

（3）VR Ready 计算机

VR Ready 计算机对于 CPU、显卡等均有较高要求，按照业界的标准，满足虚拟现实的计算机硬件至少应达到表 6-4 中的要求。

表 6-4　计算机硬件配置要求

| 硬件 | 配置要求 |
| --- | --- |
| CPU | Intel Core i5-4590 或更高 |
| 显卡 | NVIDIA GeForce GTX 970 /AMD R9 290 或更高（台式机）<br>NVIDIA GeForce GTX 980 或更高（笔记本电脑） |
| 内存 | 8GB 以上 |
| 接口 | 3 个 USB 3.0 接口；1 个 USB 2.0 接口；1 个 HDMI 接口 |
| 操作系统 | 64 位 Windows 7/8/10 |

（4）输入设备

输入设备检测用户输入信号并通过传感器输入计算机。常见的虚拟现实输入设备包括手持式输入设备（如三维鼠标、虚拟现实手套和三维摇杆）、动作捕捉输入设备和语音控制输入设备。

（5）输出设备

计算机生成的信息通过传感器传送至输出设备从而让用户获得反馈。输出设备包括反馈视觉的虚拟现实头戴显示设备、反馈听觉的全景声耳机、反馈触觉的力反馈数据手套等。

### 2. 虚拟现实系统的分类

（1）沉浸式虚拟现实系统

沉浸式虚拟现实系统是一种较理想的虚拟现实系统，可提供完全沉浸的体验。它利用头盔式显示器或其他设备，把用户的视觉、听觉和其他感觉封闭起来，并提供一个新的、虚拟的感觉空间，利用位置跟踪器、数据手套、手控输入设备、声音等使用户产生一种身临其境、全心投入和沉浸其中的感觉。

（2）增强式虚拟现实系统

增强现实性的虚拟现实不仅是利用虚拟现实技术来模拟现实世界、仿真现实世界，而且要利用它来增强用户对真实环境的感受，也就是增强现实中无法感知或不方便的感受。增强式虚拟现实系统可以在真实的环境中增加模拟物体，如在室内设计中，可以在门窗上增加装饰材料，改变各种式样、颜色等来观看最后的效果以达到增强现实的目的。

（3）桌面式虚拟现实系统

桌面式虚拟现实系统利用个人计算机和低级工作站进行仿真，将计算机的屏幕作为用户观察虚拟世界的一个窗口，通过各种输入设备实现与虚拟现实世界的实时交互，这些外部输入设备包括鼠标、追踪球、力矩球等。它要求用户使用输入设备，通过计算机屏幕观察 360°范围内的虚拟世界，并操纵其中的物体。虽然桌面式虚拟现实系统仍然会受到周围现实环境的干扰，但其成本较低，因此它的应用也比较广泛。

（4）分布式虚拟现实系统

如果多个用户通过计算机网络连接在一起，同时参加一个虚拟空间，共同体验虚拟经历，那虚拟现实则提升到了一个更高的境界，这就是分布式虚拟现实系统。在分布式虚拟现实系统中，多个用户可通过网络对同一虚拟世界进行观察和操作，以达到协同工作的目的。

选择分布式虚拟现实系统有两方面的原因，一方面是充分利用分布式计算系统提供的强大计算能力，另一方面是有些应用本身具有分布特性，如多人通过网络进行游戏和虚拟战争模拟等。

3. 常见的 VR 硬件设备

市场上流通较多、较常见的 VR 硬件设备是 2C 级设备，包括移动 VR、PC/主机 VR、VR 一体机等。

移动 VR 需要依托智能手机，配合 VR 眼镜，让用户体验 VR 效果。由于智能手机计算能力有限，因此移动 VR 在交互、沉浸感方面较差。较知名的移动 VR 设备有三星公司的 Gear VR，仅支持三星手机；谷歌公司的 Cardboard，是简易纸质 VR 眼镜，价格低廉，为入门级产品，将手机插入盒子前面的夹层就可以观看 VR 视频。国内的移动 VR 设备有 HTC 公司和华为公司的 VR 眼镜，如图 6-26 和图 6-27 所示。

图 6-26　HTC VIVE 系列 VR 眼镜

图 6-27　华为 VR 眼镜

PC/主机 VR 是目前较好的 VR 硬件设备解决方案。PC 负责数据计算，用户通过 VR 眼镜观看效果，通过交互设备进行操控，其代表产品 Oculus Rift 如图 6-28 所示。

VR 一体机将计算功能和显示功能集成为一体，整体轻便、便携性好，但性能稍弱于 PC/主机 VR，是较为理想的 VR 设备，也是未来 VR 设备发展的目标，其代表产品 Oculus Quest 2 如图 6-29 所示。

图 6-28　Oculus Rift

图 6-29　Oculus Quest 2

## 6.3.6　虚拟现实应用

目前，极具发展潜力的 VR 应用行业有游戏、直播、地产、旅游、教育，以及医疗、工程、零售等行业。

1. 游戏

VR 设备的三大特性（沉浸感、互动性、想象性）在游戏领域体现得最直观。VR 技术可以让游戏更加好玩，极大地提升游戏的观感和体验，是极具商业价值的 VR 应用领域。VR 游戏将是未来规模巨大的市场，发展前景很好。国内外众多游戏软硬件开发厂商都在向此领域投资进行开发。

VR 游戏主要分为 3D 手游与大型 VR 游戏，国内基于智能手机的 3D 手游发展速度超过大型 VR

游戏。目前国内 VR 游戏市场正在从移动 VR 向 VR 一体机进行过渡。

### 2. 直播

VR 直播是虚拟现实与直播的结合。与现在流行的直播平台不同，VR 直播采用 360° 全景的拍摄设备，以捕捉超清晰、多角度的画面，每一帧画面都是一个 360° 的全景，观看者还能选择上、下、左、右任意角度，体验更逼真的沉浸感。VR 直播近些年发展很快，市场规模在不断扩大，主要包括体育赛事直播、演唱会直播以及其他事件的直播等，让观众即使不在现场也能体验到高品质的现场感。国内的各大直播平台都竞相推出 VR 直播项目，以吸引更多的用户。

### 3. 地产

VR 在地产行业有较大发展潜力。传统看房由中介或售房者带领客户实地看房，需要耗费人力、物力以及时间。VR 技术可以使客户随时随地看房屋效果，不受时间、空间的限制。而且 VR 技术可以让客户看到自己喜欢的装修风格，可以根据需求定制装修效果，更能满足客户的需求。例如 VR Home，用户戴上 VR 眼镜可以看到环视无死角的全屋装修设计，随着头部和眼睛的转动，可以逼真地看清各个房间的整体布局和家具摆设。用户若有全屋定制需求，将基本需求告知设计师，设计师可以快速绘制出立体的三维体验效果图。

### 4. 旅游

旅游是 VR 技术应用的重点领域之一。VR 技术的沉浸感可以让观众足不出户体验到外地景致，是旅游景区吸引游客的有效手段。而且，在某些古文物或古建筑景区，文物保护与游客参观形成一种矛盾，使用 VR 技术可以很好地保护文物。而通过 VR 技术游客可以自主、近距离、多角度参观文物，再配以旁白或讲解能让游客获取大量相关信息，展览效果更佳。对于一些已经受到损坏的文物或者古建筑，通过 VR 技术将其还原，游客就可以领会到古文明的灿烂。例如圆明园，为了纪念历史不会将圆明园完全修复，但是通过 VR 可以将其精致、壮丽的景观重新展现在世人面前。图 6-30 所示为《故宫》漫游截图。

图 6-30 《故宫》漫游截图

### 5. 教育

VR 技术给教育行业带来一种新的教育方式。与传统教学最大的区别在于，VR 技术可以让以前昂贵的实验材料不再成为实验的阻碍，学生可以在虚拟环境中无数次地进行实验；让现实中不可能亲临的场景在虚拟技术中得到实现，如探索外太空、地球结构等。医学院的学生通过 VR 技术可以重复练习高难度手术，小学生可以认识太空中各个星系并近距离观察。图 6-31 所示为利用 5G VR 进行沉浸式教学。

图 6-31 5G VR 沉浸式教学

### 6. 医疗

VR 应用于医疗中主要有两类：一类是虚拟人体，也就是数字化人体，这样的人体模型可以使医生更容易了解人体的构造和功能；另一类是虚拟手术系统，可用于指导手术的进行。

### 7. 工程

工程领域是 VR 最早进入的领域。VR 在工程建设、飞机设计、汽车制造等行业被广泛使用，能大大提高工作效率。例如在飞机设计领域可以使用 VR 技术提前开展性能仿真演示、人机功效分析、总体布置、装配与维修性评估，能够及早发现、弥补设计缺陷，减少实际研制阶段的反复更改活动，提升飞机质量。但是每个工程领域都有自己的专业需求，对 VR 开发技术要求较高。

### 8. 零售

VR 在零售领域主要用于产品的展示。VR 零售主要分为线上和线下两大类。线上主要是电商发布产品的 VR 展示内容，顾客通过 VR 展示内容就能"看到"真实场景中的商铺和商品，实现"各地商场随便逛，各类商品随便试"。线下 VR 技术主要用于一些不方便全方位展示的商品，如汽车、家具等。用户通过 VR 技术可以看到未来家居场景的真实三维效果，避免出现买回去的家具和自己家的户型、装修风格不搭配的现象。

# 6.4  数字版权保护

## 6.4.1  数字版权的概念

伴随数字技术的迅猛发展，数字版权应运而生。数字版权是指制作、发行、复制和存储网络电子书、电子杂志及其他以网络为载体的数字化作品的版权。版权的承认和法律化的进步在各个时代都是经济发展的推动力之一，能使企业更好地实现对社会经济关系和各种信息的把控。数字版权在经济发展、文化繁荣和对外文化交流方面发挥重要作用。

数字版权主要权利包括传统版权的复制权、发行权、改编权、翻译权、汇编权、传播权等，也包括数字化复制、信息网络传播权等各种权利，数字新媒体的传播方式使版权的内容更加丰富，主要体现在原有版权权利的扩张以及新版权权利的产生两个方面。

## 6.4.2  数字版权交易商业机制

数字版权交易的商业机制是指数字版权人将版权中的财产权与他人进行价值交换的交易系统，有使版权交易市场进行资源合理配置的作用。数字版权具体的交易模式有 3 种，分别是授权许可模式、版权转让模式和作价融资模式。

### 1. 授权许可模式

授权许可模式是版权人将版权的财产权在一定范围和期限内授权给他人使用的模式。这种模式作为目前数字版权交易中最为普遍的交易模式，涉及的是版权使用权的出借，版权的所有权不发生转移。利用授权许可模式，版权人可与使用者就版权使用的范围、期限、报酬等内容进行约定并订立授权许可协议。

### 2. 版权转让模式

与授权许可模式出借使用权不同，版权转让模式是对版权所有权的出卖和转让，版权人可以在版权保护期内将版权财产权的部分或全部转让给受让人，受让人取得对版权占有、使用、收益和处分的权利。版权转让模式的受让人取得的是版权的所有权，在法律关系中能享有更完整的版权权利，能够更好地行使版权权利并获取收益。

### 3. 作价融资模式

版权的财产权有能获得经济收益的特点，版权的财产权利也能作为股权出资或作为债权担保，因此版权作价融资也成为一种新兴的交易商业模式，主要包括质押融资、版权出资和版权资产证券化等。

### 6.4.3 数字版权保护技术

数字经济的发展离不开数字版权，建立完善的数字版权保护机制，建设良好的数字版权生态，提升全社会的版权意识，才能更好地保护数字版权全产业链上下游各节点的生产、经营及消费者利益，共同推动我国数字版权产业繁荣发展。数字版权保护技术主要涉及下面几种技术。

#### 1. 数字加密解密技术

数字加密技术主要运用密码学原理，将数字信息内容加密，设置登录密码，或限制使用次数等，保证被加密的数字信息不被未经授权的用户非法提取、修改、删除等，是一项网络信息安全重要的基础技术，使未经授权的用户无法获取数字版权。这种事前防护措施能有效防止侵权行为、保护数字版权，因此被广泛应用于数字版权保护领域。

#### 2. 数字水印技术

数字水印技术是 20 世纪 90 年代产生并快速发展的一项数字信息保护技术。数字水印是指在数字版权内容中嵌入特定的数字水印信息。特定的数字水印信息可以包括作者、出版人或其他版权所有人的身份信息以及追踪盗版侵权行为的数字程序等，将这些信息嵌入数字作品信息中，既不影响版权使用又能对版权内容进行保护。数字版权产业的有关企业特别是软件开发商都积极发展这项技术，我们熟悉的 Adobe 公司的 Photoshop 软件中就使用了数字水印技术以保护软件著作权。

#### 3. 数字指纹技术

数字指纹技术也被称为信息指纹技术，数字指纹技术使用数字函数对数字内容进行计算，并对计算的结果进行储存记忆，数字内容信息改变，其结果也会发生变化，这样计算机就能很快识别出是否有非法授权修改数字内容的行为出现。这种保护技术能有效识别正版数字作品内容，防止其不被非法使用、修改，当出现非法行为时又能很快识别、追踪。

#### 4. 资源标识技术

资源标识技术是数字内容初始建立时，都会被标记一个唯一的标识，数字内容被录入数字管理系统后，系统将产生一个与之对应的标识，因此用户要使用特定的数字内容时，必须使数字内容的初始标识与之相对应，这样可实现对数字内容的控制和管理，防止非法破解行为。专门的标识也可以方便人们检索特定的数字信息，人们可以按照自己的需求搜索和购买相应的数字内容。

#### 5. 身份认证技术

身份认证是互联网权限管理的基础技术，当用户登录时，输入自己的用户名和密码，系统对这些信息进行识别比对，判断用户身份是否合法有效，但这种方法有时过于单一，容易被破解，仍然存在一定的缺陷。因此用户有时还要通过动态密码甚至指纹、面部识别的方式进行验证，特别是后者通过人体生物特征进行识别和认证，通过这样的验证和识别方式确认用户身份安全性较高。

## 6.5 数字媒体技术的未来

数字媒体的发展不再只是互联网和 IT 行业的事情，而是已成为全产业未来发展的驱动力和不可或缺的能量。数字媒体的发展通过影响消费者行为深刻地影响各个领域的发展，消费业、制造业等都受到来自数字媒体的强烈冲击。

各种数字媒体形态正在迅速发展，同时也面临种种发展的瓶颈。我国拥有世界上最大的互联网用户群体市场，也成为国际数字媒体巨头的必争之地。各大主流互联网媒体纷纷向社交化转型，众多社交平台和产品竞相登场。视频网站和社交媒体成为数字媒体发展的新方向。

我国已经进入数字媒体快速增长时期，我国数字媒体的相关产业，如影视广告、虚拟现实、数字音乐、动漫、网络游戏、电子出版等已蓄势待发，作为人类创意与科技相结合的数字内容产业已经成为 21 世纪知识经济的核心产业。发展数字媒体产业对于弘扬中华优秀文化、调整改造我国产业结构、提升全民文化教育素质等具有重要的战略意义。

人民对绚丽多彩的精神生活的需求，以及原来就比较发达的影视、广告、娱乐、出版、展示业等文化产业，形成了数字媒体产业发展的潜力和基础，数字文化、数字艺术促进了媒体传播方式的变革，数字媒体内容产业的快速发展将促使数字媒体传播、管理、应用等系统需求迅速扩大，从而促使数字媒体技术迅速发展。

# 本章小结

通过本章的学习，读者应了解数字媒体的概念，图形、图像的基本概念，音视频的常用压缩编码和视频容器，处理各种媒体信息的常用软件；还要掌握 VR 技术的基本概念与关键技术，了解其常见设备与行业应用，并对数字媒体技术的未来发展有新的认识。

# 习题

1. 什么是数字媒体？其分为哪几类？
2. 举例说明数字媒体技术的应用领域。
3. 图形与图像的区别有哪些？
4. 什么是像素？什么是分辨率？什么是颜色模式？
5. 常见的图像文件格式有哪些？各有什么特点？
6. 简述数字音频常见文件格式及其特点。
7. 列举二维动画和三维动画常用工具软件。
8. 简述常用的三维动画设计软件及三维动画制作过程。
9. 什么是 VR？它的特性有哪些？
10. 简述 VR 的关键技术。
11. VR 技术的应用领域有哪些？

拓展阅读

近年来，云计算推动各行各业数字化转型；全球各大公司致力于将 AI、云计算、大数据浪潮推至普通人面前；5G 迎来正式商用；区块链上升至国家战略；数字孪生、数据中台正重构和催生新业态……目前，计算机技术不仅是一个基础学科，更是一个迅速进化与拓展的学科，深度融入各学科领域，给我们的生产、生活带来了深刻变革。我们提供了计算机新技术相关内容的拓展阅读，读者可扫描二维码查看。

拓展阅读

# 第7章 Microsoft Office办公软件

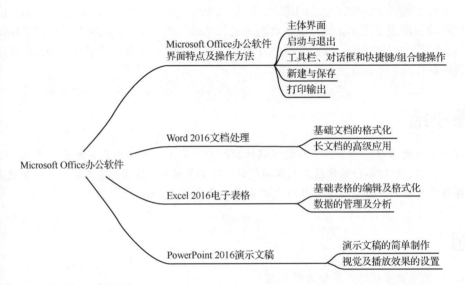

本章主要介绍常用办公软件 Microsoft Office 2016 中的 3 个主要组件，即文档处理软件 Word、电子表格制作软件 Excel、演示文稿制作软件 PowerPoint。通过学习，读者应熟悉 Office 系列办公软件的风格特点和操作方法，熟练掌握常用办公软件的编辑技巧，为日后的学习和工作打下坚实基础。

## 7.1 Microsoft Office 办公软件界面特点及操作方法

Microsoft Office 是由微软公司开发的办公软件。与某些办公应用程序一样，它包括联合的服务器和基于互联网的服务。最初的 Microsoft Office 办公软件包含 Word、Excel 和 PowerPoint，随着技术的发展，Microsoft Office 应用程序逐渐整合，共享一些特性，如拼写和语法检查、对象连接与嵌入、微软 VBA（Visual Basic for Applications）脚本语言。

Microsoft Office 2016 的开发代号为 Office 16，实际是第 14 个发行版。相较之前的版本，Microsoft Office 2016 能够使用户获得更好的体验，具有节省时间的功能、全新的现代外观和内置协助工具，可帮助用户更快创建和整理，拥有更多的主题和跨平台的通用应用，支持 Windows、macOS、iOS 等多个操作系统,可实现 PDF 与 Word 格式的转换、自动创建书签等功能。2021 年 10 月,Microsoft Office 2021 发布,其在互联网环境下的协作功能很好地呼应了时代特点,引起了用户的广泛关注。

Microsoft Office 2016 办公软件中包括 Word、Excel、Outlook、PowerPoint、Access 等 9 个组件,分别针对不同的办公需要,但各个组件的主体界面和操作方法基本一致。本节对 Microsoft Office 2016 各组件的通用性内容进行统一讲解,帮助读者对其操作方法和技巧有整体性的认识。读者通过学习和实践,可掌握 Microsoft Office 2016 办公软件的高频、基础操作,为后面各个组件的学习奠定基础。后续内容中相关操作不再赘述。

### 7.1.1 主体界面

打开 Microsoft Office 2016 办公软件中任一组件,我们可以看到风格基本一致的主体界面。从整体上看,包括标题栏、菜单栏、工具栏、导航区、工作区、状态栏六大区域,如图 7-1 所示。

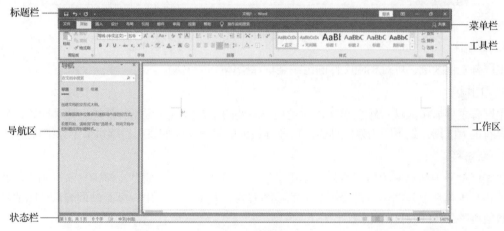

图 7-1 主体界面

1. **标题栏**

标题栏显示出当前文件的名称。标题栏最右侧区域是控制菜单 ![控制菜单] ,使用该菜单可以完成当前应用程序用户登录、功能区显示选项设置、最小化、最大化(还原)和关闭操作;标题栏中部显示的是当前文件和应用程序的名称;标题栏左侧是快速访问工具栏按钮 ![快速访问工具栏] ,依次为保存、撤销、重复 3 个常用按钮,当然我们还可以单击后面的下拉按钮,在弹出的下拉菜单中进行选择,添加一些使用频率较高的按钮,以方便使用。

2. **菜单栏**

菜单栏显示出 Microsoft Office 办公软件按照用户操作类别提供给用户的若干常用设置选项。"文件"菜单是系统级菜单,单击后可以在弹出的菜单中选择相应的菜单项进行新建、打开、保存、打印以及设置选项等操作,如图 7-2 所示。除了"文件"菜单外,其余菜单的显示方式一致,均是在下方工具栏区域显示出该菜单所包含的相应按钮。根据打开的组件不同,显示的菜单名称略有不同,请对比学习。

3. **工具栏**

对比 Microsoft Office 较早之前的版本,Microsoft Office 2016 工具栏的变化较大。它摒弃了之前沿用的命令式菜单方式,改用了如今的图形化按钮形式,典型特点是分区域显示,即相同类型的按钮放置在同一区域内,不同区域之间以实线隔开,利于用户查找和辨识。各分区域右下角凡有对话框按钮(斜下箭头标识)的,用户单击均可弹出窗口式对话框等,便于进行更全面的设置。

图 7-2 "文件"菜单

**4. 导航区**

主屏幕左侧区域，可对相应文件的组织架构和整体性进行浏览。

**5. 工作区**

主屏幕主要显示区域。顾名思义，就是用户主要的工作区域。根据打开的组件不同，此处显示的内容有很大区别，是不同组件主体界面中差异最大的部分，我们将在后续章节中详细讲述。

**6. 状态栏**

状态栏位于主体界面的最下方，主要用于显示当前文档的状态信息，包括当前页码、字数以及所用的语言等信息。视图栏可以设置文档的视图方式、显示比例，用户可通过调节百分比或数值框中的数值调整工作区的显示比例。

## 7.1.2 启动与退出

Microsoft Office 2016 相关组件的启动方法有很多种，其中常用的有以下几种。

① "开始"菜单→ "Microsoft Office" →Microsoft Office 任一组件。

② 若桌面上有 Microsoft Office 2016 相关组件的快捷方式，双击它即可启动相应组件。

③ 双击任意一个 Microsoft Office 2016 相关组件所生成的文件，即可启动该组件。

当用户不需要使用相应组件时，应将其关闭。关闭某一组件的方法非常简单，常用的方法如下。

① 单击标题栏右侧的"关闭"按钮。

② 单击"文件"菜单，在弹出的菜单中选择"关闭"选项，关闭当前程序。

③ 按 Alt+F4 组合键，结束当前任务。

④ 在屏幕最下方应用程序窗口右击，在弹出的快捷菜单中选择"关闭窗口"命令，关闭当前程序。

⑤ 右击标题栏空白处，在弹出的快捷菜单中选择"关闭"命令，关闭当前程序。

## 7.1.3 工具栏、对话框和快捷键/组合键操作

对 Office 2016 相关组件进行操作时，我们有 3 种常用的方式：工具栏、对话框、快捷键/组合键。在工具栏中，通过移动鼠标单击相应按钮完成相关设置，如图 7-3 所示。此种方式一般对应于单一、简易格式的设置。对话框有两种打开方式，一是单击相应工具栏组右下角对话框按钮，二是选择带有"…"的菜单命令，如"字体(F)…"，此时将打开一个对话框，如图 7-4 所示。此种情况一般对应

于复杂、多条件、整体性的设置。利用快捷键/组合键可快速进行相关操作，常用快捷键/组合键如表 7-1 所示。

图 7-3 "字体"工具组　　　　　　　图 7-4 "字体"对话框

表 7-1　Microsoft Office 2016 常用快捷键/组合键

| 快捷键/组合键 | 功能 | 快捷键/组合键 | 功能 |
| --- | --- | --- | --- |
| F1 | 帮助 | Ctrl+A | 全选 |
| Ctrl+S | 保存 | Ctrl+F | 查找 |
| Ctrl+Z | 撤销 | Ctrl+O | 打开 |
| Ctrl+P | 打印 | Ctrl+N | 新建 |
| Ctrl+C | 复制 | Ctrl+V | 粘贴 |
| Ctrl+X | 剪切 | Ctrl+U | 下画线 |

## 7.1.4　新建与保存

Microsoft Office 2016 提供给用户 3 种新建方式：创建空白文件、根据模板创建、根据现有文件创建。第一种方式适用于大多数用户创建属于自己的空白文件，有较大的自主性和设计性；第二种方式可以根据本地模板和连接到 Office 官网下载相关模板，在已经初步格式化的文件上增、删、改，形成用户自己的文件；第三种方式是在原有文档的基础上进行修正。"新建"界面如图 7-5 所示。

对于用户新建的文件，只有先将其保存，才可以再次对其进行查看或编辑修改。而且，在编

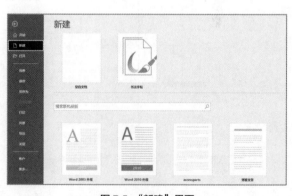

图 7-5 "新建"界面

辑的过程中，我们要养成随时保存的习惯，这样可以避免因计算机故障而丢失修改信息。保存分为保存新建的文件、保存已有的文件、另存为和自动保存 4 种方式。

### 1. 保存新建文件

单击"文件"菜单，然后从弹出的菜单中选择"保存"选项，随即在右侧区域会显示"另存为"界面，如图 7-6 所示。Microsoft Office 2016 给用户推荐了近期经常保存文件的位置便于用户操作，如不满足需求，用户可选择"浏览"命令，在弹出的对话框中设置文档的保存位置和文件名称，设置完毕单击"保存"按钮即可。

图 7-6 "另存为"界面

**2. 保存已有的文件**

用户对已经保存过的文件进行了编辑之后，可以使用以下 3 种方法进行保存。

① 单击"文件"菜单，在弹出的下拉菜单中选择"保存"选项。

② 单击快速访问工具栏中的"保存"按钮。

③ 按 Ctrl+S 组合键。

**3. 另存为**

用户对打开的文件进行编辑后，如果想保持原文件的内容不变，可以将编辑后的文件另存为一个文件或其他类型的文件。单击"文件"菜单，然后从弹出的菜单中选择"另存为"选项，从中设置文件的保存位置和保存名称，如图 7-6 所示。设置完毕单击"保存"按钮即可。

**4. 自动保存**

在编辑 Microsoft Office 2016 相关文件时，有时会遇到计算机突然断电的情况，等再次打开计算机后，辛辛苦苦编辑的内容可能就会不知所踪（当然我们可以进行文件恢复，但大多数文件是不可能完全恢复的）。其实 Microsoft Office 2016 在默认情况下每隔 10min 自动保存一次文件，用户可以根据实际情况自己设置自动保存时间间隔，单击"文件"→"选项"，弹出的对话框如图 7-7 所示。

图 7-7 "Word 选项"对话框

### 7.1.5 打印输出

我们使用 Microsoft Office 2016 办公软件的最后一步常是打印输出，以便将之作为纸质文档进行存档或流转，Microsoft Office 2016 提供了"所见即所得"的打印输出功能。在安装了打印机之后，我们就可以将相关文件打印成纸质文档。

单击"文件"菜单，选择"打印"选项，我们即可看到"打印"界面，如图 7-8 所示。首先我们应进行页面设置，对纸张大小、方向、页边距等进行设置以满足需要；其次我们在打印页面右侧区域进行打印预览；再则对打印份数、打印范围进行设置；最后单击"打印"按钮即可。

图 7-8 "打印"界面

## 7.2 Word 2016 文档处理

Word 2016 是微软公司开发的 Microsoft Office 2016 办公组件之一，主要用于文字处理工作。它继承了 Windows 友好的图形界面，可方便地进行文字、图形、图像和数据处理，制作具有专业水准的文档。本节主要介绍 Word 2016 的基础排版及应用于长文档的高级应用等内容。

在 7.1 节集中介绍 Microsoft Office 2016 办公软件界面特点及基础操作方法后，读者应对 Microsoft Office 2016 办公软件有了较为直观的认识，也了解了各组件的基础操作。下面将着重介绍 Word 2016 的个性化操作和特色功能。对基础性操作尚有困难的读者可参阅 7.1 节内容，加以巩固。

Word 2016 所生成文件的扩展名默认为.docx，且向前兼容各版本文件。当然我们也可以在保存时根据需要将 Word 文件保存为其他形式的文件。

### 7.2.1 基础文档的格式化

所谓文档的格式化，就是按照一定的要求改变文档外观的一种操作，通常包括字体格式化、段落格式化和页面格式化等。下面我们按照"点-线-面"的思维方式通过实例来学习 Word 2016 的基础排版方法。

如图 7-9 所示，这是一篇使用 Word 2016 排版后的格式化文档。

图 7-9 Word 排版实例

整篇文档看起来格式化内容较多，但梳理起来无非就是字体、段落、整篇文档的排版。我们可以把字体的格式化称为"点"，段落的格式化称为"线"，整个文档的格式化称为"面"，从点到线至面逐一排版就完成了整个文档的格式化操作。

### 1. 点——字体格式化

在 Word 文档中输入的文本默认字体为宋体，默认字号为五号。为了使文档更加美观、条理更加清晰，通常需要对文本进行格式化操作。通过"开始"菜单中的"字体"工具组可以设置字体、字号、颜色效果等，如图 7-10 所示。

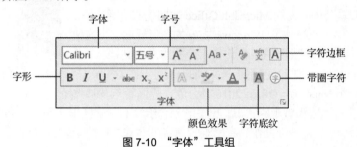

图 7-10 "字体"工具组

也可以在"字体"对话框设置。打开"开始"菜单，单击"字体"工具组对话框按钮，打开"字体"对话框的"字体"选项卡，或选中需要格式化的对象，右击，在弹出菜单中选择"字体"，将弹出"字体"对话框，如图 7-4 所示。在该选项卡中可对文本的字体、字号、颜色、是否添加下画线等进行设置。在"高级"选项卡中可以设置文字的缩放比例、文字间距和相对位置等参数。

由此即可完成图 7-9 所示中"我""周围""只听见船里机器的声音""太阳""阳""奇观"及第三段文本这些对象的格式化工作。需要注意的是"我"字在整篇文档中多次出现，如果逐一去进行格式化，将耗费大量时间和精力。Word 2016 提供的"替换"功能可以很好地解决这一问题。在"开始"菜单中有一个"编辑"工具组，单击"替换"按钮，即可打开"查找和替换"对话框，单击"更多"按钮，即可完全显示对话框，如图 7-11 所示。在对话框中可以根据需要设置替换后字体的各种格式。

而对于图 7-9 中的文章题目，很显然不是一般形式的格式化，这里我们使用了艺术字的效果。这些艺术字给文章增添了强烈的视觉冲击效果。Word 2016 提供了艺术字功能，可以把文档的标题以及需要特别突出的地方用艺术字显示出来，使文章标题更加生动、醒目。选中题目，打开"插入"菜单，在"文本"工具组中单击"艺术字"按钮，在打开的下拉菜单中选择样式即可，如图 7-12 所示。

图 7-11 "查找和替换"对话框

图 7-12 "艺术字"下拉菜单

## 2. 线——段落格式化

段落是构成整个文档的骨架，它由正文、图表和图形等加上段落标记构成。为了使文档的结构更清晰、层次更分明，Word 2016 提供了段落格式设置功能，下面进行详细介绍。

（1）段落对齐的设置

段落对齐是指文档边缘的对齐方式，包括两端对齐、居中对齐、左对齐、右对齐和分散对齐。设置段落对齐方式时，先选定要对齐的段落，然后通过"开始"菜单的"段落"工具组或"段落"对话框来实现。使用"段落"工具组是最快捷、方便的，也是最常使用的方法。但如果对齐要求是精确化的或是多种格式化要求一并调整，则可使用"段落"对话框来实现，如图 7-13 所示。

（2）段落缩进的设置

段落缩进是指设置段落中的文本与页边距之间的距离。调整方式有两种：一是利用水平标尺实现，这种情况下实现的是模糊、大致的调整；二是利用图 7-13 所示的"段落"对话框实现，这是一种精确的调整方法，可以精确到 0.01 字符。

（3）段落间距的设置

段落间距的设置包括文档行间距与段间距的设置。所谓行间距是指段落中行与行之间的距离；所谓段间距，就是指前后相邻的段落之间的距离。Word 2016 默认的行间距值是单倍行距，用户可以根据需要重新对其进行设置。在图 7-13 所示"段落"对话框中，打开"缩进和间距"选项卡，在"行距"下拉列表中选择相应选项，并在"设置值"微调框中输入数值即可。

图 7-13　"段落"对话框

由此可完成图 7-9 中每段首行缩进 2 字符和第五段在首行缩进 2 字符的基础上悬挂缩进 2 字符的效果。既然每段都进行了首行缩进 2 字符的段落设置，是否有简便的方法来统一设置？答案是有的，Word 2016 还提供了"格式刷"功能。使用该功能，可以快速地将指定的文本、段落格式复制到目标文本、段落上。方法很简单，选中已格式化的文本或段落，在"开始"菜单中的"剪贴板"工具组中单击"格式刷"按钮，如图 7-14 所示，当鼠标指针变为刷子形状时，拖曳鼠标指针选中目标文本即可。双击"格式刷"按钮，可连续复制格式到多个目标文本。

（4）首字下沉、分栏

同样可以看到，图 7-9 中第三段采用了特殊的格式化处理，即首字下沉和分栏。首字下沉和分栏均是报刊中较为常用的一种文本修饰方式，使用该方式可以很好地改善文档的外观，使文档更美观、更引人注目。

设置首字下沉，就是将某段落开头的第一个字放大并改变其字体。放大的幅度用户可以自行设定，占据两行或者三行的位置，而其他字符围绕在它的右下方。在 Word 2016 中，首字下沉共有两种不同的方式，一种是普通的下沉，另一种是悬挂下沉。打开"插入"菜单，在"文本"工具组中单击"首字下沉"按钮，在下拉菜单中选择"首字下沉选项"，即可在弹出的对话框中进行详细设定，如图 7-15 所示。

要为文档设置分栏，可打开"布局"菜单，在"页面设置"工具组中单击"栏"按钮，在弹出的下拉菜单中用户可以通过"两栏、三栏、偏左、偏右"4 种常用分栏方式快速分栏，也可以选择"更多栏"命令，打开"栏"对话框，如图 7-16 所示。在该对话框中可进行相关分栏设置，如栏数、宽度、间距和分隔线等。

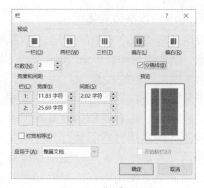

图 7-14　格式刷　　　　　图 7-15　首字下沉　　　　　　图 7-16　"栏"对话框

（5）图文混排

为使文档更加美观、生动，用户可以在其中插入图片形成图文混排。在 Word 2016 中，不仅可以插入系统提供的剪贴画，还可以从其他程序或位置导入图片，甚至可以使用屏幕截图功能直接从屏幕中截取画面。

单击"插入"菜单，选择"插图"工具组，如图 7-17 所示，即可根据需要插入诸如图片、剪贴画、形状、图表、SmartArt、屏幕截图等对象。待插入完成后，选中插入对象，菜单栏右侧将出现一个新的"图片工具-格式"菜单，在此菜单包含的工具栏内，可以完成对图像相关参数的设置。当然，我们也可以利用右击图像对象，在弹出的快捷菜单中选择"图片"命令调出"设置图片格式"对话框来实现，如图 7-18 所示。

图 7-17　"插图"工具组　　　　　　　图 7-18　"设置图片格式"对话框

（6）表格

表格是日常工作中一种常见的表达方式。在编辑文档时，为了更直观地说明问题，常常需要在文档中创建各种各样的表格。Word 2016 提供了强大和便捷的表格制作、编辑功能。通过这些功能，不仅可以快速创建各种表格，方便地修改表格、移动表格位置或调整表格大小等，而且可以对表格中的数据进行计算和排序等。

将光标定位在需要插入表格的位置，然后打开"插入"菜单，单击"表格"工具组中的"表格"按钮，在弹出的下拉菜单中会出现图 7-19 所示的网格框，拖曳鼠标指针确定要创建表格的行数和列数，然后单击就可以快速完成一个规则表格的创建。

除此之外，还可以使用"插入表格"对话框创建表格。打开"插入"菜单，在"表格"工具组中单击"表格"按钮，在弹出的下拉菜单中选择"插入表格"命令，随即在对话框中指定表格的列数和行数，如图 7-20 所示。

图 7-19 创建表格

图 7-20 "插入表格"对话框

表格创建完成后，还需要对其进行编辑操作。如在表格中选定对象、插入行（列）和单元格、删除行（列）和单元格、合并与拆分单元格、添加文本等，以满足不同用户的需要。这些操作均可利用工具栏或右键快捷菜单完成，在此不赘述。

表格内容完成之后，我们还需要设置表格格式来对其进行一定的修饰操作，如调整表格的行高和列宽、设置表格边框和底纹、套用单元格样式、套用表格样式等，使其更加美观。

### 3. 面——页面格式化

所谓页面格式化是指对整个文档或者纸张的格式进行调整。其中主要包括页面设置、页眉/页脚、页面背景和边框设置等。页面设置我们在 7.1.5 小节中已有描述，这里就不重复。

（1）页眉和页脚

页眉和页脚是文档中每个页面的顶部、底部区域，通常用于显示文档的附加信息，如页码、时间和日期、作者名称、单位名称、徽标或章节名称等内容。多数文稿，特别是比较正式的文稿都需要设置页眉和页脚。得体的页眉和页脚，会使文稿显得更为规范，也会给读者带来方便。

对于页眉/页脚的设置，既可以用最简单的方式，即在页眉/页脚区域双击；也可以单击"插入"菜单，在"页眉和页脚"工具组中单击"页眉""页脚""页码"等按钮完成。需要注意的是当页眉或页脚处于编辑状态时，菜单栏处多了"页眉和页脚工具-设计"菜单，并显示出相应的按钮，如图 7-21 所示。此时，文档的正文区域将处于锁定状态，呈淡灰色显示。在完成页眉/页脚的设定后单击工具栏上的"关闭页眉页脚"按钮或按 Esc 键即可退出页眉页脚的编辑，此时正文又恢复成可编辑状态。

图 7-21 页眉和页脚工具

页面背景和页面边框的设置，我们可以使用"设计"菜单里的"页面背景"工具组，如图 7-22 所示。我们既可以为整个页面填充纯色的背景，又可以避免单调增加填充效果。

（2）水印

所谓水印，是指印在页面上的一种花纹。水印可以是一幅图画、一个

图 7-22 "页面背景"工具组

图表或一种艺术字等。当用户在页面上创建水印以后，它在页面上是以灰色显示的，成为正文的背景，起到美化和标识文档的作用。在 Word 2016 中，不仅可以插入水印文本库中内置的水印样式，

还可以插入自定义的水印。图 7-23 所示即"水印"对话框，在该对话框中可对水印进行详细设置。

页面边框的设置依然是在"页面背景"工具组中单击"页面边框"按钮来完成。需要注意，在弹出的对话框中包含 3 个选项卡，依次为边框、页面边框、底纹，默认为页面边框，我们针对页面的设置要在页面边框选项卡中完成。在此选项卡中，还可以就边框的样式、颜色、宽度、艺术型做选择性设置，如图 7-24 所示。

图 7-23 "水印"对话框

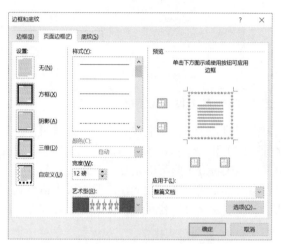

图 7-24 "边框和底纹"对话框

## 7.2.2 长文档的高级应用

长文档，顾名思义就是篇幅较长的文档，其内容丰富，章节量大，图表丰富，排版难度较大，有其典型特点。长文档常见于调研报告、毕业论文等。本节将就适用于长文档的编辑技巧进行梳理。

### 1. 样式

样式是一组已经初始化好的字符格式和段落格式的组合。在对长文档进行排版时，大多数时间是在做重复的工作，如设置标题样式，设置字符格式、段落格式等。使用样式可以一次将一组排版命令应用到文档中，大大提高工作效率。一旦修改了某个样式，Word 会自动更新整个文档中应用该样式的所有文本的格式，有助于保持格式的一致性，免去用户逐一修改的麻烦。

在"开始"菜单"样式"工具组中可以看到系统默认的各种样式，如图 7-25 所示。如需应用，选中欲格式化的文本，直接单击相应样式即可。

图 7-25 "样式"工具组

当然，如果系统默认的样式不满足用户需求，用户还可以更改样式。用户可以右击欲修改的样式，在弹出的快捷菜单中选择"修改"命令，在弹出的对话框中进行格式修改，如图 7-26 所示。

如果要修改的格式较多，用户可以自己创建样式集。单击"样式"工具组右下角的"样式"对话框按钮即可打开"样式"窗格，如图 7-27 所示。在窗格中单击下方的"新建样式"或"管理样式"按钮即可在相应对话框中完成设置，如图 7-28 和图 7-29 所示。

### 2. 目录

目录与一篇文章的纲要类似，用户通过它可以了解全文的结构和整个文档所要讨论的内容，并迅速查找到自己感兴趣的信息。在 Word 2016 中，可以为一个编辑和排版完成的长文档制作出美观的目录。

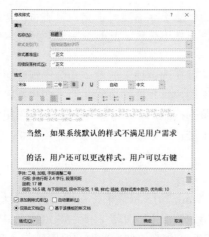

图 7-26　"修改样式"对话框

图 7-27　"样式"窗格

图 7-28　新建样式

图 7-29　管理样式

在完成使用样式将文档的各级标题统一格式化之后，在"引用"菜单"目录"工具组中单击"目录"，在弹出的下拉菜单中根据需要选择"手动目录"或"自动目录"，Word 2016 会根据用户使用样式格式化后的长文档自动生成三级目录，如图 7-30 所示。如若用户对目录有个性化需求，可选择下拉菜单中的"自定义目录"命令，在弹出的"目录"对话框中进行个性化设定，如图 7-31 所示。设定完成后单击"确定"按钮，即可生成符合要求的目录。

图 7-30　自动生成的目录

图 7-31　"目录"对话框

当用户为长文档创建了目录后，可能会根据实际需要对正文内容进行再次编辑、修改，那么原目录中的标题和页码都有可能和修改后的长文档不一致，此时就需要更新目录，以保证目录中页码的正确性。

要更新目录，可以先选中整个目录，然后在选中目录的左上角会出现"更新目录"按钮，单击此按钮，会弹出"更新目录"对话框。如果用户只想更新页码，而不想更新已直接应用于目录的格式，可以在对话框中选中"只更新页码"单选按钮，单击"确定"按钮即可更新目录中的页码；如果在创建目录以后，对长文档中各级标题也进行了修改，可以选中"更新整个目录"单选按钮，单击"确定"按钮将更新整个目录。

### 3. 分页符和分节符

当用户使用正常模板编辑一个文档时，Word 2016 将整个长文档作为一个大章节来处理，也就是说所有页均在同一个"节"中。但在一些特殊情况下，如要求前后两页或一页中两部分之间有特殊格式、连续两页文档纸张方向不一致，操作起来相当不便。此时可在其中插入分页符或分节符。

分页符是分隔相邻页之间文档内容的符号，用来标记一页终止并开始下一页的点。在 Word 2016 中，可以很方便地插入分页符。用户可以打开"布局"菜单，在"页面设置"工具组中单击"分隔符"按钮，从弹出的"分页符"菜单选项区域中选择相应的命令即可，如图 7-32 所示。

如果需要把一个较长的文档分成几节，就可以单独设置每节的格式和版式，从而使文档的排版和编辑更加灵活。要插入分节符，可打开"布局"菜单，在"页面设置"工具组中单击"分隔符"按钮，从弹出的"分节符"菜单选项区域中选择相应的命令即可，如图 7-33 所示。

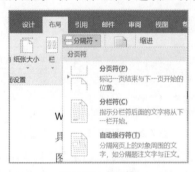

图 7-32  分页符

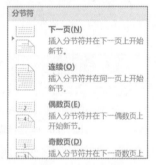

图 7-33  分节符

### 4. 脚注和尾注

脚注和尾注是对文本的补充说明，用于为文档中的相关文本提供解释、批注以及相关的参考资料。可用脚注对文档内容进行注释说明，用尾注说明该文档引用的参考文献。脚注一般位于当前页面的底部，可以作为该页文档某处内容的注释；尾注一般位于长文档的末尾，用来标识引文的出处等。脚注和尾注均由两个相互关联的部分组成，包括注释引用标记和其对应的注释文本。

在文档中，将光标定位到需要添加引用说明的内容旁（一般在其后面），然后选择"引用"菜单，并在"脚注"工具组中单击"插入脚注"或"插入尾注"按钮，即可完成脚注或尾注的添加，如图 7-34 所示。也可单击"脚注"工具组右下角对话框按钮，打开"脚注和尾注"对话框，进行更细致的设置，如图 7-35 所示。

图 7-34  "脚注"工具组

### 5. 公式编辑器

在用户进行长文档编辑时，有时会涉及复杂公式的使用，但是在普通页面下很难完成公式的编辑。实际上，Word 把公式视作一种对象来进行插入。选择"插入"菜单中最右侧"符号"工具组，单击"公式"按钮，即会弹出插入公式的下拉菜单，如图 7-36 所示。

图 7-35　"脚注和尾注"对话框

图 7-36　"公式"下拉菜单

除了利用右侧滚动条找到常用公式，还可以单击下拉菜单中的"插入新公式"来编辑新公式。新公式可使用"公式工具-设计"菜单中罗列的很多常用的符号及结构模板构造，如图 7-37 所示。用公式编辑器输入公式时，文字、数字、符号和模板是按一定的顺序排列在各个插槽中而形成数学公式的，其操作与文本编辑的操作基本相同。

图 7-37　公式编辑器

# 7.3　Excel 2016 电子表格

Excel 是微软公司开发的电子表格软件，是微软公司的办公软件 Microsoft Office 的一个重要组件，是专业化的电子表格处理工具。由于它具有能够方便、快捷地生成、编辑表格及表格中的数据，具有对表格数据进行各种公式、函数计算，进行数据排序、筛选、分类汇总，生成各种图表及数据透视表与数据透视图等数据处理和数据分析功能，因此它被广泛地应用于管理、统计、财经、金融等众多领域。

Excel 2016 所生成文件的扩展名默认为.xlsx，且向前兼容各版本文件。当然我们也可以在保存时根据需要将 Excel 文件保存为其他形式的文件。

本节主要介绍 Excel 2016 电子表格的编辑、格式化及数据的管理和分析。

## 7.3.1　基础表格的编辑及格式化

### 1. Excel 2016 的基本概念

Excel 2016 程序包含 3 个基本元素，分别是工作簿、工作表、单元格。工作簿、工作表及单元格之间是包含与被包含的关系，一个工作簿中可以有多张工作表，而一张工作表中含有多个单元格。工作簿、工作表与单元格的关系是相互依存的关系，它们是 Excel 2016 中最基本的 3 个元素。

工作簿是处理和存储数据的文件，也就是通常意义上的 Excel 文件。每一个工作簿最多默认的情况下只显示 Sheet1 表，用户可通过 Sheet1 表名右侧带圈加号（⊕）新增工作表。每个工作表又由若干行、列组成，用于存放用户数据。Excel 工作簿就像一个学生成绩册，而工作表就相当于成绩册中的成绩记录单。

启动 Excel 2016 后，用户可以看到 Excel 窗口的工作区域是由行、列组成的虚拟表格，用于保存用户的数据及其他信息，这就是工作表。工作表通常行号用自然数 1、2、3…表示；列标使用大写的英文字母 A、B、C…表示。

Excel 窗口工作区域当前显示的工作表称为当前工作表或活动工作表，通过单击工作表标签可以在各工作表之间切换。

单元格是指由工作表的行和列分隔组成的小格子，是工作表存储数据的地方，是工作表最小的、不可再分的基本存储单位。通常采用列标及行号组成的字符表示每个单元格的名称，该名称又称为单元格地址。输入或编辑数据时选中某个单元格，则该单元格的地址就显示在编辑栏左侧的名称框内，并且该单元格成为活动单元格，只能在活动单元格或编辑栏编辑数据，如图 7-38 所示。

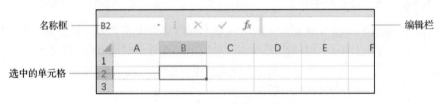

图 7-38　编辑单元格数据

### 2. 数据输入

工作表中的数据信息包含数值、文字、日期、公式等各种类型。需要注意对于不同类型的数据，有些是有一定范围要求的。工作表中数据根据实际情况有些是有规律性的、相同的，有些是没有规律的、不同的。对于没有规律的数据或文字只能逐字输入，而对有规律的、相同的数据 Excel 提供了许多特有的快捷、简便的输入方法，同时也提供了许多限定输入范围、避免输入错误数据的方法。正确掌握数据输入方法是建立工作表处理数据的基础。

常规的输入在此不赘述，特殊格式的需要特别注意。例如学号"081416101"表示了一个学生在学校中的唯一代码，此时"081416101"如果被当作数值型数据输入，最前面的"0"将被忽略，数据在单元格中将显示为"81416101"，从而该数据失去实际的意义。所以该数据应以文本形式存放，在输入数据时在前面加"'"以"081416101"的形式输入。与此类似的还有输入日期时，年、月、日之间输入斜线或短横线进行分隔。例如，可以输入"2016/11/2"或"2016-11-2"。若要输入数值"1/2"，应先输入"0"，再输入"　"（空格），再输入"1/2"，形成"0　1/2"形式。相关示例如图 7-39 所示。

在输入工作表数据时，经常会遇到一些有规律的数据，如相同的数据，等差、等比数列，日期、月份、星期等。若按常规方法输入，效率低、速度慢，而采用系统提供的自动输入方法输入，速度快、效率高。相关示例如图 7-40 所示。

|     | 正确 | 错误 |
| --- | --- | --- |
| 文字： | 081416101 | 81416101 |
| 数值： | 1/2 | 1月2日 |
| 日期时间： | 2016/11/2 | 2016112 |

图 7-39　数据输入示例

**规律数据填充示例：**

| 复制数据 | 1 | 1 | 1 | 1 |
| --- | --- | --- | --- | --- |
| 等差 | 1 | 3 | 5 | 7 |
| 等比 | 1 | 3 | 9 | 27 |
| 系统预定义 | 星期一 | 星期二 | 星期三 | 星期四 | 星期五 |
| 用户自定义 | 土木与交通 | 管理 | 市政 | 规建 | 能源 |

图 7-40　规律数据填充示例

① 输入相同的数据：选择准备输入相同数据的单元格或单元格区域，把鼠标指针移动至单元格区域右下角的填充柄上，待指针变为黑色"+"形状的句柄时，按住鼠标左键不放并拖曳鼠标指针至准备填充的目标位置即可，填充的方向可以向下或向右。

② 自动填充：可以实现自动输入有规律的数据，如等差数列、日期以及用户根据自己的需要建立的自定义序列。填充方法是，先在单元格中输入序列的前两个数值，选中这两个单元格，将鼠标指针指向第二个单元格右下角，拖曳句柄至目标位置即可，填充的方向可以向下或向右。

③ 利用"序列"命令填充：使用这种方法可以按照用户的要求自动填充一个序列。步骤：在序列的第一个单元格输入数据作为初值，拖曳句柄至准备填充的目标位置，单击"开始"菜单"编辑"工具组中的"填充"按钮，在弹出的下拉菜单中选择"系列"，系统弹出图7-41所示的"序列"对话框，用户根据需要设置对应的序列产生的行/列、"类型"与"步长值"即可。

自动填充只能够填充某些固定的等差、日期等有规律的序列，日常生活中经常会遇到一些序列，但无法自动填充，此时，用户可以自己定义序列，然后实现该序列的自动填充。

④ "自定义序列"填充：单击"文件"→"更多"→"选项"，在对话框中选择"高级"选项卡，在右侧区域中找到"常规"选项区域，再选择"编辑自定义列表"，系统会弹出图7-42所示的"自定义序列"对话框，在其中进行相应设置即可。

图7-41 "序列"对话框

图7-42 "自定义序列"对话框

### 3. 工作表格式化

对一个完整的工作表来说，仅有数据是不够的，还应该具有层次分明、条理清晰、结构性强以及可读性好等特点。因此，适当地对工作表的外观格式进行一些修饰，可以提高工作表的美观性和易读性。改变单元格内容的颜色、字体、对齐方式、边框等，称为格式化单元格。对工作表的显示方式进行格式化，称为格式化工作表。

下面我们以图7-43所示的工作表为例，学习工作表的格式化及工作表涉及的公式和函数的使用方法。

| 序号 | 姓名 | 部门代码 | 部门 | 学历 | 出生年月 | 基本工资 | 津贴 | 奖金 | 扣款额 | 实发工资 | 备注 |
|---|---|---|---|---|---|---|---|---|---|---|---|
| | | | | | 某公司职工工资表 | | | | | | |
| 1 | 董小明 | 0807 | 办公室 | 硕士研究生 | 1987年12月12日 | ¥3,600.0 | ¥3,000.0 | ¥3,000.0 | ¥0.0 | ¥9,600.0 | |
| 2 | 李继海 | 0805 | 研发部 | 硕士研究生 | 1985年9月21日 | ¥5,500.0 | ¥4,000.0 | ¥3,200.0 | ¥75.0 | ¥12,625.0 | 高工资 |
| 3 | 郭红梅 | 0804 | 会计部 | 硕士研究生 | 1988年12月8日 | ¥3,500.0 | ¥3,000.0 | ¥3,500.0 | ¥75.0 | ¥9,925.0 | |
| 4 | 赵大东 | 0805 | 研发部 | 硕士研究生 | 1986年3月2日 | ¥5,500.0 | ¥4,000.0 | ¥3,500.0 | ¥75.0 | ¥12,925.0 | 高工资 |
| 5 | 马德明 | 0805 | 研发部 | 本科 | 1994年10月11日 | ¥4,800.0 | ¥3,200.0 | ¥3,400.0 | ¥50.0 | ¥11,350.0 | 高工资 |
| 6 | 李兰兰 | 0804 | 会计部 | 本科 | 1993年7月23日 | ¥3,200.0 | ¥2,400.0 | ¥3,200.0 | ¥80.0 | ¥8,720.0 | |
| 7 | 李芳芳 | 0807 | 办公室 | 本科 | 1996年3月15日 | ¥3,200.0 | ¥2,600.0 | ¥2,600.0 | ¥20.0 | ¥8,380.0 | |
| 8 | 罗者希 | 0806 | 市场部 | 本科 | 1997年4月23日 | ¥4,000.0 | ¥4,000.0 | ¥5,000.0 | ¥200.0 | ¥12,800.0 | 高工资 |
| 9 | 王晨峰 | 0805 | 研发部 | 本科 | 1993年11月18日 | ¥4,800.0 | ¥3,200.0 | ¥2,800.0 | ¥100.0 | ¥10,700.0 | |
| 10 | 蒋米娜 | 0806 | 市场部 | 本科 | 1997年7月18日 | ¥4,000.0 | ¥4,000.0 | ¥4,500.0 | ¥150.0 | ¥12,350.0 | 高工资 |
| 11 | 焦彤彤 | 0804 | 会计部 | 本科 | 1995年8月14日 | ¥3,200.0 | ¥2,400.0 | ¥3,000.0 | ¥100.0 | ¥8,500.0 | |
| 12 | 高定邦 | 0806 | 市场部 | 硕士研究生 | 1989年11月25日 | ¥4,200.0 | ¥4,500.0 | ¥3,800.0 | ¥50.0 | ¥12,450.0 | 高工资 |
| 13 | 郑志祥 | 0805 | 研发部 | 博士研究生 | 1984年12月22日 | ¥7,200.0 | ¥5,000.0 | ¥3,500.0 | ¥50.0 | ¥15,650.0 | 高工资 |
| | 平均 | | | | | ¥4,361.5 | ¥3,484.6 | ¥3,461.5 | ¥78.8 | ¥11,228.8 | |
| | 合计 | | | | | ¥56,700.0 | ¥45,300.0 | ¥45,000.0 | ¥1,025.0 | ¥145,975.0 | |

图7-43 工作表格式化示例

通过观察可以发现该示例是一个较为常见的工资表，逻辑关系比较清晰。其中第一行是表格标题，从 A 列至 L 列整体形成一个单元格。在 Excel 中第一行从 A 列至 L 列默认是相互独立的 12 个单元格，如何设置才能将之合为一个整体呢？我们使用了"合并单元格"功能。选中需要合并的单元格（连续的），单击"开始"菜单"对齐方式"工具组中"合并后居中"按钮，即可将选择的多个单元格合并成一个较大的单元格，并将新单元格内容居中，如图 7-44 所示。利用此方法依次可完成示例中"平均""合计"的设置。字体设置与 Word 中方法一致，此处不赘述。

图 7-44　合并单元格

示例中第二行为各列名称，依次填写即可。需要注意的是由于内容多少不同，为完全显示，各列宽度不同，我们尚需调整各列宽度。对于列宽和行高的调整，只需将鼠标指针定位至两列之间（如 F 和 G），而非两个单元格之间，当鼠标指针变成带箭头的"十"字时进行左右拖曳即可。

示例中的数据类型较为简单，其中 C 列为文本型数据；F 列为日期型数据；G 列至 K 列为数值型数据，包含一位小数，且带有货币符号。由于每一列中数据类型相同，因此我们可以选中 C3 至 C15 区域并右击，在弹出的快捷菜单中选择"设置单元格格式"，如图 7-45 所示。

在打开的"设置单元格格式"对话框中，可将 C 列设置为文本型数据；将 F 列设置为日期型数据；将 G3 至 K17 区域选中，设置为货币型、一位小数，货币符号选择人民币符号￥，如图 7-46 所示。

图 7-45　设置单元格格式

图 7-46　货币型数据设置

注意，示例中"基本工资"一列数据有不同格式。在这里我们应用的是"条件格式"。选中 G3 至 G15 区域，单击"开始"菜单"样式"工具组中的"条件格式"按钮，在下拉菜单中选择"突出显示单元格规则"中的"小于"，在弹出的对话框中设置"基本工资"小于"￥4000"的数据格式，如图 7-47 所示。此处我们选择"自定义格式"，在弹出的"设置单元格格式"对话框中"底纹"选项卡里把单元格底纹设置为灰色。同理，再次选择此区域，将大于"￥5000"的数据设置为不同的格式显示。当不需要相关格式时，我们可以选择"清除规则"将选中区域或整个工作表中的条件格式删除。

图 7-47　条件格式设置

应用公式与函数是 Excel 的重要内容。通过公式来计算、处理单元格数据，是电子表格软件的特点，而函数是公式的重要组成部分。充分灵活地应用公式与函数，可以实现数据处理的自动化。

在示例中，"实发工资"显然等于"基本工资+津贴+奖金-扣款额"，对职工"董小明"而言，"实发工资"K3单元格的值=G3+H3+I3-J3。因此可单击 K3 单元格，在编辑栏中输入"=G3+H3+I3-J3"，如图 7-48 所示。按 Enter键或单击公式前的✓按钮即可看到对应的数值已自动填充到 K3 单元格。

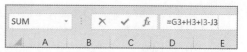

图 7-48 公式的使用

所谓公式是指由常量、变量、运算符、函数及单元格引用等组成的表达式。在 Excel 中，公式均以"="开头，如"=(A1+A2+A3)/3"。其中"="并不是公式本身的组成部分，而是系统识别公式的标识。

再次选中 K3 单元格，将鼠标指针移动至单元格右下角，拖曳填充柄到 K15 单元格，我们会发现 Excel 自动复制了该公式，但随着单元格的不同，单元格的公式也相应地发生了变化，但均满足"实发工资=基本工资+津贴+奖金-扣款额"这一逻辑。这就是 Excel 公式的自我复制功能。

为了适应各种计算要求，Excel 2016 还提供了函数功能，包括常用函数、财务函数、日期和时间函数、数学和三角函数、统计函数、查找和引用函数、数据库函数、文本函数、逻辑函数、信息函数等十几类函数，每一类有若干个不同的函数，一共有几百个之多，基本能够满足各种领域内绝大多数人的使用要求。Excel 中常用函数包括求和、求平均值、求最大值、求最小值、条件函数等。

示例中要求计算"基本工资""津贴""奖金""扣款额""实发工资"的平均值和合计值，即进行平均值和求和运算。将光标定位到 G16 单元格，单击"开始"菜单"编辑"工具组中的"求和"下拉按钮，选择"平均值"，即可自动在 G16 单元格中填充相应函数。需要注意的是，用户需要确认数据区域的正确性，函数一旦填充上，数据区域将会被闪动的虚线包围，用户确认后按 Enter 键即可。如果系统默认的数据区域不正确，用户可以用拖曳鼠标指针的方式再次选择。同样，函数也具有自我复制功能，可以通过拖曳句柄来实现复制。

除此之外，用户还可以利用"公式"菜单中若干工具组完成函数的插入。一般情况下我们通过单击"插入函数"按钮，在弹出的"插入函数"对话框中进行设置，如图 7-49 所示。

若示例设定当某职工的"实发工资"大于该公司所有职工"实发工资"的平均额即示例中 K16的值时，备注栏内要注明"高工资"，若小于则不显示。我们可在 L3 单元格插入条件函数 IF，在弹出的图 7-50 所示的"函数参数"对话框中进行相关设置即可完成函数的插入。很显然这里的条件设定可以是"K3>K16"，即"董小明"的"实发工资"如果大于所有职工"实发工资"的平均额即为高工资，否则则为空（什么也不显示）。但是，如果用户想使用函数的自我复制功能而将此函数拖曳至 K15 时，会出现明显的错误。这是因为随着函数所处单元格位置的不同，函数对应的数据源相应发生了变化。

图 7-49 "插入函数"对话框

图 7-50 条件函数设置

公式是由常量、单元格地址、函数及运算符组成的。当公式中某个单元格的数据改变时，则公式的值也将随之改变。公式中使用单元格地址的方法叫作单元格引用。通过使用单元格引用，在一个公式中可以使用工作表不同单元格的数据，还可以使用同一工作簿上其他工作表中的数据，甚至是其他工作簿的数据。单元格引用由单元格所在位置的列标、行号构成。使用公式的重点是能够在公式中灵活地使用单元格引用。单元格引用包括相对引用、绝对引用和混合引用。

① 相对引用。

相对引用是指公式所在单元格与公式中引用单元格之间的位置关系是相对的。若公式所在单元格的位置发生改变，则公式中引用的单元格的位置也将随之发生变化。例如，在 C6 单元格中输入公式 "=B6+1"，B6 就是一个相对引用的地址。当把公式复制到 D7 单元格后，D7 中的公式显示为 "=C7+1"。在使用公式时，默认情况下，一般使用相对地址来引用单元格的位置。

② 绝对引用。

绝对引用是指公式所在单元格与公式中引用单元格之间的位置关系是绝对的。不管公式所在单元格的位置发生何种变化，公式中引用单元格的位置都不会发生改变。绝对引用的格式是在列标和行号前面分别加上一个 "$"。例如，在 C6 单元格中输入公式 "=$B$6+1"，$B$6 就是一个绝对引用的地址。当把公式复制到 D7 单元格后 D7 中的公式显示仍为 "= $B$6+1"。

③ 混合引用。

混合引用是指引用单元格行和列之中一个是相对的，另一个是绝对的。在复制公式时，只需行或只需列保持不变时，就需要使用混合引用。例如，在 C6 单元格中输入公式 "=$B6+1"，$B6 就是一个混合引用的地址格式。当把公式复制到 D7 单元格后 D7 中的公式显示为 "=$B7+1"，即 B 列保持不变，行号由 6 变成了 7。

了解完这些后，我们就会清楚，L3 单元格插入条件函数 IF 的条件应设置为 "K3>$K$16"（见图 7-50），再拖曳复制函数时，就不会发生错误了。因为每个职工均需和所有职工的实发工资平均额相比较，而这个值即 K16 单元格的值，是固定不变的，因此要用绝对引用。

选中整个工资表，在 "开始" 菜单 "字体" 工具组中单击 "下框线" 按钮右侧下拉按钮，选择 "所有框线" 即可完成工作表边框设置。同样使用该工具组中 "填充颜色" 按钮，即可完成标题或表头的颜色填充，如图 7-51 所示。

图 7-51 "字体" 工具组

## 7.3.2 数据的管理和分析

建立工作表的目的是管理表中的数据，使之成为用户所需的信息。数据管理方法包括数据排序、数据筛选、分类汇总、数据透视表和数据透视图等。熟练、灵活地应用这些数据管理方法，既可以高效、便捷地处理数据，又能够为用户提供直观、形象的处理结果。

以下我们以图 7-52 为例来介绍 Excel 的数据管理。

| 序号 | 姓名 | 部门代码 | 部门 | 学历 | 出生年月 | 基本工资 | 津贴 | 奖金 | 扣款额 | 实发工资 |
|---|---|---|---|---|---|---|---|---|---|---|
| | | | | | 某公司职工工资表 | | | | | |
| 1 | 董小明 | 0807 | 办公室 | 硕士研究生 | 1987年12月12日 | ¥3,600.0 | ¥3,000.0 | ¥3,000.0 | ¥0.0 | ¥9,600.0 |
| 2 | 李继海 | 0805 | 研发部 | 硕士研究生 | 1985年9月21日 | ¥5,500.0 | ¥4,000.0 | ¥3,200.0 | ¥75.0 | ¥12,625.0 |
| 3 | 郭红梅 | 0804 | 会计部 | 硕士研究生 | 1988年12月8日 | ¥3,500.0 | ¥3,000.0 | ¥3,500.0 | ¥75.0 | ¥9,925.0 |
| 4 | 赵大东 | 0805 | 研发部 | 本科 | 1986年3月2日 | ¥5,500.0 | ¥4,000.0 | ¥3,500.0 | ¥75.0 | ¥12,925.0 |
| 5 | 马德明 | 0805 | 研发部 | 本科 | 1994年10月11日 | ¥4,800.0 | ¥3,200.0 | ¥3,400.0 | ¥50.0 | ¥11,350.0 |
| 6 | 李兰兰 | 0804 | 会计部 | 本科 | 1993年7月23日 | ¥3,200.0 | ¥2,400.0 | ¥3,200.0 | ¥80.0 | ¥8,720.0 |
| 7 | 李芳芳 | 0807 | 办公室 | 本科 | 1996年3月15日 | ¥3,200.0 | ¥2,600.0 | ¥2,600.0 | ¥20.0 | ¥8,380.0 |
| 8 | 罗希希 | 0806 | 市场部 | 本科 | 1997年4月23日 | ¥4,000.0 | ¥4,000.0 | ¥5,000.0 | ¥200.0 | ¥12,800.0 |
| 9 | 王赢峰 | 0805 | 研发部 | 本科 | 1993年11月18日 | ¥4,800.0 | ¥3,200.0 | ¥2,800.0 | ¥100.0 | ¥10,700.0 |
| 10 | 蒋米娜 | 0806 | 市场部 | 本科 | 1997年7月18日 | ¥4,000.0 | ¥4,000.0 | ¥4,500.0 | ¥150.0 | ¥12,350.0 |
| 11 | 焦彤彤 | 0804 | 会计部 | 本科 | 1995年8月14日 | ¥3,200.0 | ¥2,400.0 | ¥3,000.0 | ¥100.0 | ¥8,500.0 |
| 12 | 高定邦 | 0806 | 市场部 | 硕士研究生 | 1989年1月25日 | ¥4,200.0 | ¥4,500.0 | ¥3,900.0 | ¥150.0 | ¥12,450.0 |
| 13 | 郑志祥 | 0805 | 研发部 | 博士研究生 | 1984年12月22日 | ¥7,200.0 | ¥5,000.0 | ¥3,500.0 | ¥50.0 | ¥15,650.0 |

图 7-52 数据管理示例

## 1. 排序

工作表中的数据输入完成后，表中数据的顺序是按原始次序排列的。若要使数据按用户指定的顺序排列，就要对数据进行排序。可以通过"开始"菜单"编辑"工具组中"排序和筛选"按钮（见图 7-53）或者"数据"菜单"排序和筛选"工具组的"排序"按钮来实现（见图 7-54）。

图 7-53　"编辑"工具组

图 7-54　"排序和筛选"工具组

只按照某一列数据为排序依据进行的排序称为简单排序。例如在示例中对"基本工资"进行升序排列，只需将光标定位在"基本工资"列，单击"升序"按钮即可。

在有些情况下简单排序不能满足实际要求，需要按照多个排序依据进行排序，可采用"自定义排序"，即复杂排序。例如在示例中按照"基本工资"升序、"扣款额"降序进行排列。可在图 7-53 所示"排序和筛选"按钮下拉菜单中选择"自定义排序"，在弹出的对话框中设置。根据排序依据的多少，可酌情增减条件，如图 7-55 所示。

图 7-55　复杂排序

## 2. 筛选

数据录入完成后，用户通常需要从中查找和分析满足条件的记录，而筛选就是一种用于查找数据记录的快速方法。经过筛选后的数据表只显示标题行及满足指定条件的数据行，以供用户浏览和分析。Excel 2016 提供了自动筛选和高级筛选两种筛选方法。

自动筛选为用户提供了在具有大量记录的数据表中快速查找符合条件的某些记录的功能。使用自动筛选功能筛选记录时，单击图 7-54 所示的"筛选"按钮，标题行中的各个字段名称将变成一个下拉列表框的框名。单击任意一个字段名的下三角按钮，将显示该列中所有的数据筛选清单，如图 7-56 所示，选择其中一个，可以隐藏所有不符合条件的记录。选择"全选"，则可以取消对该字段的筛选。

如果筛选的条件比较简单，采用自动筛选就可以了。有时筛选的条件不是很直观、具体，而是很复杂，往往是多个条件重叠，需要执行更复杂的筛选，此时使用高级筛选会更加方便。高级筛选是指以指定区域为条件的筛选操作。例如，在示例中筛选出"实发工资"大于"10000"的本科学历职工记录。

① 建立一个筛选条件区域，用来指定数据所要满足的筛选条件。条件区域的第一行是所有作为筛选条件的字段名，且与原始数据表中的字段名必须完全一致，如图 7-57 所示。

图 7-56　数据筛选清单

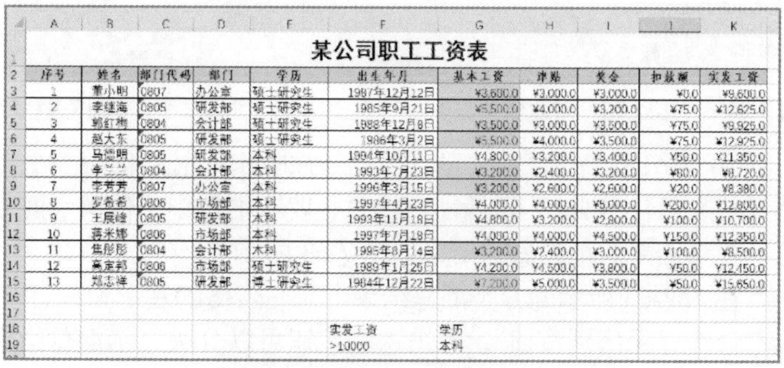

图 7-57　高级筛选条件区域

② 单击"数据"菜单→"排序和筛选"工具组→"高级"按钮，弹出"高级筛选"对话框，其中"列表区域"用来选择原始数据表中需要进行筛选的数据所在的单元格区域。选择好"列表区域"和"条件区域"后，如图 7-58 所示，单击"确定"按钮，即可完成筛选操作。筛选后，数据区域中仅剩下标题行和满足筛选条件的数据记录，如图 7-59 所示。

图 7-58 "高级筛选"对话框

图 7-59 高级筛选结果

### 3. 分类汇总

分类汇总是对数据表进行统计分析的一种方法。分类汇总对数据表中的指定字段进行分类，然后对同一类记录的有关信息进行汇总、分析。汇总的方式可以由用户指定，可以统计同一类记录的记录条数，也可以对某些数值求和、求平均值、求最大值等。

要对数据表中的记录进行分类汇总，首先要求数据表中的每一列都要有列标题。同时，要求汇总前对汇总字段必须进行排序操作。

示例中，在完成按部门排序的基础上，实现部门人数统计及"基本工资"和"实发工资"平均值的分类汇总的具体操作如下。

① 选中数据区域中的任意单元格。

② 单击"数据"菜单→"分级显示"工具组→"分类汇总"按钮，打开图 7-60 所示的对话框。其中，"分类字段"表示分类的条件依据，"汇总方式"表示对汇总项进行统计的方式，"选定汇总项"表示需要进行汇总统计的数据项。汇总后的结果如图 7-61 所示。

图 7-60 "分类汇总"对话框 1

图 7-61 分类汇总结果 1

③ 再次单击"分类汇总"按钮，在弹出的对话框中"汇总方式"选择"计数"，"选定汇总项"选择"姓名"，如图 7-62 所示。注意，要取消选中"替换当前分类汇总"复选框，否则会替换掉上次分类汇总结果。汇总后的结果如图 7-63 所示。

在图 7-63 所示的分类汇总结果中，在表格的左上角，有"1""2""3""4"共 4 个数字按钮，称为"分级显示级别按钮"。单击这些按钮可以分级显示汇总结果。表格左侧的"+""-"按钮是显示/隐藏明细数据按钮，单击相应按钮将显示/隐藏该按钮所包含的明细数据。

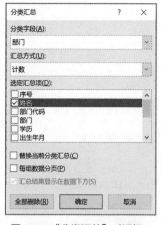

图 7-62　“分类汇总”对话框 2

| | A | B | C | D | E | F | G | H | I | J | K |
|---|---|---|---|---|---|---|---|---|---|---|---|
| 2 | 序号 | 姓名 | 部门代码 | 部门 | 学历 | 出生年月 | 基本工资 | 津贴 | 奖金 | 扣款额 | 实发工资 |
| 3 | 1 | 董小明 | 0807 | 办公室 | 硕士研究生 | 1987年12月12日 | ¥3,600.0 | ¥3,000.0 | ¥3,000.0 | ¥0.0 | ¥9,600.0 |
| 4 | 7 | 李芳芳 | 0807 | 办公室 | 本科 | 1996年3月15日 | ¥3,200.0 | ¥2,600.0 | ¥2,600.0 | ¥20.0 | ¥8,380.0 |
| 5 | | 2 | | 办公室 计数 | | | | | | | |
| 6 | | | | 办公室 平均值 | | | ¥3,400.0 | | | | ¥8,990.0 |
| 7 | 3 | 郭红梅 | 0804 | 会计部 | 硕士研究生 | 1988年12月8日 | ¥3,500.0 | ¥3,000.0 | ¥3,500.0 | ¥75.0 | ¥9,925.0 |
| 8 | 6 | 李兰兰 | 0804 | 会计部 | 本科 | 1993年7月23日 | ¥3,200.0 | ¥2,400.0 | ¥3,200.0 | ¥80.0 | ¥8,720.0 |
| 9 | 11 | 焦彤彤 | 0804 | 会计部 | 本科 | 1995年8月14日 | ¥3,200.0 | ¥2,400.0 | ¥3,000.0 | ¥100.0 | ¥8,500.0 |
| 10 | | 3 | | 会计部 计数 | | | | | | | |
| 11 | | | | 会计部 平均值 | | | ¥3,300.0 | | | | ¥9,048.3 |
| 12 | 8 | 罗希希 | 0806 | 市场部 | 本科 | 1997年4月23日 | ¥4,000.0 | ¥4,000.0 | ¥5,000.0 | ¥200.0 | ¥12,800.0 |
| 13 | 10 | 蒋米娜 | 0806 | 市场部 | 本科 | 1997年7月18日 | ¥4,000.0 | ¥4,000.0 | ¥4,500.0 | ¥150.0 | ¥12,350.0 |
| 14 | 12 | 高定邦 | 0806 | 市场部 | 硕士研究生 | 1989年1月25日 | ¥4,200.0 | ¥4,500.0 | ¥3,800.0 | ¥50.0 | ¥12,450.0 |
| 15 | | 3 | | 市场部 计数 | | | | | | | |
| 16 | | | | 市场部 平均值 | | | ¥4,066.7 | | | | ¥12,533.3 |
| 17 | 2 | 李继海 | 0805 | 研发部 | 硕士研究生 | 1985年9月21日 | ¥5,500.0 | ¥4,000.0 | ¥3,200.0 | ¥75.0 | ¥12,625.0 |
| 18 | 4 | 赵大东 | 0805 | 研发部 | 硕士研究生 | 1986年3月2日 | ¥5,500.0 | ¥4,000.0 | ¥3,500.0 | ¥75.0 | ¥12,925.0 |
| 19 | 5 | 马德明 | 0805 | 研发部 | 本科 | 1994年10月11日 | ¥4,800.0 | ¥3,200.0 | ¥3,400.0 | ¥50.0 | ¥11,350.0 |
| 20 | 9 | 王展峰 | 0805 | 研发部 | 本科 | 1993年11月18日 | ¥4,800.0 | ¥3,200.0 | ¥2,800.0 | ¥100.0 | ¥10,700.0 |
| 21 | 13 | 郑志祥 | 0805 | 研发部 | 博士研究生 | 1984年12月22日 | ¥7,200.0 | ¥5,000.0 | ¥3,500.0 | ¥50.0 | ¥15,650.0 |
| 22 | | 5 | | 研发部 计数 | | | | | | | |
| 23 | | | | 研发部 平均值 | | | ¥5,560.0 | | | | ¥12,650.0 |
| 24 | | 13 | | 总计数 | | | | | | | |
| 25 | | | | 总计平均值 | | | ¥4,361.5 | | | | ¥11,228.8 |

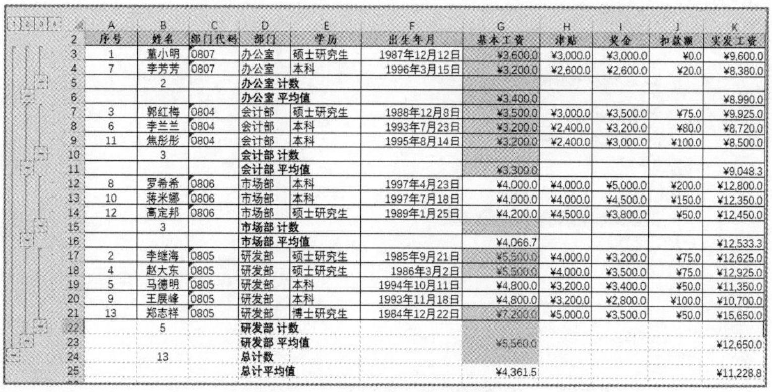

图 7-63　分类汇总结果 2

在含有分类汇总的数据表区域中，任意单击一个单元格，在图 7-62 所示的“分类汇总”对话框中，单击“全部删除”按钮即可退出“分类汇总”。

### 4. 数据透视表

数据透视表是一种对大量数据快速汇总和建立交叉列表的互动式 Excel 报表。数据透视表可以根据用户的要求全面、生动地对源数据进行重新组织和统计，对最有用和最关注的数据子集进行筛选、排序、分组和有条件地设置格式。

在示例中，请对比不同学历的实发工资平均值。

① 选中数据区域中的任意单元格。

② 单击“插入”菜单→“表格”工具组→“数据透视表”按钮，弹出“创建数据透视表”对话框。选中“选择一个表或区域”，并设置“表/区域”的内容为整个数据区域，选中“新工作表”，如图 7-64 所示，单击“确定”按钮。

③ 设置数据透视表的布局。在界面右侧“数据透视表字段”的“选择要添加到报表的字段”中，将“学历”拖至“行”中，将“实发工资”拖至“值”中，如图 7-65 所示。并单击下拉按钮将“值字段设置”中“计算类型”设置为“平均值”，如图 7-66 所示。设置完成后，不同学历的实发工资平均值数据透视表即制作完成，如图 7-67 所示。

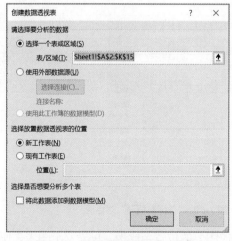

图 7-64　“创建数据透视表”对话框

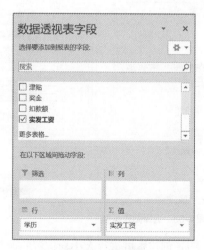

图 7-65　字段列表

图 7-66 "值字段设置"对话框

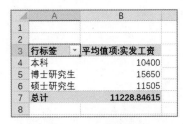

图 7-67 透视结果

## 5. 数据图表化

在日常生活和工作中，常用图表来表示工作表中的数据，称为"数据图表化"。用形象、直观的图形、曲线表示数据值的大小或数据间的相互比例关系，比单纯地用数据表示更形象、生动、直观。图表与工作表中的数据是相互链接的，当工作表中的数据发生变化时，图表会自动随之改变。

Excel 中的图表有两种：一种放在源工作表页中，称嵌入式图表；另一种是另建的单独的图表页。嵌入式图表可以放在源工作表的任何位置，Excel 提供了柱形图、折线图、饼图、条形图、面积图、散点图等多种图表类型，用户可以根据需要选择。

以示例为基础，创建工资表柱形图表，具体操作步骤如下。

① 单击非数据区域的任意单元格。选择"插入"菜单→"图表"工具组，可以看到工具组中包含多种图表类型，然后单击图表类型右侧的下拉按钮，可以进行更细致的类型选择。例如，选择柱形图中的三维簇状柱形图，如图 7-68 所示。

② 在新增的"图表工具-设计"中选择"数据"工具组→"选择数据"命令，弹出"选择数据源"对话框。在"图表数据区域"中选择需要生成表格的数据列，如本例中的"姓名""基本工资""扣款额""实发工资"列。在"图例项(系列)"和"水平(分类)轴标签"中将自动填充内容，如图 7-69 所示。单击"确定"按钮，即可创建图表。

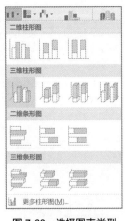

图 7-68 选择图表类型

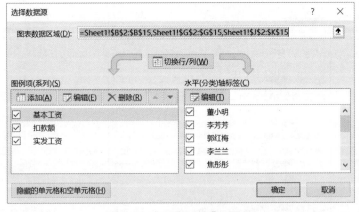

图 7-69 "选择数据源"对话框

③ 图表创建后可进行大小与位置的调整。调整生成图表的位置与比例，可先双击图表，使其处于激活状态，当鼠标指针变成"十"字箭头时，拖曳鼠标指针可以移动图表，将鼠标指针移向图表

的边框，可以调整图表的大小和缩放比例。选择图表中的文本，激活图表，右击，在弹出的快捷菜单中，选择图表中的文字、数值的相应字体、字号。

④ 在"图表工具—设计"中选择"图表布局"工具组，单击"添加图表元素"下拉按钮，即可进行增加图表的标题、坐标轴标题及确定图例的位置等格式化操作，如图7-70所示。

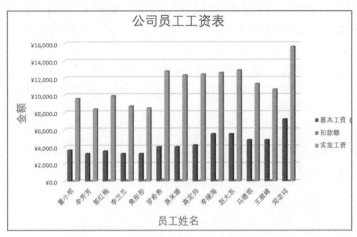

图7-70 "公司员工工资表"三维簇状柱形图

# 7.4 PowerPoint 2016 演示文稿

PowerPoint 2016是微软公司推出的Microsoft Office 2016办公软件中的一个组件，专门用于制作演示文稿。随着办公自动化的普及，演示文稿软件得到越来越广泛的使用，它主要用于设计和制作产品演示、广告宣传、会议流程、销售简报、业绩报告、电子教学等电子演示文稿。

PowerPoint 2016所生成文件的扩展名默认为.pptx，且向前兼容各版本文件。当然我们也可以根据需要将PowerPoint文件保存为其他形式的文件。

### 7.4.1 演示文稿的简单制作

一个完整的演示文稿文件应该包含文字、图片、图形、艺术字、表格、图表甚至声音、视频等多种元素，而对这些元素的编辑和格式化与前面介绍过的Word、Excel基本相似，本节就不重复讲述。本节将以制作一个"计算机与数据科学学院简介"演示文稿为例讲解PowerPoint 2016的具体使用方法。

1. 第一张幻灯片

演示文稿的首页一般是"封皮"，内容主要是整个演示的标题。对"计算机与数据科学学院简介"实例而言，显然就是简单的文本。但封皮却是受众看到整个演示文稿的第一页，对于吸引受众、开宗明义有重要作用，因此，封皮的设计非常关键。

图7-71所示即实例的第一张幻灯片。设计方法如下。

① 新建一个演示文稿。按照7.1.4小节中讲述的方法新建一个空白文档，在"单击此处添加标题"

图7-71 实例首页

205

占位符上单击，输入"计算机与数据科学学院简介"字样并完成格式化操作。

② 背景添加。原始文稿默认的白色背景显然不合适。单击"设计"菜单→"自定义"工具组→"设置背景格式"，在工作区域右侧弹出的"设置背景格式"窗格左侧导航栏"填充"中选中"图片或纹理填充"，在"图片源"处单击"插入"，找到一张合适的背景图片，适当调整图片的显示效果。此处选用的背景图片颜色较深，为不影响主题显示，对透明度进行了设置，如图 7-72 所示。

③ 音频文件添加。标题下方的喇叭图形即音频文件的标识。为演示文稿配上声音，可以大大增强演示文稿的播放效果。选择"插入"菜单→"媒体"工具组→"音频"→"PC 上的音频"命令，在弹出的"插入音频"对话框中选中合适的背景音乐，单击"确定"按钮，音频文件即添加成功。用户还可根据实际需要，对音频播放参数进行设置。在随即出现的"音频工具-播放"的"音频选项"工具组中做相关设置，如图 7-73 所示。

图 7-72　设置背景格式

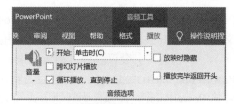

图 7-73　"音频选项"工具组

④ 副标题添加。在幻灯片首页的副标题位置添加时间、位置等相关信息，并对文本进行格式化。

## 2. 第二张幻灯片

界面左侧导航区域将会显示已经设置好的第一张幻灯片，将之选中后按 Enter 键能快速新建一张幻灯片。需要注意的是，新建幻灯片的版式不会沿袭第一张的背景，原因在于我们开始时只创建了一张幻灯片，即使我们在图 7-72 所示处单击"应用到全部"按钮也不会起到作用。因为当时只有一张幻灯片。此时我们可以连续在左侧导航区域按 Enter 键，创建 3 张空白幻灯片，在任意一张幻灯片上右击，在弹出的快捷菜单中选择"设置背景格式"，图 7-72 即会显示在界面右侧，按照

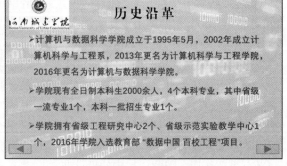

图 7-74　实例第二页

前文所述方法设置背景，最后单击"应用到全部"按钮，可以看到 3 张幻灯片均应用了设置的背景。

图 7-74 所示即实例的第二张幻灯片。设计方法如下。

① 在占位符中依次输入标题和文本，并对其格式化。

② 图片的插入。为了增强文稿的可视性，向演示文稿中添加图片是一项基本的操作。单击"插

入"菜单→"图像"工具组→"图片"按钮，在弹出的下拉菜单中选择合适的路径，如图7-75所示。插入后适当调整图片的大小和位置。

③ 动作按钮的插入。为了保持演示文稿在任意两张幻灯片之间切换，PowerPoint 2016提供了动作按钮用来实现跳转。单击"插入"菜单→"插图"工具组→"形状"按钮，在弹出的下拉菜单中选择"动作按钮"命令，在其中选择"前进"和"后退"命令，在合适的位置拖曳鼠标指针，松开鼠标后会弹出"操作设置"对话框，如图7-76所示，在这里保持默认设置，如有需要可修改设置。选中动作按钮，可在新增的"绘图工具-设计"中对其形状、样式进行设置。

图7-75 插入图片

图7-76 动作设置

### 3. 第三张幻灯片

图7-77所示即实例的第三张幻灯片。设计方法如下。

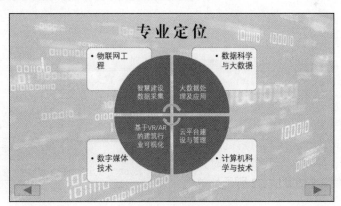

图7-77 实例第三页

① 标题及动作按钮的设置及格式化与前两张一致。

② SmartArt的插入。SmartArt是自Microsoft Office 2007开始加入的特性并在以后的版本中不断改进，用户可在PowerPoint、Word、Excel中使用该特性创建各种图形、图表。SmartArt图形是信息和观点的视觉表示形式。用户可以通过从多种不同布局中进行选择来创建SmartArt图形，从而快速、轻松、有效地传达信息。

单击"插入"菜单→"插图"工具组→"SmartArt"按钮，在"选择SmartArt图形"对话框中选择"关系"中的循环矩阵，如图7-78所示。在相应的图形中填充上文本即可。

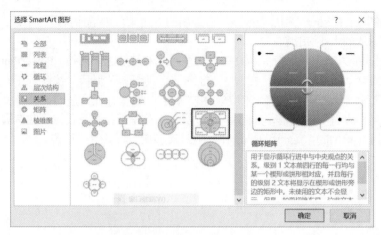

图 7-78　选择 SmartArt 图形

### 4. 第四张幻灯片

图 7-79 所示即实例的第四张幻灯片。设计方法如下。

① 艺术字的插入。**Microsoft Office** 多个组件中都有艺术字功能，在演示文稿中插入艺术字可以大大提高演示文稿的放映效果。单击"插入"菜单→"文本"工具组→"艺术字"按钮，在弹出的下拉菜单中选择合适的艺术字样式，在出现的占位符上输入需要的文本。

② 超链接的插入。在编辑幻灯片时，用户还可以在演示文稿中添加超链接，然后在演示过程中通过该超链接跳转到不同的位置，如演示文稿的其他幻灯片、其他演示文稿、**Word** 文档、**Excel** 文档甚至某一个网址或电子邮件地址。超链接本身可能是文本、表格、图片、图形、艺术字等任何对象。创建超级链接的方式有动作按钮和超链接两种。动作按钮前面已经介绍过，此处只讲述超链接。

图 7-79　实例第四页

首先输入一个网址，然后选中此行，右击，在弹出的快捷菜单中选择"编辑超链接"，在弹出的对话框中"地址"位置输入需要链接到的网址，如图 7-80 所示。超链接设置完毕后，如果表示超链接的是文本，默认状态下文本将出现下画线并变色。演示文稿放映过程中，将鼠标指针移动到表示超链接的对象处，鼠标指针就会变成小手形状，这是超链接的标志，此时单击就可跳转到相应位置。

如果需要编辑或者删除已经制作好的超链接，只需要右击超链接，在快捷菜单中选择"编辑超链接"命令，就打开了和"插入超链接"对话框类似的"编辑超链接"对话框，利用该对话框，可以实现对原超链接的编辑或删除操作。

图 7-80 编辑超链接

随后在幻灯片的右下角插入"开始"动作按钮,整个演示文稿制作完成。

## 7.4.2 视觉及播放效果的设置

根据 PowerPoint 所提供的配色方案、设置模板和母版功能,可以快速地对演示文稿的外观进行调整和设置。而制作演示文稿的最终目的是放映给观众看。为幻灯片中的文本、图形、图像等对象设置动画和声音效果,可以突出重点并极大地提高演示文稿的可阅读性,达到更理想的放映效果。

### 1. 使用主题

所谓主题,就是将文本、图片、表格、图表等多个对象格式化完毕,封装好的一整套方案。在用 PowerPoint 2016 设计幻灯片时常常用到主题。如果要在每张幻灯片上使用不同的模板,方法如下:首先选中需要应用模板的幻灯片,在"设计"菜单→"主题"工具组中选择合适的模板,右击,在弹出的快捷菜单中选择"应用于选定幻灯片"命令,如图 7-81 所示。重复该操作,即可在每张幻灯片上使用不同的模板。

图 7-81 主题的使用

### 2. 母版的使用

所谓"母版"就是一种特殊的幻灯片,它包含幻灯片文本和页脚(如日期、时间和幻灯片编号)等占位符,这些占位符控制了幻灯片的字体、字号、颜色(包括背景色)、阴影和项目符号样式等版式要素。

母版通常包括幻灯片母版、讲义母版、备注母版 3 种。下面介绍"幻灯片母版"的建立和使用。

幻灯片母版通常用来统一整个演示文稿的幻灯片格式,一旦修改了幻灯片母版,则所有采用这一母版建立的幻灯片格式也随之发生改变,可用于快速统一演示文稿的格式等要素。

① 启动 PowerPoint 2016,新建或打开一个演示文稿。

② 单击"视图"菜单→"母版视图"工具组→"幻灯片母版"按钮，进入"幻灯片母版"视图，如图 7-82 所示。此时"幻灯片母版"工具栏处于激活状态。

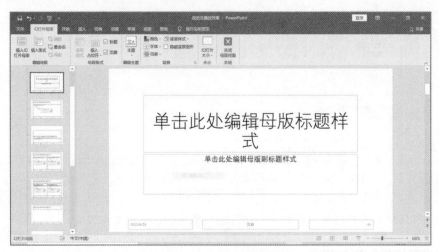

图 7-82　幻灯片母版视图

③ 右击"单击此处编辑母版标题样式"字符，在随后弹出的快捷菜单中，选择"字体"命令，打开"字体"对话框，如图 7-83 所示，设置好相应的选项后单击"确定"按钮。

④ 然后分别右击"单击此处编辑母版文本样式"及下面的"第二级""第三级"…字符，仿照③的操作设置好相关格式。

⑤ 分别选中"单击此处编辑母版文本样式""第二级""第三级"…字符，右击，选择"项目符号"命令，打开相应对话框，设置一种项目符号样式后单击"确定"按钮，即可为相应的内容设置不同的项目符号样式。

⑥ 单击"插入"菜单→"文本"工具组→"页眉和页脚"按钮，打开"页眉和页脚"对话框，如图 7-84 所示。在此对话框中可对日期区、页脚区、数字区进行格式化设置，此时如果选中"日期与时间"，并选中"自动更新"，则以后每次打开文件，系统会自动更新日期与时间。"标题幻灯片中不显示"复选框也很有用，可在标题幻灯片中隐藏"页眉与页脚"的设定。

图 7-83　字体设置

图 7-84　"页眉和页脚"对话框

⑦ 单击"插入"菜单→"图像"工具组→"图片"按钮，打开插入图片对话框，定位到事先预备好的图片所在的文件夹中，选中该图片将其插入母版中，并定位到合适的位置上。

⑧ 全部修改完成后，单击"编辑母版"工具组上的"重命名"按钮，打开"重命名版式"对话

框，输入一个名称后，单击"重命名"按钮返回。

⑨ 单击"幻灯片母版"工具组右侧的"关闭母版视图"按钮退出"幻灯片母版"视图，"幻灯片母版"制作完成。

### 3. 主题颜色的使用

通过主题颜色，我们可以对色彩单调的幻灯片进行修饰。

在"设计"菜单→"变体"工具组中单击"颜色"右侧的下拉箭头，展开若干种颜色方案，选择合适的方案即可应用。若用户自己有成熟的颜色方案，可在弹出的下拉菜单中选择"自定义颜色"，在"新建主题颜色"对话框中自行设置，如图7-85所示。

### 4. 动画效果

PowerPoint 2016中有两种不同的动画设计：片内动画和片间动画。所谓片内动画是指幻灯片内各对象的动画方案，一般在"动画"工具栏中设置；片间动画指幻灯片之间的切换动画，一般在"切换"工具栏中设置。设置动画的方法也非常简单，首先选择需设置动画的对象，然后选择动画效果。

（1）片内动画

选中需设置动画的对象后，用户可以在"动画"工具栏里"动画""高级动画""计时"3个工具组中依次设置。针对简单需求，用户可在"动画"工具组中选中任一效果实现；或在"高级动画"工具组中单击"添加动画"按钮，选择效果应用即可，两者没有区别。针对稍微复杂的动画要求，用户可以在"动画"工具组"效果选项"中设置方向和序列，还可单击"高级动画"工具组"触发"按钮设置触发该动画的事件。

如果对于动画时间有严格要求，用户还可在"计时"工具组中严格设定动画触发事件、持续时间及各动画对象的顺序，如图7-86所示。

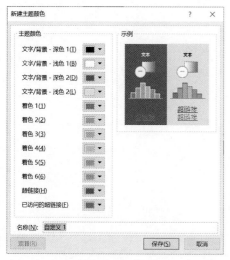

图7-85　新建主题颜色

图7-86　动画设置

（2）片间动画

片间动画指演示文稿内部多张幻灯片放映时的切换效果，即当前幻灯片以何种方式消失、下一张幻灯片以何种方式出现。为幻灯片设置切换效果，可以使幻灯片之间的过渡更加生动、自然。具体设置步骤如下。

选中要设置切换效果的幻灯片，单击"切换"菜单，在"转换到此幻灯片"工具组列表中选择一种切换方式，然后在"效果选项"中设置切换的方向，在"计时"工具组中选择切换时的声音、持续时间、换片方式等，如图7-87所示。

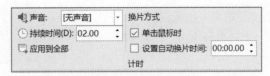

图 7-87 "计时"工具组

# 本章小结

通过本章的学习，读者应认识到 Microsoft Office 2016 的特点和功能，熟悉其系列组件的风格特点和操作方法，掌握利用 Word 2016 进行办公文档的编辑和格式化的方法，以及长文档的编辑技巧和高级应用；掌握利用 Excel 2016 进行电子表格的制作，通过对数据的管理和分析找出数据背后的意义并使其可视化；掌握利用 PowerPoint 2016 制作出图文并茂、生动优美的各种演示文稿。希望读者学完本章后对 Microsoft Office 2016 有更深入的认识和了解，并能在工作和学习中灵活地将之加以运用。

# 习题

1. 保存文档和另存为文档有什么区别？
2. 如何利用格式刷快速复制段落格式？
3. 如何使用样式快速创建目录？
4. 什么是单元格、工作表和工作簿？简述它们之间的关系。
5. 相对引用和绝对引用有何区别？
6. 在 Excel 中数据汇总有何作用？
7. 如何在空白的幻灯片中插入文本框以及其他对象？
8. 如何设置超链接？超链接有哪几种类型？